都市化の子ども達：
農民工子女の身分生産と政治的社会化

著者　熊易寒
訳者　許慈恵
　　　張建
　　　石津みなと

現代図書

城市化的孩子：农民工子女的身份生产与政治社会化
熊易寒 著
上海人民出版社
ISBN978-7-208-09443-7/D·1764
2010年8月第1版　2010年8月第1次印刷

目 次

序論：現代中国におけるアイデンティティ・ポリティックスと子ども達の政治的社会化 1

- 第一節　問題の提出：都市化の子ども達およびその理論的意義 1
- 第二節　政治的社会化とアイデンティティ：両者の研究方向の差異と重なり 5
- 第三節　研究方法と資料元 35

第一章　見えない城壁：農民工子女の都市と農村の認識及び身分意識 49

- 第一節　農民工子女のアイデンティティ危機：想像か或いは現実か 51
- 第二節　農村から都市へ：農民工子女のテキストからの対象分析 55
- 第三節　都市から農村へ：放牛班の「ルーツ探し」の旅 67
- 第四節　まとめ：社会構造と社会的立場の中のアイデンティティ 77

第二章　政治遺伝学：家庭と文化および権力 85

- 第一節　外来の人：家計のプレッシャー下での家庭教育 87
- 第二節　被管理者の政治：別種の政治的社会化 116
- 第三節　まとめ：事件が駆り立てる政治的社会化 128

第三章　下層と学校：階級再生産影響下の政治的社会化 137

- 第一節　クラス編成上の板挟みの苦境：公立学校における都市と農村の二元構造 142
- 第二節　反学校文化：農民工弟学校の社会化と反社会化 158
- 第三節　情報の不一致性：政治思想教育の難局 183
- 第四節　まとめ：階級再生産と政治的社会化 190

第四章　模範の政治：国家イデオロギーの社会化メカニズム 197
　　第一節　模範の政治社会学 197
　　第二節　模範背後の国家：舒航涯の政治符号意義 202
　　第三節　模範がアイドルに遭遇：倫理国家と世俗社会との
　　　　　　インタラクション 211
　　第四節　まとめ：直接政治的社会化のパターン 215

第五章　愛寄与と新市民育成：社会関与の二つのルート及びその影響 221
　　第一節　社会関与活動の系譜 222
　　第二節　愛から責任へ：大学生ボランティアと農民工子女の相互社会化 227
　　第三節　新市民育成：「久牽」の精神教育と規制 240
　　第四節　まとめ：社会関与と政治的社会化 254

第六章　身分生産を中心とする政治的社会化：媒介、過程及び結果 259
　　第一節　制度化とイベント化の政治的学習 261
　　第二節　ワーキング・アイデンティティと分類システム：
　　　　　　政治的社会化過程における総称化 265
　　第三節　価値観と知識ストック：政治的社会化の二元産出 270
　　第四節　余論：本書の結論が当てはまる範囲 274

付　録

　　付録　一　主要登場人物一覧 281
　　付録　二　農民工子女の価値観についての調査報告 283
　　付録　三　調査アンケートⅠ（農民工子女） 292
　　付録　四　調査アンケートⅡ（都市児童） 298
　　付録　五　インタビューの概要Ⅰ（農民工子女） 304
　　付録　六　インタビューの概要Ⅱ（牛飼い合唱団のメンバー） 305
　　付録　七　学生作文二篇 306

参考文献 309
あとがき 323

序論： 現代中国におけるアイデンティティ・ポリティックスと子ども達の政治的社会化

　人がこの世に生を受けると、その幼年時代は喜びと戯れのうちに人知れず過ぎて行く。続けて、人は次第に成長し成年になる。ここで世界の扉はようやく開き、人を中へ招き入れてくれる。彼（彼女）はそこで大人と交際し、ここに至って、人は成年になって現れる悪習や徳行の萌芽を他人に注意深く、仔細に研究、観察される。

　もし私が誤っていなければ、以上の見方は全く間違っている。

　私たちは、その人の過去に遡らなければならない。母親のお腹の中にいた胎児期を考察しなければならない。まだ不明瞭な心の鏡に外界が投げかけた初めての影を観察しなければならない。私たちは、その人が最初に目にしたものを考慮しなければならない。眠っていた思索を目覚めさせた最初の言葉に耳を傾けなければなければならない。最後に、不屈の精神を示した最初の奮闘を見つめなければならない。こうして初めて、人の一生を支配する偏見や習慣、激情の由来について私たちは理解することができる。人の一切は、ゆりかごで揺られる乳児期に始まっている。

——トクヴィル[1]

第一節　問題の提出：都市化の子ども達およびその理論的意義

　「第五次国勢調査」（2000年）によると、中国の流動人口の規模は1億人を超えており、そのうち、18歳以下の流動児童は1,982万人近くに及ぶ。その中で農業戸籍（いわゆる「農民工子女」）の占める割合は74％で、およそ1,500万人に相当し、6～14歳の義務教育段階の児童は44％[2]を占める。政府による公式統計によると、

このおよそ1,500万人は流動人口として統計されているが、しかし実際は、このカテゴリー中一部の子ども達は既に流動せず、父母と都市に定住している。彼らのうち、ある者は幼いころ父母に連れられて都市へ来たが、別の者は都市で生まれた者さえおり、戸籍上の「農村」の二字とは全くつながりをなくしている。親世代と異なり、彼らはいかなる農作業の経験もなく、農村の土地を最後の退路もしくは「社会保障」とすることもできない。
　私たちは都市に住むこれらの農民工子女を「都市化の子ども達」[3]と呼んでよい。まず、彼らは現代中国の勇ましく前進する都市化の波の中で生まれ、成長しており、これほど多くの「牛飼い」が都市へ押し寄せることは、中国有史以来、前例のない出来事である。次に、彼ら自身もまた都市化の過程を経ており、郷土性は次第に彼らの心性から剥がれてゆく。それと機を同じくして、都市は独自の手法で彼らの知恵、観念、気質、アイデンティティを形作る。ある研究者はこれを「日常生活の都市化」[4]と呼ぶ。最後に、彼らが経験する苦痛、彷徨、迷いは都市化——より正確に述べるならば、「半都市化」[5]——がもたらしたもので、最後も必ず都市化の過程を通じて解決されなければならない。これらのグループを研究するためには、彼らを都市化の時間の脈絡と都市の空間構造の中におき、その上で考察しなければならならず、中身のない無差別的な、質感を失った時空の中で懸案すべきではない。つまり、私たちの分析の中で、都市化と都市は始終「同居」している。
　現代中国において、農村は社会の一構成単位で、一定の経済的社会的分化が存在するにも関わらず、ここには特徴が顕著な規模の大きな下層民は存在していない。なぜならば、顔なじみ、半顔なじみの社会における文化、宗族、近隣ネットワークは、各階層の人々を全て含めて編成しており、したがって農村にはただ「周縁」（例えば、少数の生活保護世帯や独身者など）がいるだけで、下層民はいないのだ。一方、都市では異なる。都市の社会分層は精緻で複雑であり、加速度的に発展する経済力のもと、階層間の「断裂」は避け難い。そして個人が階層ネットワークを跨ぐことは、階層間のほつれをふさぐことに根本的に無力であり、下層はこのようにして誕生する。農民が徒手空拳で都市に入って来たとき、一部の者は経済上の貧困、政治上の無権利と文化上の失語のために都市の下層に入っていく。ある者は、都市でしっかり足場を固めたのち、家を挙げて（通常核家族で）都市に移住するが、現代中国の戸籍制度、教育制度、社会保障制度は、みな都市と農村の二元構造に基づき制定されており、彼らは「町（城鎮）住民」と「農村住民」の二種類の社会的身分しか持ち

合わせず、都市で働く農民及びその子ども達は、都市における公共財や公共サービスを得る全ての手段を失っている。こうして、一連の「農民工子女問題」が発生することになった。――例えば、彼らの教育を受ける権利（わずかに9年の義務教育）をいかに実現するのか。彼らの卒業後の進路はどうなるのか。もし彼らの中に社会の排斥や現状への不安を感じる者があれば、そこに心理的な問題が生まれていないか。さらには、犯罪への道へ歩む可能性はないのか。次の研究報告は、都市における「農民工子女問題」の認識を正確かつ全面的に反映している。

農民工子女教育の仕事はいささか妥当性に欠けていれば、社会の周縁に位置する集団を増加させてしまう。彼らには、ともするとある種反社会的心理を育む可能性がある。これらの心理は、仮に時期にかなったいたわりや適当な矯正が受けられなければ、非正常な形となり外に現れるかもしれない。その甚だしきは社会的違法行為である。その一部は犯罪を行うか、ないしは反社会的な道へ進むであろう。その結果、社会の治安へ重圧がかかり、都市の生活へ脅威を生み出すに違いない。[6]

これらの都市マジョリティの農民工子女への認識は、学術研究の傾向に深刻な影響を及ぼして来た。その結果、従来の研究は、社会学、教育学、心理学、社会ボランティアなどの分野に集中し、主な観点としては、農民工子女の教育の機会均等と教育を受ける権利に関するもの、社会排斥と社会受容に関するもの、アイデンティティ、犯罪問題などがあった。研究者が明らかにしたことは、次のことである。第一世代の農民工は、平均収入、生活水準、経済的社会的地位において、もともとの都市住民と一定の差がある。それにも関わらず、彼らは通常、社会の横の比較を行わず、自分自身の縦の比較を行うために、割合積極的な社会的態度を示す[7]。第一世代の農民工（農村から都市への移民）は、それまでいた場所での経済状況と今を比較するため、移民先の社会に存在するある種の不公平や差別を、往々にして容易に受け入れ、もとからの都市住民と全く対等の権利および地位を得ることを通常期待していない。第二世代の移民、つまり農民工子女はそうではない。彼らは農村での生活体験はなく、生活の満足度をおもに都市住民の生活ではかる。したがって、彼らの一部には、はなはだ劣等感を抱く者がいたり、他には、自身の権利、地位の上昇を強く求める者がいたりする。第二世代の移民、農民工子女の大多数は、手軽な、

体裁のいいホワイトカラーの仕事に就くことや経営者になることを夢見ており、父母のような仕事に就くことを望んでいない[8]。これらの期待の下に、第二世代の移民は、不平等な現実に我慢できず、成長の過程で直接もしくは間接に彼らの不満を表現し平等を求めるために、比較的激しい対抗手段をとることがある。そのため、この第二世代が規範に背くことは少なくなく、さらに由々しき事態になれば、犯罪率が高まる可能性がある[9]。

　都市社会がこの問題に対し不安と焦慮に駆られる中、2,000万人に及ぶ農民工子女のうち大部分は、生涯にわたり都市で生活を送るだろう。ある者は、一つの都市に定住することを選択し、別の者は都市間を流動する二次移民となる。そしてごく僅かな者だけが親世代のように都市と農村間を行き来するだろう。それは、親世代の大部分が従事する「3D」と呼ばれる仕事——「難しさ」(Difficult)、「汚れ」(Dirty)、「危険」(Dangerous)——に就くことであり、社会的経済的地位は相対的に低いままであることを意味する。類型学の視点から述べるならば、彼らは都市における第二世代移民の亜類型——第二世代下層移民——を構築する。

　本書の観点から見れば、農民工子女は、我々の研究する下層階級の子どもと政治システムの関連性を探る上で、理想的な見本を提供してくれると思われる。このグループは三つの特徴を同時に兼ね備えている。一つ目は、都市と農村の境界を跨ぐことで、社会に存在する都市と農村の二元機構をその心理と生活の過程に深く刻むこと。二つ目は、生活は都市で行うが、当地の公民としての身分、市民としての資格を持たないこと。三つ目は、彼らのうち、大多数の者の生活が都市の最下層で行われていること。以上の三点となる。ここで彼らの身に、地域政治やアイデンティティ・ポリティックスの問題が一つに重なることになる。では、都市と農村の対立やアイデンティティ・ポリティックスの混在は、いかなる「化学反応」を生むのだろうか。この一個のグループの存在は、現代中国の政治にどのような意味をもたらすのだろうか。その中で重要な要素は以下の二点に絞られる。すなわち、1、農民工子女はどのように自分自身を位置づけているのか(「私は誰？」)、即ちアイデンティティの問題である。2、農民工子女は政治システムとの関わりの中で、どのような政治的傾向を身につけるのか。彼ら特有の体験が、政治的心理や政治的人格の形成に与える影響、即ち政治的社会化の問題である。

　本書はこれらの一連の問題に解決を見ることを意図している。まず、政治的社会化の過程で、農民工子女のアイデンティティはどのように形成されるのか。異なる

政治的社会化の媒体はそこでどのような作用を及ぼしているのか。次に、農民工子女の政治的態度と行動様式は彼らのアイデンティティの形成とどのような関係があるのか。最後に、もし農民工子女としてのアイデンティティが彼らの政治観念や行動に重大な影響を及ぼすのであれば、社会的身分の違いが政治的態度および行動様式の分化にいかなる影響を与えるのか。農民工子女は社会的主流の価値観を受け入れているのだろうか。それとも相対的に固有の下層文化を形成しているのだろうか。現代におけるマイノリティーの「アイデンティティ政治」は政治学の伝統的議題——政治文化、政治的社会化、階級再生産——と密接に関わってくる。

以上を押さえた上で、本書はもう一歩検討を進める。農民工子女の政治的社会化の深層構造と内在メカニズムについて、どの程度までが農民工子女群特有のものなのか。すなわち、普遍性ないし適用範囲を広げるための余地はあるのか。このことは経験からもたらされた現象の中から分析性概念および一般命題を抽出することを要求する。研究対象を超越する「特殊」から「一般」への飛躍であり、従来の政治的社会化の一般理論を補充しかつ修正を加えることになる。

第二節　政治的社会化とアイデンティティ：両者の研究方向の差異と重なり

ここまで述べて来たように、我々は異なる二つの視点から一つのグループについて研究を進めることができる。一つは、政治的社会化（Political Socialization）の視点である。政治的社会化とは、簡潔に述べるならば、人が政治的態度や政治的価値を獲得するまでの過程である。政治的社会化の理論は、政治システム（Political System）理論の一分野であり、その論理的起点は政治システム（国家）にある。なぜならば、政治システムが維持されるのは、政治的社会化のメカニズムの存在によると考えられるからだ。一方で、個人は政治に関する情報を得て、政治への態度や傾向を育むが、他方で、社会は次世代の人々や新しい移民に向けて政治の規範や信仰[10]を伝えていく。こうして、政治システムの主流となる規範が世代間に行き渡ることになり、政治システムの安定が合法性の基礎をもたらす。

もう一つは、アイデンティティ理論であるが、ここではアイデンティティ論（Identitiy Theory）と社会的アイデンティティ理論（Social Identity Theory）をともに含んでいる。アイデンティティ論は、個人とその役割に関する行為の解釈に力を

尽くす。社会的アイデンティティ理論は、主に、集団アイデンティティと集団間との関係の解釈を行う[11]。アイデンティティ論と社会的アイデンティティ理論は、20世紀90年代に次第に融合してきた[12]。政治的社会化の理論と異なり、この視点は特定のエスニティーや社会集団（往々にしてマイノリティー）に注目し——例えば女性、移民、少数民族など——、これらの主流を外れる「他者」の視点から、彼らが自身のアイデンティティの境界をどのように定めているかを観察し、いかに自身と外部の世界との関係を構築しているのかをみていく。

　一見したところ、政治的社会化の理論とアイデンティティ理論は全く関係がないように見える。前者は、政治システムや政治文化といった巨視的な構造に関心を払い、後者は個人や社会集団といった微視的な世界に関心を払っている。前者は、かなりの程度で効能主義の影響を受け、後者は、構成主義によるポストモダンの色彩を色濃く帯びている。前者は、政治学、社会学の研究領域であり、後者はおもに、哲学、文化人類学、社会心理学といった学問領域と関連がある。長らく、この両者の理論はそれぞれに存在し、あたかも交わりなど一つもないかのようだった。

　しかし、この無関係に思えた二つの学問領域が、まさに互いを補い合うに最適で、それがため我々の研究に、新たな理論の可能性を切り開いてくれる。以下に、二つの理論のこれまでの発展の歴史と、各理論の関心事、学術上の理念および研究方法を振り返り、それぞれの優位性から限界までを明らかにする。本書は最終的に、二つの理論の統合を選択するのであって、決して任意に「くっつける」ことは行わない。また、理論の枠組みと実践論理が互いに影響し合い、調整し合い、互いが結ばれる結果を探求することになる。

一、政治的社会化の研究：本当に時代遅れなのか？

　政治的社会化という用語は、1954年以前には正式な出版物に記されることはなかった。1959年、ダンハイマンの『政治的社会化』が出版された時も、この専門用語は依然よく知られていなかった[13]。1961年、第四版『アメリカ政治学会年鑑』(Biographic Directory of American Political Science Association) においても、政治的社会化は政治科学の一専攻分野として扱われていない。その後1968年の第五版において、政治的社会化 (Political Socialization) の研究は学問の一領域 (Field) として位置づけられ、憲法学、国際政治学等、歴史ある学科と肩を並べることに

なった。この時には、767名にのぼる会員が「政治的社会化」を専門にするなど、当時の民間研究の一世を風靡した。

　こうして、20世紀の60年、70年代にかけ、政治的社会化の研究は最も隆盛を極めたと言える。一つの理由は、政治的社会化の研究と行動主義政治学の研究がアメリカにおいて密接な関係を築き、研究者が、研究の関心を法律の原理や制度から政治的行動とその根本原因へ転換したことにある。研究方法からみると、この変更は、政治学や社会学、心理学および人類学といったその他の学科との融合の結果であることがわかる。ある識者が述べるように、政治的社会化は社会人類学と政治科学間の短く簡単ではない結びつきのもと産まれた一学科である。言い換えれば、もし社会に文化があれば、政体にも必ず文化がある。このことから類推すれば、いわゆる「政治文化」は、経験の上にあることを認めることになり、かつ政治研究の中で応用されることになる。仮に政治文化が存在するとすれば、とりもなおさず、どの時代の新人も一歩ずつ政治文化の期待と義務の過程を理解することになるが、この過程こそがいわゆる政治的社会化である[14]。「個人は自分が所属する国家、グループ、準グループの政治規範、価値、行動様式の過程を学ぶ。この特性が各グループの政治文化と見なされる。」リプセットはこのように政治的社会化の境界を定めた[15]。

　その他の理由では、研究者が、理論モデルの構築や実証研究を通じて、政治システムがいかに維持されているのか、また、人々がいかに政権を支持しているのか[16]について解釈を試みてきたことがある。ここから我々は、政治的社会化の理論を政治システム理論の一部とみなすことができる。事実、政治的社会化の研究に比較的早くから関わって来た権威ある学者デイヴィッド・イーストンもまさに政治システム理論の創始者であった。

　政治システムと政治文化の二大理論を除くと、政治的社会化の研究にはマルクス主義の影響が奥に潜んでいる。マルクス主義者の政治的社会化の研究において、その理論の深淵はマルクスの『ドイツ意識形態』までさかのぼることができる。この本では、意識形態、虚偽意識、異化といった概念を重視し、特にアントニオ・グラムシのヘゲモニー理論（Hegemonic Theory）の影響[17]を受けている。政治システム論からみると、政治的社会化は建設的なものである。一方、マルクス主義からの批判的な目でこれを取り扱うと、政治的社会化は統治階級の道具であり、統治者が自身の利益を保護するために、まず信念および価値体系を形作り、それから教育や宣

伝、宗教、政府の賞罰制度を通し、被統治者に享受させるものである。ブラウェイの『同意の形成』、ウィリスの『ハマータウンの野郎ども──学校への反抗・労働への順応』は、この研究における古典的作品である[18]。両者はともに「政治的社会化」の学術用語を用いていないが、注視した問題と政治的社会化の研究内容とは多くの一致を見ており、研究者の立場が異なるだけである。

1. 欧米における政治的社会化の研究：その興隆と衰退

デイヴィッド・イーストン（David Easton）とヘス（Hess）は1958年に、人の政治的傾向（Political Orientation）の形成について、子ども時代が最も重要な時期であると指摘した。他の行動と比べれば、政治的傾向は代々受け継がれるものであるため、人生の早い段階ですでに固定化に向かいつつある。早期の社会化によって形成される固定した政治的態度は、政治システムの基礎とされている。イーストンが指摘したように、政治システムの中核問題は圧力への対処にある。それを可能にするために、政治システムは政治共同体（Political Community）、政権（Regime）、当局（Authority）から最低限の支持を取り付けなければならない。こうした理論的な構想のもと、イーストンとデニス（Jack Dennis）は、自らの子どもの政治的社会化を研究する著書を『政治システムの中の子ども──その政治的合法性の起源をめぐって──』と名づけたのである。著書においては、イーストンらは以下のように、政治的社会化と政治システムの持続性の間に存在する論理的相関性を述べた。

> 政治システムは、その中核的な諸要素への過度の圧力を避けるために、政治的社会化を主要な対応方法の一つとみなしている。社会の中で権威的な価値分配を行ってはじめて、政治システムは圧力の軽減を可能にし、行動システムの運営の継続を実現する。アウトプット（Output）の面では、システムは社会化することによって自らの意思決定の拘束力を確保する。一方、インプット（Input）の面では、社会化は需要（Demands）の総量と種類の制限に寄与し、それをもって、過負荷（Over-burdened）のためのコミュニケーション・ネットワークの崩壊を回避する。社会化のプロセスは、構成員にとって、インプットを拘束力のあるアウトプットに転換させる役を演じる事前の準備を整えるものである。最後に、社会化は、政治システムが基本的な政治目標に対する最低限の支持を発

生させるために行った反応であり、このシステムなしには運営自体が根本的にできなくなるのである。[19]

　イーストンとデニスは次の中心的な議題を設定した。1．政治的社会化は政治システムへの支持のインプットに有利なのか。もしくは、実証の基礎を持たない理論的な可能性に過ぎないのか。2．1の最初の問いに対する回答が肯定の結果となった場合、政治システムの構成員は何歳からこの種の支持を学び始めるのか。3．政治的社会化がどのような方法を使用して、人々に自らへのポジティブまたはネガティブの感情を持たせうるのか。

　上述の問題をめぐって、代表的な著作が二つ現れた。一つは、先に挙げたイーストンとデニスの共著、『政治システムの中の子ども―その政治的合法性の起源をめぐって―』である。この理論によると、子どもは最初は大統領または警察のような政治的権威を有する人物から政治システムの存在を意識し始め（政治化）、その後、子どもは大統領と警察を政府の象徴とみなし（人格化）、ひいては、政治的な権威を有する人物を、強力で慈悲心のあるものと想像する（理想化）。最後に、子どもは次第に成熟に向かい、これまでの政府に対する理想化と人格化の認知がやがて制度に対するプラスの認識にまで発展し、制度を政府の象徴と位置づける（制度化）。これで、政治システムの維持に極めて重要な市民の拡散的な支持の「貯水池」が正式にできあがるのである。

　著作のもう一つは、ヘスとトーニイ（Torney）の『子どもの政治的態度の発展』である。それによると、子どもの政治への介入（Political Involvement）は、意識の形成（Awareness）、概念化（Conceptualization）、主観的介入（Subjective Involvement）、積極的な参加（Active Participation）と四つの段階を含んでいる。最初は国家（Country）に対する強い帰属意識（Attachment）、及び政治的な権威ある人物（大統領と警察など）に対する慈悲心のあるイメージの形成である。その後、子どもは法律に気づき始め、市民の役割と政党への明確な概念を形成し、「コンセンサス・ポリティックス」（Consensus Politics）を偏愛するようになる[20]。政治的社会化が持つ安定化の機能（Stabilizing Function）は自明であろう。

　以上から分かるように、1960年、70年代の政治的社会化の研究は、特に早期の社会化と子どもが政治的権威のある人物に対する認知問題に大きな関心を寄せた。その理由は簡単なもので、政治的権威のある人物が政治システムの中で最も子ども

の視線を引く具体的な対象になったからである。人々の政治的権威への認識、例えば、権威の構造、影響、権力の行使方法及びその他の特徴に対する人々の見方は、子どもの支持、不支持の程度に大きく影響するとイーストンは分析している。グリーンスタイン（Fred I.Greenstein）の研究は、子どもの「慈悲心ある指導者」に対する認知の働きを強調した。例えば、大人が政治に対して不信感を持っている場合は、子どもがその影響を全く受けないでいることは不可能である。しかしながら、大人の活動範囲が子どもよりはるかに広いことを考えれば、子どもが単に誤解しているに過ぎない可能性や、また大人が置かれた政治環境に存在する不調和やマイナス要素から子どもが隔離されているためと考えることができる。グリーンスタインは、米国の政治的安定は市民の中に強い「政治的服従」（Political Obedience）の心理的メカニズムが働いていると指摘している[21]。また、ヘスとイーストンによって、子どもが父親のイメージを大統領に持ち込む傾向が確認されており、こうした大統領のプラス・イメージが後に子どもの政治構造に対する賞賛の態度の形成に有利であり、その態度は最終的には拡散的な支持にまで発展する。二人の後の研究では、大統領に対する子どもの理想化は、成人が故意に彼らを現実の世界から隔離した結果であることが明らかになった[22]。これがいわゆる「対人相互転移」（Interpersonal Transfer）モデルである。

　一部の学者は、この時期の政治的社会化の研究を「コンセンサス・モデル」（Consensus Model）と総括するが、その基本的な特徴は次の四つの仮説である。1. 政治的社会化が個々人の成長の早い段階に始まり、構造化する特徴を持つ。研究者は通常、次のような信念を持っている。すなわち、政治的な学習（Political Learning）は子どもの時から始まるもので、その時に身につけた政治的な傾向が相対的に安定し、長く続き、その後の政治的な態度を形作る。2. 政治的な権威を持つ人物（Political Authority）に、慈悲心あるイメージ（Benevolent Image）を持つ。早期の政治的社会化の結果は、子どもが政治的な権威のある人物（例えば、大統領）に対して、優しく、親しみやすい印象を持つことである。このような認知は、自らの心理的な傾向によるものもある一方、主流の政治文化の影響を受けたからでもある。3. 政治的権威のある人物への信用が政権（Regime）へ移転する。政治的な権威のある人物に対するプラスの評価は通常、その政権への支持につなげやすく、よって、拡散的な支持の「貯水池」（Reservoir of Diffuse Support）を形成したのである。つまり、権威のある人物への賛同がやがて合法性に変わるということである。4.

政治的社会化が政治システムの維持に役立つ。一般的には、成人の政治的な態度は、早期の社会化プロセスで身につけた態度によって決まるものであり、これは政治システムの維持にプラスに働く[23]。したがって、学者たちは、成熟した政治観念と行動が引き起こされる前の段階に関心を集中し、家庭、学校、同世代の集団、性差、構造と観念について考察し、これらの要素を、成人の階層、収入、投票、政治に関する知識、業績に対する意識などと関連づけた。

　では、コンセンサス・モデルの四つの仮説は果たして成立するものであろうか。

　政治的社会化は実際には、双方向の運動である。一方では、それは政治システムが制度の確立という方法で、社会構成員の政治的傾向と行動の様式を形成することであり、もう一方では、また社会構成員の継続的な認知と学習、適応のプロセスでもある。したがって、制度化された政治システムがどのようにして構築され、社会構成員にどう影響を及ぼしているかをよく見なければならず、また、社会構成員がいかにして外部の世界を構築し、それに適応しているかも同時に見なければならない。ただ、社会構成員によって、その経済収入、社会的地位、アイデンティティの受容度が異なり、政治システムが宣伝する価値、観念の受容度も違っているため、受け取った政治的な情報が異なることもあろう。

　早期の政治的社会化研究における問題点がまさにここにある。まずは、一貫性の仮定である。それらの研究はもっぱら一貫した規範行動（Norm-consistent Behavior）の獲得に注目しており、規範と一貫しないものや反社会的な行動を無視したことである。よって、政治的社会化が必然的に政権の合法性に対する肯定的な立場を強化してしまうという誤った認識に到達した。こうした研究方法を「コンセンサス・モデル」と総括する学者も存在している[24]。ここから、政治的社会化の研究が必然的に保守主義的な偏見を帯びると批判した研究者がおり、それは「パターンの維持」（Pattern-maintenance）を解釈するプロセスに適しているが、変遷の解釈には適していない[25]。

　次は同質化の仮定の問題であり、すなわち国民の内部に存在する階層、人種、性差を無視し、政治的社会化を均質的で、無差別なプロセスと認識していることである。早期の政治的社会化に関する研究は、家庭の立場と子ども時代の経験により社会の主流価値観と相反する子どもを対象とする部分が少なくなかった。例を挙げれば、アメリカのケンタッキー州の貧しい子ども達、または内陸都市の黒人の子ども達は、政府を警察またはその他のマイナス・イメージを持つ権威的な人物に同一視

する傾向が確認されている[26]。

　エレン・ウルフは政治的社会化のプロセスの相当な部分が階級闘争の一部をなしていると鋭く指摘している。だからこそ、社会はアメリカの政治体制に適した観念を伝えるために、大きな努力を払わねばならなかったのである（イーストン、デニスによる）。社会統治のエリートたちからすると、抑制的な政治観念は多くの対象から厳選した後に、強調を加えたものである。エドガー・リッターが行った公民教科書に対する調査では、労働者階級が読むものには、従順、利益の調和を唱える政治観念が含まれており、より経済的に豊かな階層が読むものには、理想主義的で積極的な政治理論が確認された[27]。

　1970年代末、アメリカの政治的社会化の研究は次第に衰えを見せ始めた。シアーズ（David O. Sears）が1975年に行った統計によると、当時の政治的社会化の研究成果は幾何学的に増加し、多くの教科書と著書が現れた。だが、1980年代半ばになると、シアーズが取り上げた9冊の教科書と著書のうち、市場で姿を消し、しかも再版されなかったものは6冊にものぼった。1978年以降は、新しい政治的社会化の教科書が出版されずにいる。それと同時に、『アメリカン・ポリティカル・サイエンス・レビュー』(the American Political Science Review)に掲載される政治的社会化に関する論文の数も大幅に減少し始めた。減少の指標は、アメリカでのこの分野の研究状況と学術的な地位を十分反映しているといえる。クック（Timothy E. Cook）は1985年に『アメリカン・ポリティカル・サイエンス・レビュー』で政治的社会化の研究が「ベア・マーケット」に入ったと嘆き悲しんだ[28]。政治的社会化研究の後退はもちろん、行動主義政治学の没落と無関係ではないが、より大きな要因は、研究そのものに解決されていない課題が多く存在したことである。

　まず、子どもに対するインタビューまたはアンケート調査を用いて、その将来の政治的行動や思想が実行可能かどうかを推定する方法がある。多くの子どもにとって、一回きりのインタビューもしくはアンケートはほとんど何の意味も成さない。この問題を解決するには、縦断的なサンプリング調査を行わなければならないが、この方法は莫大な資金と長い期間を要する。その上、人が話したことが必ずその人の政治的行動を決めるというものでもなく、政治に関係する多くの行動は思想によって決められるわけでもない。インタビューとアンケートだけで、果たして人の一生をシミュレーションすることは可能なのか。政治生活での複雑な現実の本質を反映することが可能であろうか[29]。

次に、子どもの政治的社会化の研究が直面しているもう一つの難しい課題は、子どもの政治的な傾向が果たして重要性を持つものなのかということである。成人してから社会環境が大きく変化する可能性があり、それによって今までの政治的な傾向はそれほど重要ではなくなることがある。アメリカの例になるが、20世紀半ば、政治に対して肯定的な立場(Benign Views of Politics)を持っていた子ども達が[30]、おりしも1968年の学生運動と社会騒動の主力部隊であった。他にも、一部の重大な事件(例えば、ウォーターゲート事件)はまた、往々にして子どもの政治に対する見方を容易に変えることになった。こうしたことが原因で、政治的社会化の研究における「子ども時代の消滅」(The loss of Childhood)という現象が発生してしまったのである[31]。政治的社会化は一般に、一生を貫くプロセスだと考えられているが、政治的な傾向は生涯不変ではなく(Lifelong Persistence)、絶えず開放的な性格を持っている(Lifelong Openness)。したがって、人は成人及び彼らの絶え間ない環境の変化に対する対応——例えば、離婚、配偶者の死去、移住、移民または社会構造の変化への適応など——により多くの注意を払う必要がある。

さらに、私たちは政治的社会化の媒体(Agents of Political Socialization)をより大きな社会環境の中から分離することができない。子どもの政治的な態度は、家庭、学校、コミュニティなどの直接的な社会環境からだけ影響を受けるのではなく、政体、市場、地域文化、マスメディア等の「マクロ的な社会環境」とも密接不可分の関係にある。前者は可視的な社会の協働をキャリアーとしているが、後者の影響は目に見えるものになってはいない。例えば、社会化のプロセスにおいて政府の役割が何かと問われると、その答えは簡単に出ないであろう。なぜなら、大多数の社会では政府がすでに市民生活の大部分の活動に立ち入っているからだ。これは、政府がその他の社会化した媒体と密接に関係していることを意味する。例えば、私たちはいかにして公立学校の体系を政府から分離するのか。アルチュセール(Althusser)の理論では、学校そのものが「イデオロギカルな国家機関」(Ideological State Apparatus)なのである[32]。

最後に、合理的選択理論とゲーム理論の流行により、政治学はさらなる精確な理論モデルの構築を追求し、研究者たちの関心が次々に「習性」(人格、心理と行動様式)から「意向」(理性的な計算)へと転換していった[33]。新しい研究パラダイムによれば、政治の学習に関する心理学モデルが欠落している現状のもとでは、政治的社会化の理解と研究はたいへん困難なことである。こうした学術分野の風向きの変化

は、政治的社会化の研究において、理論に基づいた自信の欠落を発生させているのである。

　それにしても、以上のことから欧米の学界が政治的社会化問題への関心をなくしたと簡単に結論付けては、必ずしも妥当な判断とは言えない。1970年代半ばから1990年代初頭まで、未成年者（Pre-adults）を研究対象とする著述は確かに数えるほどしかないが、早期の政治的社会化研究の多くの概念と結論はすでに政治学の各分野に深く浸透しており、公共世論、選挙行為、政治文化、政治運動等の分野も政治的社会化研究の影響を受けている。題目だけでなく、政治学の主要刊行物の論文要旨も合わせて検索すれば、1972年～1996年まで「政治的社会化」という用語は、要旨の中に毎年ほぼ20回程度出現してきた[34]。ただ、「子ども時代」という用語が、政治学において消滅したことは争う余地のない事実である。

2. 中国における政治的社会化に関する研究：海外の「中国学」から中国自らの研究へ

　現代中国に関する政治的社会化の研究は、その大部分はアメリカの政治学が対外的に拡張した結果である。時間的にはアメリカ本土の政治的社会化研究にやや遅れをとって、主な作品は1970年、80年代に集中した。1980年代までは西側の研究者たちは中国大陸部でフィールド調査を行うことが難しかったため、「海外中国学」研究は教材を主な分析資料とすることが多かった。

　リドレー（Ridley）らは中国大陸部の小学校国語教科書を対象とする内容分析（Content Analysis）を通して、中国大陸部がどのように政治的社会化を通じて模範的な公民を形作ろうとしたかを分析した。分析は、1964年～1965年の小学校教科書の内容を知識、行動、政治に分類し行われた。それによって指摘されたことは、中国大陸部の小学校教育が共産主義的な政治傾向と行動様式を有する「新人」世代を育てようとしていることだった。当時の教科書の内容にはさまざまな内在的な矛盾があり、例えば、達成感と個人的な犠牲の間の対立、機知と権威服従の強調との間の対立、自然征服と自然に対する愛情との間の対立、集団主義と伝統的な家庭倫理との間の対立などである。それらの対立は学生たちに多くの困惑をもたらしたのである[35]。

　同様の研究に、ロベルタ・マーティン（Roberta Martin）とジュリア・クォン（Julia Kwong）の研究がある。前者の研究は36の指標に基づいて中国大陸部と台

湾地域の小学校国語教科書の内容を分析し、両地域の政治的社会化の内容を比較した。それによると、台湾地域の行政当局は儒家の価値観と行動様式の復興に力を入れており、儒家の家庭的社会化と正確な政治行動とを結びつけようとしており、親孝行と愛国主義のつながりを強調していた。それに対し、大陸部は極力儒家の伝統文化と制度から脱却し、とりわけ儒家の家庭的価値観の打破を強調し、個人と国家の間に直接的なつながりを確立しようとした[36]。また、後者の研究は1976年を分水嶺に1970年代の国語教科書を比較分析し、当時の政治、文化の変遷を解釈した。これらを通し、教科書の内容と国家指導者の意図との間に高い相関性があることを示した。換言すれば、教科書は指導者の思想及び学生に対する政治的な期待を伝え、若い世代の政治パンフレットと呼ばれるほどであり、彼らに行動の基準を示したのである[37]。

だが、教科書を分析の対象とすることには致命的な弱点がある。私たちは政治的社会化の媒介者(教育機関とその背後にある国、行政当局)の意図しか目にしておらず、社会化の対象の反応を見ることがなかったため、政治的社会化の結果に全く触れることができなかった。しかも、教科書は政治的社会化のある側面しか反映しておらず、他のものを切り離した孤立した内容分析だけでは、容易に偏ったものになるであろう。

1985年アニタ・チャン(Anita Chan)は『毛主席の子ども達』という本を世に送った。著者は1970年代香港へ不法に移民した大陸青年の中から、政治的背景がそれぞれ異なった4人を選び、インタビューの形で紅衛兵世代の人格の発展と政治的な積極性(Political Activism)について研究を行った。その主な理論的枠組みは政治的社会化であった。同書は小グループ、授業、共青団、英雄模範教育がいかにして青少年の政治的な人格を形成したかを詳しく論述した。そして、「文化大革命」は政治的な積極性をテストする試験となってしまった。「文革」終了後、その世代の若者たちは、「脱政治的社会化」(Political Desocialization)のプロセスを経験しはじめた[38]。アニタの研究方法はこれまでの内容分析より大きく前進した。が、香港の大陸部からの不法青年移民をインタビューの対象にしたのは、「選択上のずれ」になった可能性が大きい。なぜなら、それらの人たちの多くが当時の体制に対して強い不満を持っていたため、その結果の代表性には大きな加減が必要になるからである[39]。

それ以降、政治的社会化理論が西側の学界で「ベア・マーケット」に遭遇したため

か、世界で中国の政治的社会化に関する研究は次第にまれになった。だが、大陸青少年の政治的社会化問題は台湾地域で一時ホットな研究対象となった[40]。ただ、それらの研究は教科書の内容分析がメインで、研究方法としては古いものであり、従来の方法の一層の精緻化を図ったに過ぎない。一方、台湾地域の政治学界が行った台湾の青少年の政治的社会化問題の研究は、大陸の研究に比べボリューム感があり、精緻なものになっていた。なぜなら、台湾においては、比較的早い段階でこの分野の研究が始まったからである。1960年代末、1970年代初頭に、袁頌西、易君博、呂亜力らはすでに政治的社会化の理論を台湾に導入した[41]。さらに重要なのは、その後台湾地域の学界で政治的社会化への研究が中断されなかったことである。陳義彦、陳陸輝、郭貞らの大学生の政治的社会化、政治的傾向、政党賛同と政治効果についての研究、陳文俊の大、中、小学生の政治学習についての研究はその代表的なものである[42]。ほかに、台湾地域の学界では政治的社会化を研究対象とする博士論文、修士論文も多く見られる[43]。上述の研究における共通点は、問題意識が明確で、研究方法が多様なことである。中には、統計資料に基づいた定量分析もあれば、インタビューと考察に基づく研究もあり、比較的高い研究水準を示した。不足の点もあるが、それらの研究の枠組みはほとんどアメリカからのものであり、理論による検証型のものが多く、従来の理論を発展させたもの、または理論の問題発見型の研究はまれであった。

　1980年代、中国大陸部の学界は政治的社会化に関する理論に触れ始めたが、主は海外関連教材の中国語翻訳資料における断片的な紹介を通してであった。例えば、アントニオ・オラムの『政治社会学』（張華青等訳、上海人民出版社、1989年版）、ウィリアム・ストーンの『政治心理学』（黒竜江人民出版社1987年版）、アイザックの『政治学：範囲と方法』（鄭永年等訳、浙江人民出版社1989年版）、アーモンドとウェーバーの『公民文化』（馬殿君訳、浙江人民出版社1989年版）、デュベルジュの『政治社会学：政治学の要素』（楊祖功等訳、華夏出版社1987年版）などである。これらの著作は多かれ少なかれ政治的社会化の研究に触れたとはいえ、いずれも系統的なものではない。アニタ・チャンの『毛主席の子ども達』（史継平等訳、渤海湾出版公司1988年版）以外、西側学界の政治的社会化についての著書で、中国語版に翻訳されたものはほとんど存在していなかった。1990年代以降、系統的で学術的な著書が現れ始め、その代表的なものに劉豪興、朱少華の『人間の社会化』（上海人民出版社1993年版）、趙渭栄の『転換期の中国における政治的社会化研究』（復旦大

学出版社 2001 年版)、馬振清の『中国公民の政治的社会化問題の研究』(黒竜江人民出版社 2001 年版)などがある。劉、朱の著作は政治的社会化を含む西側の社会化理論を全面的に紹介し、それらの理論を用いて中国社会に対し、初歩的な分析を行った。趙と馬の著作は大陸の政治学界で最も早く政治的社会化を研究対象とした博士論文の一つであり、著者の二人は期せずして一致して政治的社会化をマクロの政治、社会、歴史の状況の中において考察し、それぞれの歴史的な段階、時代の政治的社会化の特徴を総括した。二人は社会の転換／変革が政治文化と政治的社会化モデルの転換を引き起こすと考えたが、近代化理論における単線的進化論の影響が大きいようで、「計画─改革─市場」という説明論理がやや簡単で硬い気はする。

　直近の数年間で、中国国内の政治的社会化研究には喜ばしい変化が現れた。すなわち、研究対象の更なる細分化が見られ、研究する問題も集中する傾向がある。また、二本の博士論文を例にしたいが、張昆の『マスメディアの政治的社会化機能』(武漢大学出版社 2003 年版)、董雅華の『知識・信仰・現代化：中国における政治的社会化のなかの高等教育』(復旦大学出版社 2005 年版)は、それぞれ現代中国のマスメディアと高等教育が発揮する政治的社会化の機能について検討した。不足点についてみると、問題意識が明確さを欠き、「主題」(Subject) はあるが、「研究問題」(Research Question) がないようだ[44]。現象に対し、タッチの太い説明はあるが、理論的な前進ができなかったのである。

　筆者は「CNKI」(中国期刊網)で「政治的社会化」を主題とする論文を検索してみた。1979 ～ 2008 年まで収録された関連論文は 388 本で[45]、そのうち、政治的社会化研究の理論の紹介に関するものも、少ないながら確認できた。例えば、袁振国、朱永新は社会学、人類学、社会心理学など、それぞれ異なる学科が政治的社会化研究に対する理論上の関心と重点について分析し、政治心理学研究の方向性を重点的に検証した。李元書らは政治的社会化の一般過程、理論の源流及び政治的社会化の本質、特徴と機能について検証した。婁淑華、楊勇は中国と西側の政治的社会化研究の方法論の基礎について比較し、西側の研究方法を選択的に吸収する必要性を指摘した。金太軍は中国の伝統的な政治文化における政治的社会化メカニズムについて分析した[46]。これらの研究は中国国内に新風を吹き込み、大きな功績をあげた。と同時に、共通の課題も残ることになった。まず、欧米の政治的社会化研究の代表的な文献を振り返ることが少なく、少量の二次データを立論の基礎にしていることである。次は、中国本土の経験、事実に対する整理と分析が不足しており、論理の

演繹が主となったことである。

　このほかには、政治思想教育の視点から大学生の政治的社会化問題を研究する論文が最も多く、82本（五分の一強）にのぼっている。また、公民教育の視点から欧米諸国の参考になる価値ある研究を紹介する論文が見られる。その他、新しい社会環境のもとで（例えば、インターネット時代）、青少年の道徳教育が直面している問題点と対策について検討するものもある。中国において、政治的社会化の用語は大きな容器になっており、大量の青少年教育、政治思想教育にかかわる論文は、「政治的社会化」という名称をつけたが、論文の内容は政治的社会化の理論的枠組みとの関連性が極めて薄く、概念の拡大化と誤用の問題が深刻である。最後に、現代中国の政治的社会化に関する実証研究がほとんどないという事実も指摘しておく。

　以上からみれば、中国国内の政治的社会化の研究は明確な問題意識を持っておらず、従来の研究との理論的な対話も少ないと結論づけられる。したがって、論文双方の関連性は弱く、帰納と総括の作業はたいへんな困難を極めている。こうした事実からいえば、中国国内の政治的社会化の研究はスタートラインを切ったばかりで、現状はいまだに政治学の軌道に乗っていない。ただ、この研究テーマは、私たちが現在の中国の政治／社会の変化を理解し、そしてそれを解釈するのには、きわめて重要なものである。

3．政治的社会化研究の復興：われわれは何に貢献できるか

　「三十年河東、三十年河西」というように世事は変化し、栄枯盛衰を繰り返す。やがて、政治的社会化に関する研究は、西洋で再び人気を呼んだ。政治的社会化研究の権威であるジェニングス（M.Kent Jennings）は、我々は最近になってまた「ブルマーケット」（強気相場）に戻ったと、誇りを持って宣言している。彼は、政治的社会化の研究が復興を果たしたのは、社会現実（Real World Events）の推進力に負うところが大きいと見ている。

　まず、欧米の民主主義国家において公民道徳（Civic Virtue）の没落が見られたことがある。社会資本や公民の美徳、政治参与に関わる道徳が、いずれも顕著に落ち込んでしまった。この情勢を転換させるために、多くの機関や研究者は、若い世代の教育と育成で希望を訴えている。そんな中、「政治的社会化を取り戻そう」（Bringing Political Socialization Back In）となるのも、当然である。正式のカリキュラム、特定の政治教育様式、課外活動や（ボランティア）団体の参与など、いず

れも学者の研究対象になった。

　次に、世界秩序が変化したことがある。「冷戦」の終焉、新興民主主義国家の出現など、常に変化する世界秩序は、学者達の政治的社会化の過程や結果の点検に、天然の実験室を提供してくれた。同時に、これらの新興民主主義国家の擡頭こそが、学者達に政治的社会化の研究を可能にしてくれた。そのため、東欧諸国の政治的社会化と諸外国との比較が、割合早く西側の学者が注目する研究対象となった[47]。

　外からの推進力のほかに、社会科学分野の研究方法の進歩や、日に日に蓄えられた豊富なデータベースも重要な推進力となった。ジェニングス、ニエミ（Jennings、Niemi）らは、若い学生、その親、及びその後の彼らの子どもに対し、四度にわたる「パネル調査」（Panel Studies）を行い、世代間の政治態度の継承および個人の政治態度の持続と変化を研究してきた。家庭内の政治的価値や態度、行動の継承のほかに、彼らは重大な政治事件や生活経験、ライフサイクルが個人の政治態度の持続に与える影響も分析・研究し、異なる社会背景間の政治的傾向の差異も比較してみた[48]。これらの縦断的データ（Longitudinal Data）と、精巧になりつつある統計分析法との結合により、政治的社会化の研究者は理論上の自信を新たに取り戻した。中でも研究者を力づけたのは、アメリカ人の政党支持の基本姿勢（Basic Partisan Attitudies）に、長年にわたる驚くほどの安定性が現れたことだった。これは、過去数十年来積み重ねてきた縦断的研究データによるものであった[49]。そしてこのことは、早期の政治的社会化研究の仮説が、実証の支持を得たことを意味した。

　しかし、中国の学者、とりわけ博士たちにとって巨大な資金を消耗し、長年にわたる「サンプル調査」研究を行う可能性はほとんどない。では、われわれとしては、この高まりつつある「学術復興運動」において何か貢献できるのだろうか。われわれは欧米の学者が前世紀60年代、70年代に行ったことを（いわゆる「補習授業」として）繰り返さなければならないのだろうか。

　筆者が思うに、われわれの最大の利点は、われわれが中国の経験的事実に親密であることで、これらの経験はかなりの程度、欧米の政治的社会化に関する理論とかけ離れている。研究過程において、われわれは西の理論の枠組みをもって、中国の経験を「吸収」ないし「切り抜き」したりせず、欧米を一つの異なる「経験」と見なし、参照していくのである。それによってわれわれは、最大限に経験そのものに近づくのだ。——「進入」や「観察」は必ずしも経験的事実そのものへの接近を意味するのではなく、先入観にとらわれた理論で「観察」すれば、かえってわれわれと経験との距

離はかけ離れたものになりかねない（既成の理論はわれわれに、あるフィールドへ「進入」する理由を提供してくれるにすぎないのだから）。このことからわれわれは、「想像のフィールド」（理論設定）から「フィールドの想像」（理論構築）への飛躍が求められる。

　都市の農民工子女は、欧米が経験する第二世代の移民と似たところもあれば、異なるところもある。政治的社会化の研究において、移民は個人生活の重大な変化を意味し、往々にして「脱政治的社会化」（Political Desocialization）や「再政治的社会化」をもたらしかねない。アメリカを例に取るならば、南部を離れた白人が、さまざまな民族問題や政府として社会福祉予算を拡大すべきかどうかに対する態度は、南部に留まる白人に比べ、より自由主義（Liberal）に傾いていることが研究で明らかになった[50]。中国では現在、相当数の農民工子女が、すでに親に付き従って都市部に定着し、したがって事実上、都市部第二世代移民が形成されている。にもかかわらず、政府の公式統計（Official Classification）[51]では、「農民工子女」は「都市新移民」ではなく、「流動人口」と定義づけられている（現代中国において、「流動人口」は時間的特性を表すものではなく、政策による分類を意味する[52]）。その結果、農民工子女は地方の公民権、いわゆる市民権を獲得する術を持たないことになる。

　農民工子女は、また欧米社会の少数民族（たとえば、黒人児童）とも違う。彼らは、ある程度、都市社会の外に隔離されているが——彼らのほとんどは、バラック地区、都市内の村落、或いは都市と農村との境界に居住している。彼らのうちの半数近くは、農民工子弟学校に就学している。また一部の者は、公立学校に入学しているものの、独立クラスに入れられている。しかしながら、「農民工子女」は、一つの社会カテゴリー（Social Category）として、都市部住民との間に人種、宗教などの面で差異が存在するわけではなく、単に都市と農村との二元構造や都市化に連動する産物であり、より強い政治的メカニズムの性質を持っている。この「グループ」は、国家政策と統治行為の結果によるものであって、チャテルジー（Partha Chatterjee）のいう人口グループに近く、共同体ではない[53]。つまり、彼らは行動主体（We）として存在しているのではなく、あくまでも統治客体（Us）として存在しているのである。

　農民工子女のいる家庭も、一般的な意味での「弱勢グループ」（Disadvantage Groups）とは違う。一部の親たちは、都市の「底辺層」（Subaltern/Underclass）にいながら、エリートの親も少なくない。李強は次のように認識している。農民工と

は、農村社会における典型的なエリートグループである。未流出の農民に比べ、彼らは年齢、教育など多方面で優れている。しかし、このようなエリートグループが都市において、かえって長期間社会の底辺層に置かれ、就職については、収入が低く、環境が悪く、待遇が極めてひどい不安定な「副次的労働力市場」に限られてきた。——1996年以来行われた数度にわたる「社会的名声ランキング調査」では、都市部100種の職業の中で、職業ランキングワースト10は、いずれも農民工と関係のあるものばかりである。しかし、実際、このような労働力市場の区分は、純粋な技術性のものからではなく、特定の社会体制によりもたらされたものである。しかもその結果が、農民工の行動の特徴や生活様式を固定し、農民工を主流社会のネットワークの外にはじき出し、正規の管理体制から離脱させることになる[54]。もし「弱勢グループ」が、弱勢だから特殊なのであれば、農民工子女は、特殊だから弱勢なのである。前者の場合、本人が老人、虚弱者、病人、身障者だから、面倒を見てもらわなければならないのに対し、後者は、「特殊化」（不平等化）されることで、社会的にも経済的にも弱勢に置かれているのである。つまり、「支配的地位にある国家の枠組みや流行する言葉の中で、流動者は、本質的に都市部住民とは違う外来者に見られているのである」[55]。

　王春光の研究では、農村流動人口は、すでに世代間で変化が現れ、第一世代の農村流動人口と比べ新生代のそれは、流動する動機だけでなく、多くの社会的特徴においても違いの大きさが明らかになった。新生代農村流動人口の制度的身分へのアイデンティティが弱まってきている。第一世代の農村流動人口と異なり、彼らの一部には流入地区社会へアイデンティティを求める者がいる。しかしまだ、流入地区へのアイデンティティが実現しないうちに、故郷の郷土に対するアイデンティティが弱まってきている[56]。若い世代の農民工がこの通りだから、都会育ちや、都会生まれ都会育ちの農民工子女は、自分のアイデンティをどのように見ているのだろうか。彼らは、親世代の運命を繰り返してもよいと思っているのだろうか。

　前述したように、農民工子女は、地域政治とアイデンティティ政治の交わるところに存在し、移民、下層化、社会排斥など多重体験をさせられてきた。にもかかわらず、従来の政治的社会化の研究では、第二世代移民や、底辺層の児童、「汚名」グループなどを別々に取り扱ったものの、多重身分を一括りにした研究対象に出会ったことはないのである。この意味でいうならば、本書は、まさに農民工子女グループを一つの突出した案件とし、それをもって、政治的社会化の研究の枠組みや知識

体系に衝撃をあたえるものである。農民工子女の研究を通して、われわれは次の課題を探求できるであろう。移民、社会的身分、社会的経済的地位の三者は、農民工子女の政治的社会化へどのような影響を与えているか。この過程において、どれが支配的な地位にあるのか。当地の地域政治とアイデンティティ政治とが結びついた場合、子ども達の政治的社会化にとって、どのような集積効果が生まれるのか。

　この研究対象の選択は、研究への視点の転換も暗に含んでいる。サピロ（Virginia Sapiro）は、政治的社会化の研究を回顧、展望した時に、児童研究への回帰を主張している。彼は次のように述べている。「発達心理学の発展は、すでに児童認知能力の不足（Cognative Incompertence）の観点に挑戦した。われわれは、社会類属化（Social Categorization）やアイデンティティ過程（Identity Processes）を政治的社会化の核心に置くべきだ。それは、子ども達にとって極めて重要なのである」と[57]。これは、本書の問題意識とおのずと合致している。アイデンティティを、政治的社会化の理論の枠組みへ導入することで、われわれの政治的社会化への認識を刷新することができる。――従来の研究は、階層、社会的地位、経済的地位、人種といった客観的因子が子ども達の政治的態度や行動様式に与える影響について関心をより多く払ってきたが、一個人としての情感や、体験、アイデンティティなどの内在的、主観的要素が、政治的社会化の過程において果たした役割については軽視してきたようである。簡単且つ機械的な人類の観念や行動の理解を避けるため、本研究では、アイデンティティと政治的社会化を独立変数や従属変数の関係と同等にはしなかった。というのも、影響というものは、まずアイデンティティがあって、それから政治的態度や行動様式があるわけではなく、むしろアイデンティティも政治的社会化の過程において生じた産物なのであり、両者は果物の種と実の関係に似ている――果物の実は、果物の種を中心に成長はするが、果物の種は、果物の実に先立って存在するわけではなく、果物とともに成長するのである。りんごを、市場からただ一籠買ってきて切ってみるだけなら、その果物の種と実の関係は、機械的な理解しかできないのである。それに対し、果樹園に入り、長期的しかも細やかな観察をしてはじめて、個々のりんごの成長過程や置かれた位置、日照、雨露及び肥料撒布や殺虫の過程などを検証してその内在的なメカニズムを明らかにすることが可能になる。

二、アイデンティティ研究――構造主義と構築主義の視点

　欧米では、啓蒙運動以降、人々は完全無欠な自我の存在（A Complete Self）を信じてきた。すなわち、社会的行動者としての主体が、安定的、且つ連続的なものであると見なしてきたのである。その後、ポストモダン主義の生起にともない、固定した不変の主体は過去のものと考えられ、代わりに主体は、より融通性のある個体で、そのアイデンティティは流動的（Fluid）、偶然的であり、社会によって構成されるものとなった[58]。フーコーの言うように、「個体とは固定された実体ではなく、権力に導かれた虜である。個体とは、その身分や特徴をも含め、いずれも権力関係が身体に与えたシステムである。」ハーバーマズは、身分とは、むしろある程度に「われわれがみずから設計するもの」[59]と見ている。とりわけ、歴史学者のトムスンの大著『イングランド労働者階級の形成』[60]が世に出てからは、"Making"（形成／構築）という用語がますます学界で流行し、階級、身分を含めた、元来自然に存在した事物が次第に「魅力を奪われ」、そのかわりに特定の社会条件のもと、人為的に構築された産物と見られるようになった。身分を本質主義とする見方は、構築主義に取って代わられた。「社会構築（Social Construction）」の観念からすれば、いわゆる「現実」とは、人が自分の解釈や意識或いは無意識的の認知行為により生み出したもの、というわけである[61]。

　しかし、身分がどのように設計され、構築され、決定されてきたのか？哲学者たちは、それについて語っていない。この任務は、社会科学に任せるしかない。政治的社会化と異なり、アイデンティティの研究はこれまで、高度に整合的な学術分野ではなく、多くの分野がここに参与してきた。しかしながら、相互のつながりや関係は、それほど緊密的ではない。われわれはそれを、「問題域」と呼ぶしかできない。社会心理学と政治心理学の研究は、構造主義から構築主義への変換の道にそって発展し、前後してシンボリック相互作用論、グループ衝突理論（Groups conflict）、社会的アイデンティティ理論（グループメンバーシップ理論）、境界理論（Boundary theory）などが形成された。メアリー・ダグラスは、身分や社会分類の研究について、新構造主義の独特の解釈を示した。それに対し、ブルデューの慣習理論は、構造主義や構築主義の二元対立を超越し、「構造主義的構築論」(Structural Constructivism)、或いは「構築主義的構造論」(Construtive Strnctralism)[62]を形成しようとした。

1. シンボリック相互作用論

ミード（G.H.Mead）は、クーリーの「鏡に映る自我」（Looking-glass Self、すなわち人は、他者の目を通して自己認知をする）の上に、さらに次のことを指摘した。自我の本質は社会化の過程であり、社会的産物である。それに対し、社会で共有するシンボルは、自我産出の必要条件であると。ミードは、「主格の自我」（I）と「目的格の自我」（Me）の違いを区別した。「主格の自我」は、「自我」のうち非反省的、自主的因子であり、自我の社会化されていない一面であるが、「目的格の自我」は、内面化された他者の目であり、「一般化された他者」（The Generalized Others）、集団規範の総和であり、既に社会化された一面である。自我は、主として、遊戯や手遊び、ロールプレー、および他人との協働において形成されるものである。これら自我を形成する過程で、「他人という鍵」が、自我の樹立に最も大きな影響を与える。子どもは、身の回りの人間や物事への模倣や学習、接触、観察、或いは反省などを通し、次第に自分のアイデンティティや価値観、自己イメージを樹立していくのである[63]。したがって、シンボリック相互作用論は、特に社会化の過程に関心を払っているわけである。――人はどのようにして、社会の価値観や基準、規範を取り入れるのか、個人はどのようにして、生まれたばかりの、社会と何の関わりもない単なる生物から、一人の社会人に変わっていくのか[64]。

エリクセン（Eriksen）は、さらに進んで、ミードの「主格の自我」と「目的格の自我」の区別を発展させ、人類のグループアイデンティティには、二種類存在すると考えた。一つは、「客体下の自我群」」（Us-hood）で、もう一つは、「主体上の自我群」（We-hood）である。前者は「他者」との比較（Contrasting With Others）に基づくもので、したがって、自己と「他者」との区別や対立によって、「自我群」への忠誠や整合性が生まれるのに対し、後者は、内部の団結力（Internal Principles For Cohesion）に基づくもので、グループの相互享受によって、凝集力が生まれるものである[65]。

2. グループ衝突理論

当該理論の中心仮説は、「グループの利益が現実と衝突することで、グループ間の衝突を引き起こす」[66]というものだ。ムザファ・シェリフ（Muzafer Sherif）は1954年に、子どもサマーキャンプ実験（the Rodders Cave Experiment）を実施した。これまで面識がない22名の11歳の白人児童を「ガラガラ蛇グループ」と「トビ

グループ」とにわけた。はじめに、グループ単位の活動をさせ、二組が競争を始めると、相手グループメンバーとの衝突や対立がまたたくまに激化した。つづいて限られた資源（たとえば水資源）しか提供しなかったとき、二組のメンバーはますます敵対した。この時、同一グループのメンバー間には高度な自他の同一視が見られるが、他のグループメンバーには敵対する態度や行動をとった。シェリフの実験は、グループ間に存在する客観的利益がグループのアイデンティティやグループ間の関係へ与える影響を明らかにした。複数グループ間に客観的利益の競争がある場合、一方では、グループ同士の対立は強まるが、また一方では、グループ内部の団結力やアイデンティティは高められる。グループ衝突理論の解釈は構造主義的であり、すなわち客観的利益の枠組みが個のアイデンティティの形成を強めるのである。この理論にしたがえば、アイデンティティの研究は、現実の利益や利益をめぐる衝突に高い関心を払うべき、ということになる。

3. 社会的アイデンティティ理論

　当該理論は、特にグループ構成員の資格（Group Membership）がアイデンティティの形成に与える重要性を強調する。その代表人物には、ヘンリ・タヘル（Hernri Tajfel）、ジョン・ターナー（John Turner）がいる。社会的アイデンティティ理論は、社会的アイデンティティと個人的アイデンティティを区別している。人がグループ構成員の資格を持ち構築したアイデンティティを社会的アイデンティティ（Social Indentity）と称し、人が自らの個性や特質から構築したアイデンティティを個人的アイデンティティ（Personal Identity）と称した[67]。彼らは、社会的身分／アイデンティティを「個人の自我概念の一部であり、その人の特定の知識に由来するが、この種の知識はある社会グループ（或いは複数の社会グループ）のメンバー資格、及びそれに関連する価値観や情意に関わる」と定める[68]。タヘルは、誰もがプラスの自画イメージを求めるが、社会的アイデンティティは、まさに自我イメージの重要な一面であり、個人が所属するグループから獲得し、グループを通し自己策定、自己評価をすることができると考えた。

　タヘルとターナーはまず、社会行動を、個人間の行動（Interpersonal Behavior）とグループ間の行動（Inter-group Behavior）の両極に分けた。その上で、互いに関係するグループのもとでは、個と個の協同は、個の特性や人間関係によるものではなく、特定されたグループ間の異なるグループメンバーとの協同に基づくこと

を明らかにした。これは、「グループ衝突理論」と合致している。しかし、タヘルは「グループ衝突理論」の中心仮説、つまり「グループの利益が現実と衝突することで、グループ間の衝突を引き起こす」仮説は成り立たないと考えた。彼は、「ミニマル・グループ・パラダイム」(Minimal Group Paradigm)の実験を取り入れた際に、グループ間の差別の決定的な因子は、利益衝突や既有の敵意ではなく、社会類属化(Social Categorization)だということに気付いた。すなわち、人々を二つのグループにわけさえすれば、内グループ好み(Ingroup favoritism)と外グループ嫌い(Outgroup Hostility)が形成されるに十分であり、個体と個体間には協同がなくてもよく、またグループ間の利益衝突にかけずともよいわけである。いいかえれば、社会的アイデンティティと社会類別化は密接につながっているのである[69]。

　一般的に言えば、社会的アイデンティティは、三つの基本的な過程―カテゴリゼーション(Categorization)、アイデンティフィケーション(Indentification)、比較(Comparison)――からなりたっている。カテゴリゼーションとは、人が自分をあるグループに帰属させることであり、アイデンティフィケーションとは、自分が当該のグループメンバーの普遍的特長を有すると考えること、比較とは、自分のアイデンティティが属するグループを他のグループと比べ、その優劣や地位、名声などを評価することである。この三つの過程を通し、人は自分のアイデンティティの価値や自尊心を高めるのである[70]。しかし、実生活の中では、往々にして人のグループメンバーとしての資格と社会的アイデンティティは多元的であり、ある特定状況のもとで、どのグループの資格とどの社会的アイデンティティが生かされ顕著に現れてくるかは、避けられない問題となった[71]。

　ヒギンズ(E. Tory Higgins)のプライミング研究は、比較的上手くこの問題を解決した。彼は、人々の社会類別に関する知識体系を「分野専用」のもの(Domain-specific)と見た。つまり、このような社会的知識は通常、潜伏状態に置かれており、特定の状況のもとではじめて生かされ運用されると考えた[72]。人々が特定状況のもとで自分をどの社会的身分に帰属させるかは、主として、三つの要素による。1.「可接近性」(Accessibility)による。特定の社会的集団への可接近性とは、容易にその集団を、ある状況のもとで記憶から取り出し使用すること、つまり、潜伏状態から待機状態へと転換することをさす。可接近性の高い特定の社会的集団は、通常、分類が習慣化されており、また、その人の目標や利益、思考パターン及び生活体験に関わるものである。2.「対比適用度」(Comparative Fit)による。つまり、ある

分類がその時その場に登場した人物のグループ間の客観的比較を適切に行うことができるか否かである。待機状態にある社会的知識は、問題ある状況もしくは任務に際したときに、適合するときもあれば、適合しないときもある。ここで適合あるいは合致する知識が初めて応用され、すなわち採用が決まるわけである。状況に合致しない知識は、たとえ使われても採用となることはない。対比適用度の高い特定の社会的集団は、今後も採用される確率が高くなる。たとえば、都市部公立学校と農民工子弟学校とが懇親会を行うとき、都市部の子ども達と、農民工子女と、この一対の社会類属が、男子生徒と女子生徒のそれより、状況によりふさわしいだろう。

3.「規範適合度」（Normative Fit）である。つまり、ある類別が、協同で参与する人々の行動期待における違いを、適当に表現することができるか否かである。規範適合度の高い社会類属は、採用されるチャンスも高まることになる[73]。たとえば、農民工子女による合唱団が、農村巡回公演を行う場合、都市に住む農民工子女と農村の子どもとの、この一対の社会類属が、都市部の子どもと農村の子どものそれに比べ、より社会規範に合致するため、したがってメディア報道に採用されるが、合唱団メンバーは自分を「都市部の子ども」と把握することを外部から抑圧されることになる。

4. 境界運用理論

当該理論は、境界の活用が自我構築の核心に位置すると考え、既存の二つの社会実体（Social Entities）の間にある境界を探す――例えば、社会アイデンティティの研究で、「私たち」と「彼ら」の間の区分（Segmentation）の探求を重視する――ことを、境界自体から出発し、人がいかに境界を通過し、実体を創造したかを探求することに及ばないと考える[74]。LamontとFournierは境界をシンボリックボーダー（Symbolic Boundaries）と社会ボーターに分けた[75]。いわゆるシンボリックボーダーとは、社会行為者が作り出した概念の差異（Conceptual Distinctions）によって、これらの差異が人々を各々のグループに区分し、同類性を感じ取る感覚（Feelings of Similarity）やグループ成員の資格（Group Membership）を形成することを指す。いわゆる社会ボーダーとは、すなわち社会的差異（Social Differences）の客観化した形式であり、グループ間の資源分配や社会チャンスなどの面における機会の不平等を表す。もちろん、シンボリックボーターと社会ボーダーは密接に相関関係があるが、社会ボーダーは制度化であり、シンボリックボーダーはグループ

間の分類闘争によってボーダーラインの移動が生じ、この闘争中、マジョリティー集団（Majority Groups）は常にその地位に特権を付与することを企む。シンボリックボーダーが広範にわたり承認を得て、これにより限定的な役柄を担うならば、ここで社会ボーダーへと切り替わる。例えば、市民権（Citizenship）は、強力な社会ボーダーである。

社会アイデンティティ理論は、グループを内集団（In-groups）と外集団（Out-groups）に分類し、実質的に、相対的に固定されたグループのボーダーラインを理論の前提としているが、境界運用理論は、極力シンボリックボーダーと社会ボーダーの複雑な関係を提示しようとし、シンボリックボーダーの多面性（Multidimensionality）と変わりやすさ（Mutability）を強調する。境界運用理論は特に、多元的なシンボリックボーダーの相対的な突出性（salience）や配列（Configuration）を注視する。例えば、マジョリティー集団は、なぜ特定のシンボリックボーダーを選び（他のシンボリックボーダーではなく）、ある集団に適合させ、他の集団を排除するのだろうか。過去において最も顕著なシンボリックボーダーは人種を基盤としたが、なぜ現在はそれが宗教や言語、文化あるいは労働資本に替わられたのか。境界運用の研究が社会アイデンティティの概念の正確性を増すだけでなく、シンボリックボーダーの配列は各グループの社会資源を巡る競争の利益であることがわかる[76]。その他、シンボリックボーダーの変化は、現実でも社会分類（Social Classification）の基準の変遷であり、これは境界運用の最新研究が特に強調する異なる状況における社会分類の重要性である[77]。

チャールズ・ティリーは、身分の研究において、特に社会境界の生産、活性、移動を強調している。彼は、該当社会に境界が出現するとき、それは一個の境界線を含むのみならず、境界線の両サイドの関係、クロスオーバーラインの関係並びにその関係を共に享受する物語を含んでいると考えている。公共政治がいつも関わるのは、私たち――彼らの境界の生産や活性、移動を目に見えるようにすることであり、その過程の反面として私たち――彼らの境界の破壊、休眠、回復を見せることである[78]。ティリーの辺境の活性を強調する点とヒギンズの「始動」研究は同工異曲であり、より重要なことは、彼が提示した一つの斬新な要素――物語である。それらは社会の境界を取り巻き、ともに享受する物語を形成し、境界と身分の再生産を大いにつなぎとめている。

5. ポスト構造主義の解釈

人類学者のメアリー・ダグラス（Mary Douglas）は、制度が人々に身分を授けると考えている。人の認知は、社会制度の外では生産されず、人は必ず、最初に基本的範疇の中で共通認識を成立させ、それから初めて認知が誕生し、討論の可能性が生まれる。そして制度はまさにこの段階で重要な作用を及ぼす。すなわち、人は必ず観念制度を通し人や物を部門分けし分類する。まず、制度は固定制、安定性を生産し、基本範疇を成立させる基礎を提供する。次に、制度は相同性を作り出し、各種の事物を異なる分類に放り込む。併せて道徳と政治的内容を価値判断に上乗せすることを賦与する[79]。制度は社会範疇に入り込み分類を行う。そして分類を自然、一般化し、これにより、制度と規則は安定性を獲得する。例えば、女性が子どもを慈しみ育てる役割と分業は常に挑戦に晒される。男女の別を自然界の「左右」や「内外」の別と比べると、この種の分業は自然化と一般化を受け、社会の分業制度は性別制度を伴い初めて安定した基礎を築くことになる[80]。また、こうも言える。制度は社会を分類するシステムを創造し、併せて人々の思考方法を作ることにも関わり、進んで人々の身分同一性や自我の印象、好みを決定する。

6. 象徴的暴力とハビトゥス

ブルデューは、階級認識や社会分類の研究について、現代において広範にわたる影響を与えている。ブルデューの全著作に一貫してある中心問題の一つは、「グループ発生理論」の発展である。グループはいかにして生まれるのか。彼らはいかにして再生産をするのか。

彼は、グループが存在する可能性は共同の生活機会に依り、彼らの象徴の再現に依ると見ている。けれども、彼が強調するのはまさに、象徴を取り合い、再現する競争は、グループが重要な社会的身分に発展するか否かを決定するということである[81]。これにより、社会生活の分類システムは争う焦点を構成することになり、異なる個人とグループが記号の使用を争うのであるが、それはこれらの象徴システムが知識の道具としてだけでなく、権力の道具として存在するからである。各階級は不断にこの「分類闘争」（Classification Struggle）に参画し、その目的はそれらを特別な利益に符合させ、世界の境界の方法を合法化することにある。

ブルデューは、階級認識は物質的条件で決定されるだけでなく、同時に人々の感覚や認識上の確認が必要であり、したがって、象徴的階層から階級認識や階級闘争

を研究する必要があると考えている[82]。階級認識あるいは身分認識は、実際的には「社会構造の身体化」(Embodied Social Structures)であり、社会構造と知性の構造関係を説明するために、ブルデューは「ハビトゥス」の概念を発明した。いわゆる習慣は、持久性を持ち、変化可能な主観的に構成されたシステムであり、システム化によって構成され、システム化をよりシステム化する作用を発揮する。ブルデューは、習慣とは天性の構造であり、それが実践を形作り組織し、歴史を生産し、実践のために原則を提供すると考えていたかもしれない。だが、習慣自身もまた、歴史の産物であり、もとは早期の社会化を経ており、構成された産物である。またこれは「個人の身体上の歴史を体現」しており、行為のために構造において制限を設けた。こうして主観主義と客観主義の二種の危険な傾向を瞬く間に克服し、構造主義と構築主義の二大理論の伝統を調和させた。社会的階級の構造は、人々特有の階級習慣のために内化される。異なる階級の成員は、いつも自分の階級習慣の約束のもとにおり、自己特有の階級気質を身につけ、異なる風味の場へ入っていく。あわせて、異なる生活方法を選択することで、自己の階級身分や自己と他の階級の関係および社会的距離を表明する[83]。以上からわかるように、社会成員の身分構造は大部分において習慣の支配下に置かれており、生活方法や消費活動を通して目の前に現れる。

　ブルデューの学生ボルタンスキーは、「ホワイトカラー」の研究を通し、社会グループ研究における構築主義の方法を発展させた。彼は承認と排除の活動がグループを育て、先に構築した社会技術が客観的な「グループメンバー」の構築に使用され、「単独者」であっても「グループメンバー」に属させられる。こうした客観化を通し、グループは言わずもがな形式的に存在するようになる。したがって、「客観的」なグループは存在せず、存在するのは「客観化」されたグループだ、となる[84]。

三、「狭路相逢」（のっぴきならないところでぶつかる）：身分アイデンティティを政治的社会化研究に入れ込む

　文献を振り返ると、次のことが明確に見て取れる。ミードのシンボリック相互作用論が社会化にある程度の関心を払ったことを除けば、政治的社会化と身分アイデンティティの研究は長きにわたり、多くが「井の水河水を犯さず」（それぞれの限界を明らかにし、他を侵さない）に来た。最近になりようやく、社会の類型化と同一性の過程を児童の政治的社会化の核心的位置に置く研究者が出てきた。身分アイデ

ンティティの研究者も次第に社会分類と社会類型化の身分構築における重要性を意識し始めた。そして社会分類、中でも政府が承認する分類は、一般に権力の意志を体現している。——なぜなら個人と役割、集団の間に存在するものは千差万別であるが、特定の方法で境界を定め、一部生じる差異を政治や法律、官公統計が接収するところで初めて、合法的な承認を得たことになる[85]。さらに重要なのは、身分アイデンティティ自体が社会的産物であり、社会全体の価値観や生活様式を代表している点である[86]。これは身分同一性の研究を政治学へ向かわせ、政治的社会化の研究は特に身分アイデンティティに関心を払わないではいられなくする。

　梁治平は次のように認識した。身分概念及び制度の創設は1949年以降中国の政治発展の鍵となり、身分政治はさらに、私たちが理解する現代中国の政治と社会変遷の核心概念である。けれども、現代中国の身分政治は、伝統の継承というよりは、それ自体に現代政治が根付いていることから簡単なものではない。したがって、公民政治の創設は、中国の喫緊の制度変遷の行方であるが、かえって種々の矛盾と困難な過程を含み決定されている[87]。梁治平が唱えるのは、「身分政治」は「Status」の意味に重きをおいており、現代化は「身分から契約へ」[88]の変遷過程といった単純なことではないということだ。しかし同時に、現代化は確かに、「Status」の正当性を失わせ、多元性と流動性は人々に伝統社会が想像もつかなかった再認識の空間を提供しており、「Status」がうさんくさいものに変化した時、人々が社会的ポジションに不安になった時、個人(Individual)がかつてなく重要なものになった時、アイデンティティの意義を司る身分政治が、機運に乗じて生まれてきた。

　まさに身分政治の特殊な重要性のために、近年来、身分アイデンティティ問題はますます国内の学術界で注目を浴びてきた。陳映芳は、「市民権」の視点から農民工身分の構築と広範な受け入れのための制度的基礎を提示している[89]。方文・潘澤泉はそれぞれ、北京のプロテスタントの一群と農民工の一群のシンボル境界が生成するメカニズムを研究した[90]。高雯蕾は、社会同一性の理論的枠組みを北京中層下層階級市民の身分アイデンティティ問題に運用した[91]。李春玲・王毅杰は、客観的な経済指標をもとに、社会階層と身分アイデンティティ間の関係の探求を試みた[92]。張静等は、公民権利の社会配置と社会成員の身分アイデンティティを結びつけた[93]。王建民は「シンボリック二元構造」を用い、異なるグループの身分、地位、評判などの方面における二分化と不平等について述べた[94]。潘毅は、戸籍制度が身分アイデンティティに重要な影響を及ぼすと考えた[95]。

上述の研究が多く考察を割いたのは、身分アイデンティティを形作る結合性因子であり、政治システムや社会システムと個体につながりが生じる方法は軽視した。これにより見落とされたのは、社会個人の身分アイデンティティと政治的社会化の間にある関連性であった。一方で、私たちは誰もが、多かれ少なかれ家庭や学校、仲間、メディアなどのルートを通じ、不断に各種の政治情報を受け取り、政治システムが放つ価値観の「電波」を受け取っている。——これらの政治的社会化の媒介と身分アイデンティティ理論の言う「他人というキー」はだいたいにおいて重なる。もう一方で、私たちは各人の生活経験や「物語」が私たちの身分アイデンティティを構築、再構築し、政治態度や政治行為に入り、影響を及ぼす。アンソニー・ギデンズは次のように見ている。

> 　自我同一性に存在する問題と個が自身のために「提供」する個人的経験の脆弱な性質の間には、緊密な関係がある。個の認識は行為の中で生じるものではなく（行為は実に重要にもかかわらず）、他人の反応によって生じるものでもなく、特定の叙事プロセスの中で開拓され生まれるものである。もし人が日常世界で他人とルールある活動で影響を及ぼし合うならば、個人の経験は全く虚構というわけではなくなる。それが表現するのは、外部世界で発生する事件を取り込み、それを自身に関係あるものとして、まさに進行する「物語」の中に加える。[96]

　過去を是正するための身分理解の「物化」傾向に対し、本書では身分の「生産」を特に強調し、「体験」と「物語」が農民工子女の身分アイデンティティと政治的社会化において重要であることを強調する。それはオーストラリアの研究者杰華が述べるところである。

> 　生活物語（事件構造、評価システム、解釈システムを含む）批判の考察と比較に対し、アイデンティティや経験、理解の方面で意識的にも無意識のうちにも特定の言葉の影響を受ける形式を提示できる。生活物語の分析に関して、人が異なる言葉の間で期待と体験の間で、矛盾が生じたときの反応、並びに自己同一感が新しい社会や言語環境下で再び承諾が得られないときの反応を明らかにする。[97]

農民工子女の実証研究を通し、我々は表面上、身分アイデンティと政治的社会化は二つの異質な問題に見えるが、実質両者は不可分の関係にある。伝統的に、政治的社会化は「人々が政治傾向や政治行為モデルの発展過程を学ぶ」[98]ために境界を引かれるか、あるいは、「ある社会がいかに政治態度や価値、行動様式を新世代へ伝えるかの過程」[99]とされてきた。これらの定義は不正確であるとは言わないが、一個の問題を軽視している。すなわち、政治態度と行動様式の「身分的前提」である。政治態度と政治行為は立場（Position）と高度に相関関係を持ち、「あなたは誰か」を決定するのは、あなたが自分の利益をどう定義し、あなたと周囲の世界の関係にどう境界を引くかをもとに、その上であなたの政治世界での態度と行動が決定される。ちょうどイタリアの政治学者アレキサンドロス・ピサロが言う通りである。「彼のために何を明確にできるかといえば、彼の利益である。コストと利益を計算でき、能動的な主体性をもって統一グループを通じ自己の同一性を確定すべきである。彼が受けとるグループの基準は彼に自分の利益を確定させ行動とその価値を授けてくれる。」なぜなら、「政治は、集団アイデンティティの生産と理解され、公民の利益を不断に再確定するものと決められている」[100]。

　20世紀60年代以来、黒人運動、反核運動、環境運動、女性運動等種々様々な新社会運動（New Social Movement）が西洋諸国で起き、従来の階級衝突理論やグループ行動理論では十分な解釈に事欠くようになり、アイデンティティ政治（Identity Politics）、差異の政治学（Difference Politics）、承認の政治学（Politics of Recognition）が学術研究の注目を浴びた。学会は身分アイデンティティを社会構造や政治態度の仲介変量とみなし、高度に重視すべきと認識するに至った[101]。一つの身分を選択ないし確定することは、特定の方法でこの世界を待遇することを意味し、その身分は必然的にその他の身分の関係性の中で確定される。「ここでは、政治はこの世界の理解について、私たちと彼ら、友達と敵を根拠としている[102]」。

　カール・シュミットは、「敵と友を分けるのが政治の基準だ」[103]と述べ、何よりまず私は誰か（I）、私が属するのはどの集団か（usもしくはone's own group）を確定し、その後、彼ら（Them）の敵味方関係がはじめて確定できるとした。これにより、身分は既に政治問題の核心を構成していることがわかる。一方で、身分の形成はやすやすと成るものではなく、また一度成ると永久に変わらないものでもない。むしろ、動態の過程であり「身分感」は社会相互に影響を及ぼす中にあり、社会化の過程の中で徐々に形成されるものである。この意味から述べるならば、児童の政治

的社会化は政治態度や政治行動モデルの学習過程だけでなく、次第に形成する身分アイデンティティ(Identity Formation)の過程でもある。

これにより、我々は以下の推測を提出しても構わないだろう。身分アイデンティティの形成は政治的社会化の過程の中にあり、核心的地位を占めていると。これは、身分の形成は政治的社会化の過程の中への「埋め込み」で、政治態度や行動モデルと相対し、身分アイデンティティが優先性を持つ。この種の優先性は時間上の前後の順番を表現しているものではない——我々はまず身分アイデンティティがあり、その後、ある政治的価値観や行動モデルを身につけるとは決して考えていない——。これはあまりに機械的な表現であり、身分アイデンティティを普遍的固有のものと誤って捉えている。むしろ、この種の優先性は理論上の優先性であると言った方がよい。——ロジック上から述べるならば、身分アイデンティティは往々にして我々の外部の出来事の見方や観念を支配しているが、身分アイデンティティは神秘的なものでも先験的なものでもない。個人についていえば、身分アイデンティティの形成であれ政治的社会化であれ、いずれもつぎつぎ起きては止むことのない進展変化する過程であり、実践の場において両者は不可分に結びついており、互いにまた前後に分けることができず、ただ抽象的な思索を借りて初めて、我々は一時分離させ、身分形成の優先性を確定することができる。この意味から述べると、身分アイデンティティと政治的社会化は、互いに独立した二つの事物(例えば顆粒状の白砂糖と赤砂糖のように)ではなく、両者は混在し浸透した流動物(例えば白砂糖と赤砂糖がともに煮詰められた砂糖水のように)である。我々は「ロジック」上、「理論」上それらを区分することができるが、肉眼で捉える日常の中では、両者は終始二つで一つである。したがって、もし正確に両者の関係を理解するならば、純粋なロジックによる演繹法では「あちら立てればこちら立たず」となり、より有効な方法といえば叙事に訴えることである。農民工子女の日常生活と個人の体験を分析読解することで初めて、以下の問題に答えることが可能となる。

まず、農民工子女の政治的社会化は具体的にどのような特性があるのか。農民工子女の政治観念や行動モデルの「キーパーソン」は誰なのか。家庭、学校、隣人、ソーシャルワーカー、同級生集団、ボランティア、政府といった政治的社会化の媒体は、いかに農民工子女と双方向的であるのか。それらは農民工子女にどのような影響を生み出しているのか。「都市が生活方式である」ということは農民工子女に何を意味するのか。

次に、農民工子女の政治的社会化の具体的なメカニズムは何か。身分アイデンティティは政治的社会化に内在する「準過程」であり、どのような作用を及ぼすだろうか。

最後に、農民工子女の政治的社会化の結末はいかなるものか。それらは政治システムに整合してくるのか、それとも離反していくのか。それらは文化の上で、相対的に自主的な階層となるのか、それとも主流意識の支配を受け入れるのか。こうした状況は中国の政治・社会システムに、実際どのような影響を持つのか。

これらの具体的な過程とシステムを探求し明らかにしたのち、我々ははじめて個々の事例を超越し、分析性ある概念を構築できる。身分アイデンティティと政治的社会化の理論伝統は対話を重ね、既成の一般理論を補足ないし修正することになる。

第三節　研究方法と資料元

本書のフィールド調査は主に上海市 Y 区で行われた。しかし、その他の相関調査の対象、比較を通じて、筆者は農民工子女は同質性の程度が比較的高いグループであり、本質から述べると、本書は農民工子女というグループを一個の案件として研究を行い、出来うる限りこのグループの生活や学習、思想や行動に関する情報を収集した。

本書は主要調査対象に小学四年生と中学三年生に在籍する生徒を選んだ。年齢は 10 歳から 18 歳までである。このようにした主な理由は、以下のことを考慮したからである。第一に、この年齢の子どもはすでに自分の考えを比較的正確に表現することができ、一定の政治的知識があるため、調査アンケートの読解に支障がない。第二に、在籍生徒であれば、比較的容易にインタビューや調査が行える。一方、負の面としては、既卒者や中途退学の生徒が見落とされることである。この欠陥を補うため、我々は在校生のインタビューを通し、彼らの兄や姉の卒業後の進路や基本状況を理解した。次に、家庭訪問を通じ、既卒者や中等職業教育を受ける青少年に通じた。

質的研究であれ、量的研究であれ、フィールド調査であれ、はたまた二次資料であれ、それぞれが秀でた面と限界とを持ち合わせている。ラージサンプル型アンケート調査は、研究対象の「全景図」(Broad Picture) を得る助けになり、簡単かつ

十分な説得力を持つ結論を得ることができる。質的研究、とりわけ個体研究は社会情勢と民衆の生活の細部について我々が得る助けとなり、より豊富で精緻かつ機微に触れる結論へ導いてくれる[104]。還元すれば、統計分析は個体（サンプル）を最も簡略化することで、総体情報の最大化を実現することである。そこから社会生活の複雑度を低め、変量間の因果関係を導く。質的研究は、個体の詳細な描写を通し、最大限度に社会生活の複雑性を提示する。ここから、分析をへた概念や理論仮説が抽出される。両者はともに利点を持ち、上下の別はない。研究方法の選択は一方で、自己の研究目標に仕えなければならないが、もう一方で客観条件、例えば研究経費や資料の出所先と情報量の程度、研究の敷居（フィールド調査の参入条件）などの制限を受ける。

　一研究の立場から言えば、仮に条件が満たされ、資料の出所が多様かつ豊富になればなるほど、我々の研究結果も推敲に耐えうるものとなる。幸いなことに、農民工子女研究の参入の敷居は高くなく、我々は多種の相異なるトンネルを通し農民工子女の情報を得ることができる。これにより各種研究方法の総合的な運用により基礎が打ち立てられる。本書が主に採用したのは、文献法と内容分析、入念なインタビュー、参加型観察およびアンケート調査の5通りの研究方法である。

一、文献法

　本書は、国内外の政治的社会化、身分アイデンティティ、農民工およびその子女、第二世代移民、都市化の学術研究に関し系統的に問題点を整理した。また、各クラス政府の関連法規、政策、文書並びにメディアの関連報道に対し分析を進めた。公開発表された文献の他、本書はまた、復旦大学の多くの支援教育ボランティアの日記やブログ、インタビューおよび当時未発表の課程論文や学位論文を引用した。これら文献の優位な点は、まず、これらボランティアが義務教育支援教育や家庭教育の過程で、子ども達と比較的深い感情で結ばれ、子ども達の心理や生活背景について理解していることで、一般の外部観察者と異なり、一定程度「内部視点」の性質を持った点である。次に、これらのテキストを通し、我々は、ボランティアが農民工子女へ極力伝えようとする価値観やボランティアが農民工子女に抱く希望、並びに彼らが農民工子女と双方向的に影響を与え合う過程での心理変化のプロセスや自己制御を見ることができる点である。

二、内容分析

　　農民工子女は政治的社会化の対象であり客体であるだけでなく、彼らも血の通った社会行動者である。前述したように、政治的社会化は双方向の過程であり、ただ政治的社会化の媒体がどのような信号を送ったかを見るだけでなく、農民工子女が畢竟何を受け取ったかを見る必要がある。したがって、農民工子女の自身および外部世界に対する構築も特に重要であるように見える。学生の作文や日記はこのような「構築」のテキストである。

　　筆者が収集したテキストは三種類に分類できる。第一は、農民工子弟学校の教師とボランティアが手配したいくつかのタイトルの作文であり、その上でこれらのテキストの内容分析（Content Analysis）を行った。以前にも別の研究者が作文を分析対象としたが、サンプルは「意図せざるもの」であり、狙いに欠けた。本研究では命題作文の方法を採用し、したがって、より意図的に農民工子女の具体的事例の見方について調査した。その上テーマは同じであり、質的素材を量的素材へ転化させるにも都合がよい。この分類の資料元は二箇所ある。一つは筆者が教員を務めた浙江省桐郷の某農民工子弟学校のクラスメートから収集したものであり、もう一つは上海海洋大学（元上海水産大学）の支援教員ボランティア団体が上海N区で収集したものである。

　　第二は、以前授業で用いた作文と日記を教師に収集してもらったものである。このテキストの特徴は、研究者の誘導を受けていないため、テーマは一層多様で、しばしば「野生の思考」を掻き立てることである。

　　第三は、華東師範大学郷土建設学社を通し、社が主催する歴代の上海市民工子弟作文友誼大会の参加作品を収集した。このテキストの特徴は、資料元の分散（上海地区の多くの区、県から）であり、筆者のフィールド調査の地域（Y区）制限を突破することである。欠点は、大会用作文は前述した日常作文とは異なり、どの内容が真の心情の流路なのか、どの内容が場への迎合（主催者方へ）なのか見分けるのが大変難しいことである。

三、質の高いインタビュー

　　本書は、農民工子女およびその家長、教師、政府関係部門の役人、公立学校や農

民工子弟学校の校長、ソーシャルワーカー、大学生ボランティア、NGO組織の責任者に十分なインタビューを行い、農民工子女の生活状況を全面的に提示することを狙いとした。

インタビューを重ねる中で、私は農民工子女に関する「物語」を掘り起こした。この物語は、ボランティアの日記、子ども達の作文と同様に、私はそれを「真実」と見なそうとしており、「虚構」と見なそうともしている。一方で、すべてのテキストは出来事の復元ではなく、利益と先入観に基づき再構成されており、「過ぎ去った出来事は、お化粧をする娘のようだ」である。もう一方で、あらゆる意見は、嘘も含めすべて一つの態度であり立場である。虚偽の叙述の背景には真実の態度が隠されている。

特別に説明が求められる時、本書は人名、知名、学校名は原則的に匿名で処理しており、ボランティアが研究者の身分で登場するか作品を引用する必要がある場合に限り、著者の権益を尊重し実名を採用した。NGOや基金、大学生社団、ニュースの人名(例えば張軼超や舒航涯)は一般に実名を採用した。

四、参加型観察

2007年9～10月、筆者はY区教育局義務教育の橋渡しで、該当区最大の農民工子弟学校(錦綉学校)に短期赴任をした。この間の支援教育を通し、一面では学生の状況や子弟関係について初歩的な理解ができた。その他の面では、農民工子弟学校の内部管理と展開について熟知した。このほかに、後日のインタビューやアンケート調査のために道を平らに敷いた。

別の参加型観察は、「久牽」のボランティアサービス社で完結した。2007年10月から始め、私は絶えずこの組織と比較的密接な関係を保ってきた。一、二週間に一度どうしても子ども達に会いに行かなければならなかった。時にインタビューを行い、たまに授業を担当したが、多くは観察者としてのものだった。2008年夏休み、張軼超が熱心に私を子ども達のPC科目を週に一度担当して欲しいと頼んでき、私は正式に「教師」の身分を獲得した。

五、アンケート調査

　2008 年 4 〜 5 月、筆者は上海市 Y 区で農民工子弟学校と農民工子女を募集する公立学校を各一校ずつ抽選し、アンケートを 252 部配布し、うち 251 部を回収した。被アンケート者の中には、農民工子女が 224 人で、うち農民工子弟学校で学ぶ生徒が 155 人 (五、六、九年生)、公立学校で学ぶ生徒が 69 人 (七、八年生)、都市の子どもが 27 人 (六年生あるいは中学校予備クラスとも呼ばれる) だった。このアンケート用紙は農民工子女と基本的には同じで、二問だけ農民工子女に関する問題は取り除いた。

　研究条件の制限から、我々はサンプル調査を採用するほかなかった。これはサンプルの代表性が一定の制限を受ける結果となった。幸運だったのは、農民工子女のグループの同質性が比較的高かったことである。2007 年下半期に始まったが、Y 区錦繡農民工子弟学校で中学部の一つ (九年生) が保留し、またある中学校の九年生が卒業面接試験を理由にインタビュー対象に入れることを拒否することがあったため、我々の研究には困難が伴うことになった。農民工子弟学校の被インタビュー者には七年生と八年生がおらず、公立学校の農民工子女には九年生がいない。理想的には、仮に内容分析や入念なインタビュー、参加型観察、アンケート調査を行う対象は同一グループであれば、その効果は最も良いにちがいない。だが特定の研究方法がいずれも相応する社会資源を必要としたことで、実際の活動の中で我々はこの一点に至ることが極めて難しかった。

　アンケート調査は、本人とほかに 2 名の同級生が自分たちで行った。生徒へはアンケート記入の技術的な指導を行った。来訪の意図を告げることや懸念を取り除くこと、アンケート調査を行うこと、問題の漏洩をしないこと、現場の規律を遵守すること、学生相互の話し合いを防止することなどである。

　説明しておくこととして、本書が採ったアンケート調査は定量研究の求めから出たものではなく、質的素材と相互に組み合わせたものである点だ。2 種類の素材の相互の裏付け、ダイアローグを通し、推論の合理性と信頼性は保証されている。以下の表 1 〜表 4 は調査サンプルの基本状況である。

表1 被インタビュアーの基本状況

学生類型	農民工子女						上海地元児童			
	性別		クラス役員		学校タイプ		性別		クラス役員	
	男	女	学生幹部	非学生幹部	公立	農民工	男	女	学生幹部	非学生幹部
人数	102	105	59	163	155	69	18	9	10	17
百分率(%)	45.5	46.9	26.6	73.4	69.2	30.8	?	?	37	63

表2 インタビューを受けた農民工子女の上海での生活時間 平均6.9年

上海での生活時間	頻度数	百分率(%)	累計百分率(%)
1年以内	1	0.5	0.5
1−2年	34	15.8	16.3
3−5年	60	27.9	44.2
6−10年	67	31.1	75.3
11年以上	53	24.7	100
合計	215	100	

表3 インタビューを受けた農民工子女が上海にきた時の年齢 平均年齢7.1歳

来上時の年齢	頻度数	百分率(%)	累計百分率(%)
0歳(出生地上海)	22	10.3	10.3
1−3歳(物心つく前)	36	16.8	27.1
4−6歳(就学前来上)	36	16.8	43.9
7−13歳(小学生で来上)	106	49.5	93.4
13歳以上(中学以降来上)	14	6.5	100
合計	214	100	

表4 インタビューを受けた農民工子女の上海での生活時間と年齢の比較
平均生活時間 6.9 年　平均年齢 14.1 歳　上海での生活時間と年齢比の平均値 0.49

上海での生活時間／年齢	頻度数	百分率(%)	累計百分率(%)
0.8－1.0（基本生活を上海。故郷での生活経験なし）	53	24.8	24.8
0.5－0.79（大部分の時間上海で生活）	50	23.3	48.1
0.2－0.49（上海での生活が比較的長い）	74	34.6	82.7
0－0.19（上海での生活が比較的短い）	37	17.3	100
合計	214	100	

出典：筆者による「農民工子女の社会心理と政治意識アンケート調査」(2008年4～5月)

注
[1] ［仏］託克維爾：《論美国的民主》(上)唐果良訳、商務印書館 2004 年版、30 頁。
[2] 呉霓、丁傑、鄧友超、張暁紅、中央教科所教育発展研究部専題研究組：《中国進城務工就職農民工子女義務教育問題調査研究報告》、〈http//219.234.174.136/snxx/juice/snxx_20040905153019_40.html〉
[3] 熊易寒：《城市化的孩子：農民公子女的城郷認知与身分意識》、《中国農村観察》2009 年第 2 期。
[4] 李強：《中国大陸都市農民工的職業流動》、《社会学研究》1999 年第 3 期。
[5] 王春光はその論文で、「半都市化」を農民工子女が農村への帰農と完全な都市化を果たす中間にいる状態だと説明する。各機関とつながりを持たないために、社会生活や社会活動の面で都市に融け込めないことが、社会的アイデンティティにおける「インボリューション（内に向かう発展）」を引き起こしていると言う（王春光：《農村流動人口の"半都市化"問題研究》、《社会学研究》2006 年第 5 期を参照)。だが、本書が使う「半都市化」はこれと多少異なり、主に政治・政策レベルに主眼を置いている。すなわち、都市は、農村からの移民を労働および消費の主体として扱うが、政治や権利の主体として扱おうとしない。その結果、このグループを「都市新移民」とせず、「流動人口」と見なしている。このように、都市と農村を移動する人々を、経済上では取り込み、政治上では都市化の道から遠ざけることを、筆者は「半都市化」と呼ぶ。
[6] 上海市人民政府発展研究中心　2004 年度熱点系列立項課題：《民工子女教育的相関問題研究総報告》(項目編号：2004-R-10)。
[7] 李培林、李炜：《農民工在中国転型中的経済地位和社会態度》、《社会学研究》2007 年第 3 期。
[8] 史柏年等：《都市縁辺人——進城農民工家庭及其子女問題研究》中国社会科学文献出版社

2005 年版、188-210 頁。

[9] 赵樹凱:《边緣化的基礎教育:北京外来人口子弟学校的初步調查》,《管理世界》2005 年第 5 期; Samuel P. Huntington: *Who are we? the challenges to America's national identity*, New York: Simon & Schuster, 2004.

[10] Geoffrey Roberts: *A New Dictionary of Political Analysis*, A Hodder Arnold Publication, 1991, pp.101–102.

[11] H. Tajfel: *Human groups and social categories*, Cambridge University Press, 1981, pp. 256–259.

[12] Leonie Huddy: From Social to Political Identity: A Critical Examination of Social Identity Theory, *Political Psychology*, Vol 22, No. 1(Mar., 2001), pp.127–156.

[13] Herbert H. Hyman: *Political Socialization: A Study in the Psychology of Political Behavior*, Free Press, 1980.

[14] Kenneth Prewitt: Some Doubts about Political Socialization Research, *Comparative Education Review*, Vol.19, No.1(Feb., 1975), pp.105–114.

[15] Seymour Martin Lipset(ed.): *The Encyclopedia of Democracy*, Congressional Quarterly Books, 1995(4 vols), pp.217–221.

[16] D. Kavanagh: *Political Science and Political Behavior*, London: Allen & Unwin, 1983, p.45.

[17] [英]米勒、波格丹诺(英語版主編)、鄧正来(中国語訳版主編):《布莱特维尔政治学百科全書》(修訂版)、中国政法大学出版社 2002 年版、616-617 頁。

[18] [米]迈克尔·布若威:《製造同意——壟断資本主義労働過程的変遷》、李栄栄訳、商務印書館 2008 年版;Paul E.Willis: *Learning to labor: how working class kids get working class jobs*, New York: Columbia University Press, 1981.

[19] David Easton, Jack Dennis: *Children in the political system: origins of political legitimacy*, Chicago: University of Chicago Press, 1980[1969], p.66.

[20] R. Hess and J. Tomey: *The Development of Potitical Attitudes in Children*, Chicago: Aldine Publisher Co., 1967.

[21] Fred I. Greenstein: The Benevolent Leader: Children's Images of Political Authority, *The American Political Science Review*, Vol.54, No.4(Dec., 1960), pp.934–943.

[22] [米]艾伦·沃尔夫:《合法性的限度》、沈漢等訳、商務印書館 2005 年版、423-424 頁。

[23] Sai-Wing Leung: *The making of an alienated generation: the political socialization of secondary school students in transitional Hong Kong*, Aldcrshot, Essex; Brookfield: Ashgate, 1997, pp.4–25.

[24] Ibid.

[25] Fred L. Greenstein: A Note on the Ambiguity of "Political Socialization": Definitions, Criticisms, and Strategies of Inquiry, *The Journal of Politics*, Vol.32, No.4(Nov., 1970), pp.969–978.

[26] Edward S. Greenberg: Black Children and the Political System, *The Public Opinion Quarterly*, Vol.34, No.3(Autumn, 1970), pp.333–345. Dean Jaros, Herbert Hirsch, Frederic J. Fleron, Jr.: The Malevolent Leader: Political Socialization in An American Sub-Culture, The American Political Science Review, Vol.62, No.2(Jun., 1968),

pp.564-575.
[27] ［米］艾伦・沃尔夫：《合法性的限度》、沈漢等訳、商務印書館 2005 年版、428-429 頁。
[28] Timothy E.Cook: The Bear Market in Political Socialization and the Costs of Misunderstood Psychological Theories, *The American Political Science Review*, Vol. 79, No.4(Dec., 1985), pp.1079-1093.
[29] ［英］米勒、波格丹诺(英語版主編)、鄧正来(中国語訳版主編)：《布莱特维尔政治学百科全書》(修正版)、中国政法大学出版社 2002 年版、616-617 頁。
[30] Fred L. Greenstein: The Benevolent Leader: Children's Images of Political Authority, *The American Political Science Review*, Vol.54, No.4(Dec., 1960), pp.934-943.
[31] M.Kent Jennings: "Political Socialization", In Russell J. Dalton and Hans-Dieter Klingemann(eds.): Oxford Handbook of Political Behavior, 2007, pp.29-44.
[32] ［米］艾伦・C. 艾萨克：《政治学：範囲与方法》、鄭永年等訳、浙江人民出版社 1987 年版、253-256 頁。
[33] 「習性研究の手順」と「意向研究の手順」の区分については次を参照とする。呉文程：《政治発展与民主転型：比較政理論的検視与批判》、吉林出版集団有限責任公司 2008 年版、58-59 頁。
[34] V. Sapiro, Not Your Parents' Political Socialization: Introduction for a New Generation, *Annual Review of Political Science*, 2004, 7:1-23.
[35] Charles P. Ridley, Paul H.B. Godwin, Dennis J. Doolin: *The Making of A Model Citizen in Curnmunist China*, Hoover Institution Press, Stanford University, 1971, pp.3-23.
[36] Roberta Martin: The Socialization of Children in China and on Taiwan: An Analysis of Elementary School Textbooks, *The China Quarterly*, No.62(Jun., 1975), pp.242-262.
[37] Julia Kwong: Changing Political Culture and Changing Curriculum: An Analysis of Language Textbooks in the People's Republic of China, *Comparative Education*, Vol.21, No.2(1985), pp.197-208.
[38] Anita Chan: Children of Mao: *Personality Development and Political Activism in the Red Guard Generation*, Seattle: University of Washington Press, 1985.
[39] 陳佩華以前には、リチャード・ウィルソンがアンケート調査やインタビューを通して、台湾における子ども達の政治的社会化の研究を行っている。その中では、中国大陸と台湾の政治的社会化についても比較したことがある。Richard W. Wilson: *Learning to be Chinese: the political socialization of children in Taiwan, Cambridge*: M.L.T. Press, 1970. を参照。
[40] 劉勝驥：《大陸学校教科書中政治思想教育内容之分析》、《中国大陸研究》第 43 巻、2000 年第 9 期。
[41] 袁頌西：《政治社会化：政治学中一個新的研究領域》、《思与言》第 7 巻、1969 年第 4 期；《児童与政治》、《政治学報》1971 年第 1 期；《家庭権威模式、教養方式与児童的政治功効意識：景美研究》、《思与言》第 10 巻、1972 年第 4 期。呂亜力：《政治的社会化研究之重心》、《憲政思潮》1973 年第 24 期。易君博：《政治理論与研究方法》、(台北)三民書局有限公司 1975 年版。リチャード・ウィルソン(Richard W. Wilson)による台湾における児童の政治的社会化の古典的研究書 (Learning to be Chinese: the political socialization of children in Taiwan, Cambridge:M.I.T.Press,1970.)。台湾の研究者により中国語訳されている。朱雲

漢、丁庭宇等：《中国児童眼中的政治——台湾地区児童政治社会化的探討》（台北）桂冠図書公司 1989 年版。

[42] 陳義彦：《台湾地区大学生政治政治的社会化之研究》、徳成書店 1979 年版。陳義彦、陳陸輝：《台湾大学生政治定向的持続与変遷》、《東呉政治学報》2004 年第 18 期；郭貞：《社会学習、家庭沟通和政治認同達成対台湾地区大専学生的政治態度形成之影響：一個整合的結構模式》、《政治学報》1996 年第 27 期；陳文俊：《政治的孟徳爾定律——家庭与国小学童的政治学習》、《国立中山大学社会科学季刊》2000 年第 4 季刊；陳陸輝、黃信豪：《社会化媒介、在学経験与台湾大学生的政治功識和政治参与》、《東亜研究》第 38 巻、2007 年第 1 期。

[43] 劉嘉薇：《大衆伝播媒介対大学生政治支持的影響：一項定群追踪的研究》、台湾政治大学政治学系博士論文 2008 年；傅暁芳：《台湾地区国立小学校児童政治社会化之研究：家庭与学童的政治学習》、台湾中山大学政治学碩士論文 2002 年。

[44] 台湾政治大学の耿曙教授は、2008 年の「政治学研究と研究方法」講習会（デューク大・復旦大学主催）で次のように発言した。"文章と論文の違いは、前者が、「主題」さえあればよいのに対して、後者が「研究問題」を主張しなければならないことにある。"筆者が見たところ、「主題」あり「研究問題」なしは、まさに中国国内の学界に共通する病気である。

[45] 検索日付 2008 年 7 月 24 日。

[46] 袁振国、朱永新：《試談個体政治社会化的意義及過程》、《社会学研究》1988 年第 1 期。李元書、楊海龍：《論政治社会化的一般過程》、《政治学研究》1997 年第 2 期；李元書：《政治社会化：涵義、特徴、効能》、《政治学研究》1998 年第 2 期；娄淑華、楊勇：《中西政治社会化方法論之比較分析》、《政治学研究》2008 年第 2 期；金太軍：《論中国伝統政治文化的政治社会化機制》、《政治学研究》1999 年第 2 期。

[47] K. Slomczynksi and G. Shabad: Can Support for Democracy and the Market be Learned in School? A Natural Experiment in Post-Cammunist Poland, Political Psychology, 1998, 19:749-779.

[48] M. Kent Jennings: Residuals of A Movement: The Analysis of the American Pro-test Generation, *American Political Science Review*, 1987, 81(2):367-382. M. Kent Jennings and Gregory B. Markus: Partisan Orientations over the Long Haul:Results from the Three Wave Political Socialization Panel Study, American Political Science Review, 1984, 78(4):1000-1018. M. Kent Jennings and Richard G.Niemi: Generations and Politics: *A Panel Study of Youth Adults and Their Parents, Princeton*, N.J.: Princeton University Press, 1981. 上述の研究における中国語の論述は陳陸輝：《政治文化与政治社会化》、冷則剛等著：《政治学》（下）、（台北）五南図書出版社公司 2006 年版、3-33 頁を参照。

[49] Duane F.Alwin and Jon A. Krosnick: Aging, cohorts, and the stability of social political orientations over the life span, *American Journal of Sociology*, 1991, 97:169-195. Donald P. Green and Brad Palmquist: How stable is party identification? Political Behacior, 1994, 16:437-465.

[50] James M.Glaser and Martin Gilens: *Interregional Migration and Political Resocialization*, Public Opinion Quarterly, 1997, 61(1):72-86.

[51] Paul Starr: Social Categories and Claims in the Liberal State, *Social Research*, 59:2 (1992:Summer), pp.263-295.

[52] 呉維平、王漢生：《寄居大都市：京滬両地流動人口住房現状分析》、《社会学研究》2003 年

第 3 期。
[53] 以下の点を確認しておきたい。本書で使用する人口グループは、チャテルジーが用いるそれと原義において異なる点がある。本書における人口グループの主な特徴は次のようにまとめられる。共同体として同質でありながら、強烈な異質性を持っている、と。政府はこれを統治しやすくするために、人為的にひとつのまとまりに定義したにすぎず、人口グループの成員は、時には、実利的な理由から共同で行動することはあっても、虚構の共同体を認めているわけではない。[印]査特杰《被治理者的政治：思索大部分》、田立年訳、広西師範大学出版社 2007 年版、57 頁。
[54] 李強：《中国城市中的二元労働力市場与底層精英問題》、《清華社会学評論》第 1 集、鷺江出版社 2000 年版、李強：《中国的戸籍分層与農民工的社会地位》、《中国党政幹部論壇》2002 年第 8 期。
[55] [米]傑華：《都市里的農家女：性別、流動与社会変遷》、呉小英訳、江蘇人民出版社 2006 年版、17 頁。
[56] 王春光：《新生代農村流動人口的社会認同与城郷融合的関係》、《社会学研究》2001 年第 1 期。
[57] V. Sapiro: Not Your Parents' Political Socialization: Introduction for a New Generation, *Annual Review of Political Science*, 2004, 7:1-23.
[58] Leonie Huddy: From Social to Political Identity: A Critical Examination of Social Identity Theory, *Political Psychology*, Vol.22, No.1(Mar., 2001), pp.127-156.
[59] 何成洲：《身分認同背後的利益》(2006 年 4 月 12 日南京大学での講座提要)から引用、〈http://ias.nju.edu.cn/iascorsehechengzhou.htm〉
[60] [英]E.P. 汤普森：《英国工人階級的形成》、銭乗旦等訳、訳林出版社 2001 年版。
[61] Peter L. Berger and Thomas Luckmann: *The Social Construction of Reality*, Garden City, New York: Anchor Books, 1966, p.1.
[62] 劉欣：《階級慣習与品味：布迪厄的階級理論》、《社会学研究》2003 年第 6 期。
[63] [米]米徳：《心霊、自我与社会》、霍桂桓訳、華夏出版社 1999 年版、152、156、188-189 頁。
[64] [米]乔纳森・布朗：《自我》、陳浩鶯等訳、人民郵電出版社 2004 年版、73 頁。
[65] Thomas Hylland Eriksen: We and Us: Two Modes of Group Identification, *Journal of Peace Research*, Vol.32, No.4, 1995:427-436.
[66] Sherif M., O.J. Harvey, R.J. White, W.R. Hood: Intergroup conflict and cooperation: *the Robbers Cave experiment*, Norman: University of Oklahoma Book Exchange, 1961. M. Sherif: *In common predicament: Social psychology of inter-group conflict and cooperation*, Boston: Houghton-Mifflin, 1966.
[67] M.A. Hogg, K. Sa Fielding, D. Johnson, R. Masser, E. Russell & A. Svensson: Demographic category membership and leadership in small groups: A social identity analysis, *The Leadership Quarterly*, 2006, No.17, pp.335-350.
[68] [英]布朗(Rupert Bromn)：《群体過程》、胡鑫、慶小飛訳、中国軽工業出版社 2007 年版、202 頁。
[69] [英]亨利・泰費尔、[英]约翰・特纳：《群際行為的社会認同論》、周暁虹主編：《現代社会心理学名著精華》に収録、社会科学文献出版社 2007 年版、427-455 頁；方文：《学科制度与社会認同》、中国人民大学出版社 2008 年版；H. Tajfel: *Human groups and social categories*, Cambridge University Press, 1981.

[70] 赵志裕、温静、谭俭邦:《社会认同的基本心理历程——香港回归的研究范例》,《社会学研究》2005 年第 5 期。

[71] 方文:《学科制度与社会认同》、中国人民大学出版社 2008 年版、79-80 頁。

[72] E.T. Higgins: Knowledge activation: Accessibility, applicability, and salience, In E.T. Higgins & A.W. Kruglanski(eds.): *Social psychology*: Handbook of basic principles, New York: Guilford Press, 1996:133-168. E. Tory Higgins: Expanding the Law of Cognitive Structure Activation: The Role of Knowledge Applicability, *Psychological Inquiry*, Vol.2, No.2, 1991:192-193.

[73] 赵志裕、温静、谭俭邦:《社会的认同的基本心理历程——香港回归的研究范例》,《社会学研究》2005 年第 5 期。

[74] Andrew Abbott: Things of Boundaries, Social Research, 1995, Vol.62:857-882.

[75] M. Lamont. M. Fournier(eds.): Cultivating Differences: Symbolic Boundaries and the Making of Inequality, Chicago: University of Chicago Press, 1992.

[76] Christopher A.Bail: The Configuration of Symbolic Boundaries against Immigrants in Europe, American Sociological Review, 2008, Vol.73:37-59.

[77] Andreas. Wimmer: The making and unmaking of ethnic boundaryes: A multivlevel processs theory, American Journal of Sociology, 2008, Vol.113(4):970-1022.

[78] [米]查爾斯・蒂利:『身分、辺界与社会連係』謝岳訳、上海人民出版社 2008 年版、183 頁。

[79] 周雪光「制度是如何思維的?」『読書』2001 年第 4 期、10-18 頁:M. Douglas: How Institutions Think. NY: Syracuse University Press, 1986.

[80] 黄平、羅紅光、許宝強編『当代西方社会学人類学新詞典』吉林人民出版社 2003 年版。

[81] [米]戴維・斯沃茨:『文化与権力:布爾迪厄的社会学』陳東風訳、上海訳文出版社 2006 年版、214 頁。

[82] P. Bourdieu: What Makes a Social Class? On the Theoretical and Practical Existence of Groups, Beerkley Journal of Sociology, 1987, Vol.32. 孫引き先 劉欣「階級慣習与品味:布爾迪厄階級理論」『社会学研究』2003 年第 6 期。

[83] P. Bourdieu: Distinction: A Social Critique of the Judgement of Taste, Cambridge: Harvard Unibersity Press, 1984:466-470.

[84] [仏]菲利普・柯爾庫夫『新社会学』銭翰訳、社会科学文献出版社 2000 年版、110-117 頁。

[85] Paul Starr: Social Categories and Claims in the Liberal State, Social Research, 59: 2(1992: Summer), pp.263-295.

[86] 鄭宏秦、黄紹倫:「身分アイデンティティ:台、港、澳的比較」『当代中国研究』2008 年第 2 期。

[87] 梁治平:「被収容者之死——当代中国身分的困境与出路」載呉毅主編『郷村中国評論』山東人民出版社 2007 年版、1-14 頁。

[88] [英]梅因『古代法』沈景一訳、商務印書館 1959 年版、97 頁。

[89] 沈映芳「農民工:制度安排与身分認同」『社会学研究』2005 年第 3 期。

[90] 方文「群体符号辺界如何形成?——以北京基督新教群体為例」『社会学研究』2005 年第 1 期:潘訳泉「社会分類与群体符号辺界:以農民工社会分類問題為例」『社会』2007 年第 4 期。

[91] 高雯蕾「転型期北京中下階層市民的社会認同問題」『北京大学研究生学志』2006 年第 2 期。

[92] 李春玲「社会階層的社会認同」『江蘇社会科学』2004 年第 6 期:王毅杰、高燕「社会経済地位、社会支持与流動農民身分意識」『市場与人口分析』2004 年第 2 期。

［93］張静主編『身分認同研究：観念、態度、理拠』上海人民出版社 2006 年版。
［94］王建民「社会転型中的象徴二元結構——農民工群体為中心的微観権力分析」『社会』2008 年第 2 期。
［95］潘毅『中国女工——新興打工階級的呼喚』任焔訳、明報出版社有限公司 2007 年版、18 頁。
［96］［英］安東尼・吉登斯『現代性与自我認同：現代晩期的自我与社会』趙旭東、方文訳、北京三連書店 1998 年版、60 頁。
［97］［オーストラリア］杰華『都市里的農家女：性別、流動与社会変遷』呉小英訳、江蘇人民出版社 2006 年版、17 頁。
［98］David Easton and Jack Dennis: Children in the political system:origins of political legitimacy, Chicago: University of Chicago Press, 1980［1969］, pp.8-9.
［99］Amy Gutmann: The Prinmacy of Politiical Education, In Bernard Marchaland(ed.), Higher Education and the Practice of Democratic Politics:A Political Education Reader, Dayton, OH: Kettering Foundation, 1991.
［100］孫引き先［仏］菲利普・柯爾庫夫『新社会学』銭翰訳、社会科学文献出版社 2000 年版、123 頁。
［101］祈冬涛「社会結構与身分認同：政治社会学一個伝統問題的理論回顧」載張静主編『身分認同研究：観念、態度、理拠』上海人民出版社 2006 年版、27-35 頁。
［102］［英］安徳魯・甘布爾『政治与命運』胡暁進、羅珊貞等訳、江蘇人民出版社 2003 年版、7-8 頁。
［103］［独］卡爾・施米特『政治的概念』劉宗坤訳、上海人民出版社 2004 年版、106-118 頁。
［104］澤自杰華(Tamara Jacka)教授与本人的私人通信 2007 年 12 月 9 日。

第一章　見えない城壁：農民工子女の都市と農村の認識及び身分意識

　　もし、あなたは誰、と聞かれたら／昔の私は始終はにかんで答えた／なぜなら怖かったから／怖かったのは都市の子ども達の冷笑／彼らのお父さんお母さんが／学校まで送ってくれるのは／ホンダの車か／ワーゲン／そして私と言えば／三輪バイクに座っている／ときにはモーターもない三輪車に

　　もし、あなたは誰、と聞かれたら／昔の私は始終はにかんで答えた／なぜなら怖かったから／怖かったのは都市の子ども達の冷笑／彼らの教室はとても広く明るくて／運動場には／トラックやサッカー場、あん馬がある／そして私と言えば／低く狭く薄暗い教室は／鳥かごのようで、私の自由で生き生きした心は捕らえられている

　　もし、あなたは誰、と聞かれたら／昔の私は始終はにかんで答えた／なぜなら怖かったから／怖かったのは都市の子ども達の冷笑

　　彼らが渇望する 2008 年／音楽の先生に曲を作曲され／英語の先生に"very good"に翻訳される

　　そして私は／ただ加減法を使い自分がまだ 18 になっていないことを計算するだけ

　　もし、あなたは誰、と聞かれたら／今の私は答えることができる／なぜなら父さんが建てた高層ビルはどこまでも高く／母さんが掃いた道はどこまでも広いから

　　つい先ごろ開かれた人民大会は／私たちの教育を憲法に記載することと決まった

　　先生が言ったのは、日雇い労働の子ども達と都市の子ども達は／みな祖国の花であり／中国の小さな子ども達であるということ／みんな都市の屋根の下で

生活をしているということ
——秦継傑「私は誰」2004 年

　この一編の詩は、北京市の某農民工子弟学校の校長秦継傑が創作した詩「私は誰」であるが、あるいは農民工子女の身分意識を最もよく注釈した詩といってよいかもしれない。これはしたがって、「私は誰か」の問いかけを避けたいと願うもので、それは、農民工子女が都市の子どもとの比較の中で生まれる、あいまいな身分意識が原因となっている。つまり、同じ一つの都市にいて、なぜ自分と都市の子ども達の生活や学習条件は、天地ほどの差があるのだろうと。

　先の詩はその後「心の言葉」と改編され、2007 年のテレビ番組「春節連歓晩会」において農民工子女の一団が朗読したところ、多くの観衆はさめざめと涙を流した。「私は誰か」から「心の言葉」に至る、その中に見られたわずかな手直しが意味深長というべきである。原作者秦継傑は当初の創作意図を次のように述べている。「私たちの生徒の多くは物心つくころには両親と北京にいました。その中には北京で生まれた者もいて、おそらく一度も故郷に戻っていません。しかし就学年齢を迎え、公立学校に登校したいと思っても、彼らは受け入れてもらえません。受け入れてもらうためには、お金をたくさん納めなければならないのです。この時、彼らはきっと自分に問いかけると思うのです。私は誰、と。私はどうして他の人と違うの」と[1]。「私は誰か」で表現したことは、農民工子女の自分自身の身分への困惑で、一種アイデンティティの危機である。これはまさに、フランスの学者ジャン・フィリップ・ベジャの言う「彼は農民ではなく、また彼は都市の人間でもない。マージナル・マン（周辺人）になった。」[2]ことを意味する。そして「心の言葉」はオリジナルの詩が描いた経済的要素——社会的地位の差異を極力消し去り、そして強調したのは農民工子女と都市の子ども達の一致性であった。そのため歌詞中の「彼らの 2008 年」も「私たちの 2008 年」と書き直され、「よそ者／周辺人」の意識は積極的な「後継者」の意識へ取り替えられた。

　　もし、あなたは誰、と聞かれたら／昔の私はいつも答えたくなかった／なぜなら怖かったから／怖かったのは都市の子ども達の冷笑
　　私たちの学校はとっても小さく、あん馬一つ置く事ができない／私たちの校舎は粗末で、いつも引っ越しをする

第一章　見えない城壁：農民工子女の都市と農村の認識及び身分意識

　私たちの教室はとても暗く、電灯はわずか数ワット／私たちの座る椅子は大変古く、座るとギシギシガタガタ
　でも、私たちの宿題は丁寧になされ／私たちの成績はひどくない
　もしいまこのとき、一番言いたいことは何かと聞かれたら／私は母さんを愛している、父さんを愛していることだと答えるでしょう
　なぜなら、母さんが都市の路を掃けば掃くほど路は広くなり／父さんが新しい世紀の高層ビルを建てているから
　北京の2008年は、また私たちの2008年／先生はそれを歌に作曲し／同級生はそれを絵にする
　作文の授業で、私たちは書いた／みんなは私と親の地位比べをするけれど、私はみんなと将来の実績比べがしたい
　日雇い労働の子ども達と町の子ども達は同じ／みんな中国の小さな子ども達、みんな祖国の花
　……

——2007年春節連歓晩会詩朗読「心の言葉」

　これは農民工子女の心の声と言うよりは、むしろ社会の多数派にとっての農民工子女への望みといった方がよい。「みんなは私と親の地位比べをするけれど、私はみんなと将来の実績比べがしたい」という志は「春晩」の制作グループがあとから付け加えたものだ。ここに隠された台詞とは、これは平等な社会の一つの機会であり、出身の貴賤はあっても、進んで努力をすれば上に向かう社会的流動性が実現できるというものだ。しかし、社会的経済的地位の明らかな溝が子ども達の目の前に横たわっており、絶対的多数の農民工子女がたとえどれほど積極的であろうと、待ち受ける彼らの将来は「高加林」式の運命である。

第一節　農民工子女のアイデンティティ危機：想像か或いは現実か

　2007年10月、「アイデンティティ危機」の問題意識を持ち、筆者は初めて「久牽青年活動センター」へ向かった。ここには「牛飼いクラスの子ども」と言われる合唱隊があり、その成員は全員上海の農民工子女で、2006年2月に結成されたものである。この時は既に、上海でちょっとした名声を得ていた[3]。ちょうど劇作家の黄

海芹が上海広播電台の演出家と取材で来ていたのに出くわした。黄海芹は農民工子女を題材にしたテレビ番組の創作のための準備をしており、上海の子どもと外地の子どもの融合を反映するものとして、「放牛班」に思い至り、創作のインスピレーションを求めてやって来たのだ。私たち数人はすぐに、座り込んでこの話題について話し合った。私は、自分が研究を行うべき理由を伝えた。それは、農民工子女が2007年春節連歓晩会で発表した詩の朗読にあり、この詩は「私は誰か」についてのもので、私にこのような一個の特殊なグループのアイデンティティ問題を研究する必要性を感じさせたというものだった。

黄海芹はすぐに自分の困惑を口にした。彼女はかつて、「融合」が比較的成功したと言われる学校を訪問したことがあった。しかしそこで始終感じたのはその事ではなかったという。町の子どもと農民工子女の子どもに遊戯をやらせたり、一緒に出し物をさせたり、あるいは贈り物を贈り合ったりするこれらが融合なのだろうか？これらは子ども達の生活に何か実質的な影響を与えるのだろうか？彼女は思ったという。

活動センターの創始人張軼超は次のように答えた。

「予め都市と地方の二元対立を設ける必要はなく、生活それ自体に立ち返るべきです。彼らの両親がおそらく常日頃いっそう関心があるのは、住まいのことであり、就業のことであって、どうやって都市に融け込むかではないはずです。私たちが行うべきは、彼らの成長の過程を記録することです。都市と農村、上海人と外地人という二元張力はおそらく、我々が子ども達に無理矢理押し付けているだけのものです。したがって、彼らは日常生活の中で喜びに満ちており、我々が思うように身分について特別に気をもむわけではありません。」[4]

他の文章で、張軼超はさらに明確に記している。

実は本当の問題は我々の視点にあるのです。我々が用いる農村／都市の二元対立の方法からこれら子ども達の言動を取り扱う時、我々はこういった結論あいった結論を出すことができる。例えば、この子どもは農村をばかにしているとか、あの子どもは農村に愛着を持っている、とか。しかし子どもからすれば、彼らは決してこういった視点の下で生活をしていないのです。彼らは農村

第一章　見えない城壁：農民工子女の都市と農村の認識及び身分意識

へ着いた時、都市でのそれと同じく、アイデンティティを探し求める。都市の生活について熟知していることは、ある種農村の子どもにとって羨望させるものであり、従ってこのことから、農民工の子ども達は自分の都市身分を強調します。同時に、農村の生活を熟知していることは、都市からの同行者を羨望させ、同時に農村の子どもに自分への信頼の気持ちを増加させるのです。したがって、農民工の子ども達は、この方面でも優勢を表現できるのです。[5]

　この回答は私の心を大きく打った。農民工子女のアイデンティティ危機は果たして架空の問題なのか。上海市錦繡民工子弟学校で教員ボランティアをする中で、私自身も次のことに気づいた。心配もなく憂いもないことは子どもの天性であり、農民工子女もまた例外ではない。「身分」のような厳粛かつ重い話題が彼らの視野に入ることはほとんどない。しかしだからといって、それが生活の全てではないのも事実だ。子ども達の奥深くをインタビューする中で、私たちはよく、ある種「身分」に関する話を聞くことができる。もしかすると彼らは、いまだかつて意識的に身分探しをやったことはないかもしれない。だが、時に身分は思いがけない時にやって来て、彼らのもともとの静かな生活に押し入ってくる。しかし、ここで彼らが言う「身分」は、いつもは農民工子女としてのものではなく、「土地の人と外地人」、「都市の人と農民」のものにすぎない。彼らは自分たちが遭遇する不公平を自分の「外地人」としての身分に求め、怒りを露にする。

　また、張軼超が組織した「牛飼いクラス音楽とともに帰郷する旅」の活動中、我々は一層はっきりと「身分演劇」の上演を目撃者として証明することになる。合唱隊のメンバーが当地の子どもの家で客になる時、子どもの父母に「上海から来ました」と説明し、「農村の出身です」ということは省略する。また、本当の身分が一部露になると必ず、彼らが受け取っていた尊敬の念はたちまち減り、ばつの悪さがたちまち増すのである[6]。

　実際、張軼超もこの問題の重さに気づいている。

上海で実は、彼らは承諾を得ることはできないのです。上海人は彼らを上海人と見なす事はなく、彼らはまた自分を農民と見なす事はありません。彼らはしばしば習慣として自分を農村の子どもと比較し、農村の子どもはあまり礼儀正しくなく、衛生観念がわからず、粗野な所があると判断をするのです。彼ら

53

が農村の子どもはどうだこうだと言う時、実は既に自分を農村の子どもから区分しており、私は農村の子どもではない、と見なしているのです。しかし同時に、彼らは、上海の子ども達が自分たちと友達付き合いしたがらないことに気づくと、また自分は都市の子どもであることを否定するのです。この時、彼らの帰属感は大きな問題になります。彼らは一体どこに属しているのでしょうか。[7]

ならば、私たちは農民工子女の日常生活の中のアイデンティティの位置付けをどう理解すればいいのだろうか。身分はどのような状況下ではじめて、農民工子女が向き合わざるをえない問題になるのだろうか。もし、彼らのアイデンティティが一個の固定した存在ではなく、またある瞬間の、ある状況下で初めて現れるものであるとすれば、私たちはさらに問いかけざるを得ない。農民工子女は自身の身分をどのように定義づけているのか。彼らのアイデンティティはいかにして生み出され、どのような因子が彼らのアイデンティティを決定づけているのか。

従来の学術研究はより多くが現代化、都市化、都市農村二元構造の変遷から始めるものが多く、農民工子女の個人的体験に関心を払うものは比較的少ない。逆に、一部報道媒体は個人が受けた陣痛やもがきを敏感に掴んでいるが、しかし多くは経験や感性の現れである。本書ではしたがって、極力巨視的な視点と微視的な視点および理論と経験の統合を行うことにし、農民工子女を主体に、彼らがテキストや生活の実践の中でいかに自我と外部の世界を構築するのかを見ていく。Social identityの研究が明らかにしたところは次の点である。人は往々にして、積極的で非消極的な自我を以って、社会的身分を築き上げることを好むが、それは自分が同一化するグループを通し自分の自尊心を向上させるためである[8]。こうして、個人の経験と社会構造はこの方法で繋げることができ、農民工子女のアイデンティティを中国の都市農村二元社会の構造の中で理解、透視することができる。では、都市と農村の狭間にある特殊なグループとして、農民工子女はいかに都市と農村を認識し評価するのか、アイデンティティの形成にどのような影響を生むのだろうか。

このため、本書では二つの劇的要素を持つ出来事を選択した。一つは農民工子女が父母に付き従い都市へくることであり、もう一つは農民工子女がボランティアに従い帰郷することである。前者は浙江桐郷市のある農民工子弟学校の生徒による作文をもとに復元した。後者は上海の「放牛班の子ども」合唱団の帰郷の旅から明らか

にした。都市に行くにしろ帰郷するにしろ、どちらも都市と農村の境界を跨ぐプロセスであり、価値観、観念、理智、情感がぶつかるプロセスである。ここから、おそらくアイデンティティの構築と分析が導き出せるであろうし、これこそまさに本書が考察と解釈を所望するところである。

第二節　農村から都市へ：農民工子女のテキストからの対象分析

　浙江桐郷市は上海、蘇州、杭州に隣接している一つの県級の市で、「全国百強県（市）」の一つである。近年来、経済成長の速度が著しく、外来の農民工が大量に流入すると同時に、農民工子女も父母に連れられ町へ移住する者がますます増えている。筆者の高校時代の同級生は、江南のある民工子弟学校に就職しており、これは私にとりフィールド調査の提供に都合がよかった。国語教師の担当である彼を通し、私は該当小中学生に作文の手はずを整え（これは、全くオープンな取材と言える。なぜなら問いを投げかけてのち、互いにいかなる影響も与えないのだから）、本文ではそのうちから一編を主要な分析対象とした（6年生36編、7年生57編の合計93編が集まった）。

　　　タイトル：あなたが父母に連れられ見知らぬ都市へ来てから起きた印象深い出来事、もしくはあなたに比較的大きな影響を与えた出来事を述べなさい。また、あなたや家族はどのように新しい環境に適応しましたか。

　農民工はここ数年大量に桐郷市に流入し始めており、このテキストの作者は年齢がほとんど12歳から15歳の間にあり、また彼らの圧倒的多数は、農村での生活経験を持ち、物心がついてから、もしくは学齢期になってから都市に移って来たのだ（私は先生と生徒にインタビューする際にもこの点を確認している）。

一、農民工子女のテキスト中にみる都市の人々のイメージ

　　　道では、どの人の目もとても恐ろしい。敵に対するのと同じだ。さっき買い物をしてそこのおばさんにお金を渡した時、おばさんは悪人のようだった。思わず身震いをした。本当に恐ろしかった。やっぱり鎮はいい。誰でも和やかで

親しみやすいし、顔には笑顔をたたえているし、人を温かい気持ちにさせる。
　　　　　　　　　　　　　　　　　　　　——女、七年生、「都市と鎮」

　元からの桐郷の人はなんて気が小さいのだろう。自分ではすごいと思っているようだけど。そして一番ひどいところは、外地人を見下げること……私たちはあとから引っ越してきた。引っ越し先はとってもいいところ。そこに住む人はほとんどみんな外地人。私はたくさんのいい友達と知り合った。
　　　　　　　　　　　　　　　　　　　　——女、七年生、「見知らぬ都市」

　都市の人は金を持っているから、自分が偉いと思っている。だから、都市の人は僕たち外地人を見下げる。でも、僕たち外地人はまた彼らを見下げていて、彼らには何も偉いことはないんだ。それで、土地の人は僕たち外地人を見下げ、僕たち外地人は逆に彼ら土地の人を見下げる。誰が無知蒙昧なのだろう。
　　　　　　　　　　　　　　　　　　　　——男、七年生、「故郷と都市」

　上述の言葉は農民工子女が都市の人に抱く典型的な見方を代表している。ここから私たちが見出すことができるのは以下のことである。
　第一に、都市と農村の人へのイメージはステレオタイプ化されており、前者は冷淡で無情だが、後者は思いやりがあり善良であるとされる。郷土の社会から現代の都市へ入ってきた子どもは、見知らぬ社会と馴染みある社会の相違を敏感に感じ取るが、理性的にその相違を認識する術はない。彼らの目には、これは伝統と現代の違いではなく、生活様式の違いでもなく、人格、道徳レベルの高低の違いと映っている。敏感な子どもにいたっては、都市社会の普遍的な個別化や疎遠性を自分に（外地人に）対するものと誤解し[9]、このため都市の人を敬遠するばかりか、怨恨の念さえ抱くようになる。
　第二に、都市の人が外地人を見下しているという見方は、大部分において習慣化された先入観であり、個別に身をもって体験し構築されたものではない。まさにこのことから、ある六年生の生徒はタイトル「立派な人の優れた行い」の中で自分が迷子になり、現地の子どもに送られて家に戻ったあとで感嘆して述べている。「現地の人がこんなに好意があるとは思いもしなかった。私はみんな悪者だと思っていた」。別の一編の作文「すばらしいな、桐郷」では、作者は自分が外で不注意から捻

挫をして、現地のおばさんに家まで送ってもらったことを記し、同様の感慨を述べている。「私はこの大都市の中にも美しい心の人がいるのだと思う。私はこの大都市が本当にすばらしいと感じる！」

　これは都市の人の「悪魔化」がかなりの程度両者の交流の欠乏によるものであり、互いに見知らぬ関係であるため、想像と誤解による虚構に基づいていることを説明している。そしてこの種のうのみにされた印象が一旦形成されると、両者の交流の障害をまた推し進めることになりかねない。ある研究によると、新世代農民工と都市の居住民の社会的距離は次第に拡大しており、彼らは自発的に都市生活に入ろうとする積極性に欠け、社会的距離の拡大は、農民工グループに進んで自分たちの社会ネットーワークを結成させ、都市生活との隔離を生み出している、という[10]。農民工子女も同様で、彼らは、さらにグループ内の交流に向かう傾向にあり、現地の子どもと友達になる者はごく僅かで、生活圏は相対的に閉じている[11]。これは一方で社会隔離制度の存在によるものであり、例えば、農民工子女はただ民工子弟学校で学ぶしかなく、公立学校に入ったとしても独立編成クラスになる。他方で、双方の心理的排斥に基づくものである。農民工とその子女がうのみにしている都市の人へのイメージに対応するように、都市の人も農民工に対し評価を低くするか不名誉な評判を与えている[12]。

　筆者が六年生の生徒に行ったインタビューも上述の観点を支持している。大人の視点から見ると、子ども達が挙げる差別ないし蔑視はほとんどが現実に起こり得ない。——おそらく「社会的地位の曖昧さと衝突が、特に自我意識の形成に影響を与えるか、あるいは子どもの神経を過敏にさせている」[13]ためかもしれない。

　　問：あなたの桐郷の印象はどのようなものですか？
　　楊××（女、13歳）：桐郷の印象はよくないです。（どうしてですか？）警察があまり優しくないから。私が警察に笑顔で挨拶をしても、彼らは相手にしてくれない。故郷の警察のように優しくて親切じゃないんです。
　　問：あなたはここの人たちをどう思いますか？
　　楊××：土地の人は外地人によくないです。大家さんは終日あれこれ言って来て嫌になります。
　　陳××（女、13歳）：よくないです。ここの人はいつも私たちを責めるんです。私たち子どもが遊ぼうとする時、隣の人が私たちをしかるんです。

朱××（女、13歳）：私はここの人たちは悪くないと思う。（楊＊＊大声で言う「お前この裏切り者！」）
　　張××（女、13歳）：私は桐郷の印象は決していいわけではない。物は高いし。私たちは土地の人との交流がほとんどないです。私には彼らがどこか地主の感じがします。彼らはここが自分の場所だと思っているし外地人を軽蔑しています。（あなたはどうして土地の人が外地人を軽蔑していると思うのですか？）彼らは私の母のお店に廃品を売りにくるんです。いつも私たちをピンハネしていると思って、私たちを賎しい者と思っているからです。
　　魯××（女、13歳）：私は桐郷の印象はとってもいい。いい先生がいるし、いいクラスメートがいる。そしてお父さんとお母さんの近くにいれる。（土地の人の印象はどうですか？）土地の人の印象もいいです。（でもほかの人はどうして土地の人はよくないと思っているのだろう？）土地の人は人徳に優れた人もいればそうでない人もいますから。
　　岳××（男、12歳）：桐郷については普通。（現地の人はどう？）普段現地の人と交流はないから。[14]

　第三に、子ども達の中には、都市の人——農民、土地の人——外地人をお金持ちと貧乏人の関係に理解させられている者がおり、都市の人あるいは土地の人はお金持ちと同一視され、都市と農村の違いと貧富の差が互いに入り混じっている。インタビュー中、筆者が都市の人が外地人を見下すという女子生徒に、見下す例を挙げ説明を求めると、自分が姉妹とあるアパレルショップで洋服を見ていた時、店員が冷淡な態度で接し、さらには買えないなら勝手に触らないでとさえ言って来た。それに対し、お金のある都市の人には笑顔で応対したことを述べた。実際のところ、土地の貧しい人々はおそらく類似の経験をしているに違いない。これは、外地人の身分への白眼視というよりは、彼らの着るものが自分の消費力の低さを露呈していることに原因があると言った方がいい。もちろん、決して否定できない事実は、絶対的多数の農民工の家庭が都市で貧しい人々に属していることであり、これは彼らを二重の差別に遭遇させることである。第一は、身分および社会的地位の差別であり、第二は、経済的地位の差別である。身分政治と階層を重ね合わすにあたり、どういった政治的—社会的結果が生まれるであろうか。これはおそらく関心を払うべき問題である。

二、農民工子女のテキストからみる都市と農村の対比

　興味深い事に、我々の作文タイトルでは農村に話題が及ぶものはなかったが、大多数の作文が都市と農村の生活の比較になっていた。そのうち81％の子どもが自分の好みをはっきり書き記しており、故郷にいることを好んだのは57％の子どもで、都市の生活を好んだのは、わずか19％の子どもだった。また、両者をともに好むと記したのは4％だった。

　テキストの具体的な内容から見ると、農民工子女の都市および農村に対する見方は三種類の立場がある。第一は、都市と農村（故郷）を明らかに対立する両極とみなすものである。前者は無情で（極端なものでは人を堕落の淵へ導く場所とさえする）、後者は幸福が満ちあふれた場所の代表である。この生徒たちは土地の人が外地人を差別、排斥していると見ており、都市に反感を抱き自分を閉ざし、農村での生活を懐かしみ、しきりに故郷へ帰ることを望んでいる。この見方は主流を占めており、全体の4割ほどになる。

　　部屋は大きく広いけれど、全部洋室で、僕はこういうのに反感を覚え、故郷と異郷との距離が広がります。一つはどんどん大きくなって、一つはどんどん小さくなります。実際、大きな僕は逆に小さいと認識して、小さな僕は逆に大きいと認識するのです……父母もとても用心深いです。他の人に対して冷淡で、ほとんどずっと仲が悪い人がいい人で、「人の心は測り難い」という話がわかったようです。ここに来て僕はただじっと我慢しています。でも故郷に帰る考えは日増しに強くなっています。まるで故郷が僕を許してくれて、ここは永遠に僕を排除するように……。僕は一言、また一言「四川」「浙江」と声に出すと、…まるで一瞬、すっぽりと包まれるようです。僕は一羽の鳥になり、曇った暗い鳥かごの中に閉じ込められています。やがてだんだん時間がすりへってこの環境に慣れてきます……でも、「帰郷」の言葉は今も心に刻むことを呼びかけています。

　　　　　　　　　　　　　　　——男、六年生「桐郷は鳥かご」

　　元々、都市は農村よりいいと思っていた。実際はどうか。この都市は、土地の人に言わせると、最高の場所になるけれど、でも僕ら外地人にとっては、空

気、環境、自由どれ一つ農村よりいいものはない。農村は苦しいが、幸福な生活がある……僕の故郷には仲間がいる……困難があれば困難を共にし、いい事があれば、それを伝えるとみんなとても喜んで幸せになる。でもここは、親しい人に話をしようとしても親しい人がいない。どこかへ行こうと思っただけで怖くなる。でも彼ら(土地の人)は言うんだ。ここは彼らの家で彼らの故郷だと。
——男、七年生「都市と農村」

　故郷は貧しいところがありますが、農村の団結や相互扶助は貧しさを裕福に変えます。そこには口うるさく言う相手もなく、大気汚染の物質もなく……、僕は一羽の鳥でまるで永遠に住んでいた故郷を離れたようです……まるで流浪する魂で定まったところなく漂い、どこかへ辿り着けばそこで……このことに何ら意味はない。ここに愛はなく、関心も相互扶助もない、ただ孤独と零落があるだけ。
——男、七年生『家と「家」、現在と歴史』

　私たち一家は桐郷という見知らぬ場所へやって来た。ここの人は決して親切ではない。私が見たのは却って、傲慢さと身勝手さ……精を出していたお父さんがあんなにものぐさになってしまった。更にタバコとお酒の二大悪癖を覚えてしまった。お母さんは良妻賢母だったのが何でも口を出すようになった。それにトランプや麻雀を覚えてしまった……(私は)生活レベルが上がって、怒ることが多くなった。私は本当にこんなふうに変わりたくはない。以前の聡明な私はどこへ行ったのだろう。本当に田舎に帰りたい！
——女、六年生「繁栄する大都市と人を回想させる田舎」

　第二は、都市と農村にはそれぞれ優れた点と欠点があると考えるものである。ここに来た以上はここに落ち着こうと、積極的に都市に適応しようとする。しかし都市は結局自分の家ではないことを確認する。こういった観点からの作文はおよそ全体の２割程度である。

　　桐郷と故郷はどちらも好きです。故郷は自分の家だから。ふるさとは親切で温かいところで、いつも満足な気持ちを思わせるのは故郷です。桐郷では、私

はまた、たくさんの友達と交流できるんです。俗語にあるでしょう。「家では父母に頼り、外では友達に頼る」と。友達と交わる場が多くあるし、たくさんの道がある。どうしてこれを使わないでいられるでしょう。
　　　　　　　　　　　　──男、六年生「孤独と寂寞が興味と楽しみに変わる」

　僕が桐郷に着いて父母に会えたとき、本当に心から嬉しかった。でもこの喜びは間もなく寂しさに取って代わられた。僕は外へ出る勇気がなくなった……憂鬱な心のしこりがほどけてから、僕は外へ踏み出し始めた。間もなく、僕はこの辺りの出稼ぎの子ども達と打ち解けた。でも僕はやっぱり故郷のことをとても懐かしく思う。
　　　　　　　　　　　　　　　　　　　──男、七年生「故郷への思い」

　もともと、自分はテレビと同じような都市に行けると思っていた。でも僕はそんな場所へは辿り着けなかった。ただそれでもここも悪くない。最低限綺麗な部屋があるし、広い道がある。それに豊かな商業文化がある。少なくとも故郷の経済と比べるとずっといい。見知らぬ環境に長くいるが、少しずつ詳しくなってきた。でも故郷の親切さには決して比べ物にならない。
　　　　　　　　　　　　　　　　　　　──男、七年生「見知らぬ都市」

　故郷の僕は、井の中の蛙で、ここに来てから初めて世界が広いことや科学技術の発達を認識した。でもどう言おうと、どんなにこの新しい都市の環境が優れていようと、僕はやはり故郷の生活が懐かしくてたまらない。僕は永遠に故郷の人々の朴訥さやその空気の新鮮さ、環境の優雅さを忘れることができない。
　　　　　　　　　　　　　　　　　　　　　──男、七年生「異郷にて」

　第三は、積極的に都市に融け込み同化するものである。父母がいるところが家があるところと認識する。この観点を持つ作文はごく少数で、全体の二割に満たない。

　もしあなたが都市と故郷のどちらがいいかと問いかけるなら、私はこう答える。どこでも一緒。ただ家があればそれでいい。温かい家、楽しい家、温かい

港、私の家。

——女、六年生「温かい港、私の家」

　私はこの見知らぬ大都市についても、この美しい環境に慣れました。私の父も母もここが好きです。故郷はここほど好きではないですが、私は故郷の生活が十一年だったから故郷も好きです。でも私はこの大都市が好きだし、今の生活がもっと好きです。

——女、六年生「見知らぬ都市にやってきた」

　僕は今、朗らかで活発な性格でいる。生活は楽しく幸せだ。人生に家族が一緒にいることよりもっと嬉しいことがあるだろうか。みんながどんなことも気にしなければ、どこにいてもそこが家だ。

——男、七年生「僕はここにいてとても楽しい」

　以前のことを思ってみると、故郷に臨時日雇いの誰が風景を眺めに行く者がいただろうか。辺鄙な小さな山村に、このような美しい風景があっただろうか。ここの出稼ぎの人はとても親切で、できないことは彼らが教えてくれる。桐郷の土地の人もいいし……学校は一大楽園のよう。本当にすばらしい。……桐郷に来たことは、私を美しく温かく安らぎのある新しい故郷へ運んでくれた。一つも苦しいと思ったことはない。本当に素敵なところ。

——女、七年生「私と母は桐郷に来た」

　本文でも、この93編の作文について簡単な内容分析を行うにあたり、定性データを定量データに変換させている（表1-1参照）。都市が好きな理由の中で、項目の最上位に上がったのは「生活条件のよさ」（8人）で、次点が「父母との団欒」、「新鮮、刺激、面白さ」、「新しい友達との交際」（各4人）であった。これらはどれもよく理解できる。予想外であったのは、都市を嫌う最大の理由として「環境汚染」（20人）が挙げられ、すぐ後に「人間関係の冷淡さ、肉親・友人の情の欠如」（19人）が続いたことで、「都市の人が外地人を見下している」は逆に、それほど突出しなかった（7人）ことだ。これに対応し、故郷が好きな主要な理由は「環境が優れている」（18人）、「故郷の人々の素朴さ、善良さ」（11人）、「故郷は自分を生み、育てた場所で

表 1-1　93 編の作文の帰納的整理の結果

問題	選択肢	六年生 36（編）	七年生 57（編）	合計 93（編）
1 都市の生活と農村の生活はどちらが好きか	(1)都市の生活が好き	9(25%)	9(16%)	18(19%)
	(2)故郷にいることが好き	22(61%)	31(54%)	53(57%)
	(3)どちらも好き	2(6%)	2(4%)	4(4%)
	(4)記述なし	3(8%)	15(26%)	18(19%)
2 都市が好きな理由：第1問で(1)(3)を選択した生徒	(1)生活条件がよい	3	5	8
	(2)両親と団欒できる	1	3	4
	(3)賑やかさ、便利さ	1	2	3
	(4)新鮮さ、刺激、面白さ	1	3	4
	(5)新しい友達との交流	4	0	4
	(6)都市で助けられた	1	1	2
3 都市を好まない理由：一編の作文中にも複数の理由がある	(1)都市の人が外地人を軽蔑する	3	4	7
	(2)環境の汚染	6	14	20
	(3)人間関係の冷え込み、肉親や友の情の欠如	10	9	19
	(4)生活コストの高さ	2	3	5
	(5)家族の気質や家族関係の悪化	2	2	4
	(6)都市生活への不適応	1	4	5
	(7)不自由さ、おもしろくない、つまらない	3	4	7
	(8)危険	2	1	3
	(9)自分の所属場所がない	0	4	4
4 農村が好きな理由	(1)環境の美しさ	5	13	18
	(2)自由自在さ、心配も憂いもないところ	3	2	5
	(3)故郷は自分を生み、育んだ場所	3	7	10
	(4)親友と一緒に遊ぶ	5	5	10
	(5)故郷の人は純朴で善良	4	7	11
	(6)自分を可愛がってくれる親類がいる	3	3	6

ある」、「仲のよい友達と一緒に遊ぶ」(各 10 人)となった。

　子ども達はしたがって、環境汚染に対してこのように敏感であるが、一つには、都市と農村の環境の差が巨大であり、青々とした山と川から高度に工業化が進む都市へ来るのは、汚れた空気と汚い河川に対し馴染めない気持ちを持つからだろう。もう一つには、おそらく、農民工の家庭の多くが都市の村落「城中村」に住んでいるからであろう。「城中村」は、都市と農村の境界にあるバラック小屋地区ないしは、都市の隅の隅にあり、そこの住環境や衛生条件は誠にひどく、ある場所は汚染源(工場、ゴミ処理場、汚水溝)に近接しており、通常独立したトイレや水洗式便器はなく、住民は所構わずゴミを投げ捨て、大小便をするが、そこは往々にして環境衛生部門の仕事の「盲点」となっている。その他、我々はまた、子ども達が社会との交流を強く求めていることも見て来た。彼らは人間関係を非常に重視し、友情を大切にしており、都市が好きな子どもも故郷が好きな子どもも友達が大変重要な要素だった。

　しかし、これら作文内容の定量分析を進める作業にも大きな問題が存在している。すなわち、これらは問題用紙が異なっており、完全に子ども達の自発的なもので、束縛のない無限の表現であった。もし我々が直接アンケート調査を行い、同様の問題、同様の設問を行うならば、おそらく結果は大きく異なるであろう。したがって、表 1-1 の結果はいかなる統計学上の意義も持たず、その他の材料の裏付けにしなければならない。しかし全体的に見てくると、子ども達の多くは、農村に同一化していることは疑いないことである。

三、外地人：農民工子女の身分意識

　農民工子女のテキスト内でも、日常の話の中でも、「土地の人」、「外地人」の言葉が出現する頻度は「都市の人」、「農民／田舎の人」の言葉よりはるかに高い。彼らはさらに、自分を異郷人とみることに慣れており、外部の者が通常呼ぶ「農民工子女」もしくは「民工子弟」ではない。次表(表 1-2)よりこのような傾向を見いだすことができる。

　私たちはここから、「農民工／農民工子女／民工子弟」の語が文中一度も出ていない事がわかる。「田舎の人／農民」はわずかに二回現われているが、どちらも作者と喧嘩をした都市の人の口から出ている。「外地人／土地の人」はそれに反して頻繁に

第一章　見えない城壁：農民工子女の都市と農村の認識及び身分意識

表 1-2　農民工子女の作文中に現れた下記の単語の頻度統計

単語	外地人／他郷の人	土地の人	都市の人	田舎の人／農民	農民工／農民工子女／民工子弟
頻度	37 回	21 回	9 回	2 回	0 回

出現しており、併せて「私たち外地人」、「彼ら土地の人」の形でしばしば現われていることは、我々がこれまで引用した作文からもその一部を見る事ができる。六年生へのインタビューにも同様の傾向が反映されていた。

　　問：あなたは「民工子弟」という呼称をどう思いますか？
　　楊××：その呼び方はよくありません。(どうしてですか？) 人の自尊心を傷つけるからです。
　　問：もしできるとしたら、あなたは現在のこの学校に留まりますか。それとも公立学校に転校しますか。
　　楊××：私は喜んでここにいます。現地の学校（の生徒）は、虚栄心が強く、自分の功労をひけらかしますが、私たちがいるここは、まるで兄弟姉妹と一緒です…
　　問：では(大学)卒業後何をしますか？
　　楊××：弁護士になります。（どうしてですか？）お金が多いからです。人のために奉仕し、本当に貧しい人からはお金を受け取らないんです。現地の人はたくさんのお金を受けとっているけど貧しい人が勝つために手助けはしません……(一部中間省略)
　　問：あなたはこの社会は公平だと思いますか？
　　朱×：(躊躇することなく答えて)不公平！（なぜですか？）なんにしろ不公平だと思うから。
　　楊××が口を挟んできた：外地人は現地の学校に入らせてもらえないんです。現地の学校に入るには現地の戸籍がいるんです。外地人を白眼視しています。それにブランド店のアパレルショップはどこも、見た目でお金がある人を店に入れ、見た目でお金がない人には見せてくれない。ほかに、物を買う時、最

初に嘘の値段を知らせて、その人が納得するかどうかを見て、その人が立ち去るのを待って、また呼び戻し安く売ります。

　岳××：不公平です。警察がよくない。それに城管(都市管理行政執行局)も。家は食堂を開いていて、時に水を売ることがあります。その時、水を店頭に並べると彼らは許可してくれず、水を没収するんです。土地の人だと同じことをしても問題ないのに。

　張××：時に不公平です。土地の人と外地人の間は不公平。土地の人と外地人がちょっとした過ちを犯したとき、警察は土地の人に対しては見逃すけれど、外地人に対しては訓戒や処罰にします。他にも、外地人が営業許可証をとるには多くの回り道をしなければならないのに、土地の人だと簡単にとれるんです。私の父は手続きがとても面倒だったのに、あとで現地の友達に手続きを頼んだら、本当に速く手続きが済んだんです。

　作文のキーワードの分析と上述のインタビュー内容から総合すると、我々は次のような結論を導き出すことができる。子ども達が認めている身分とは、「外地人」であり、「農民工子女」や「農民」では決してない。彼らの思考の枠組みの中で、土地の人と外地人は最も重要な対立関係にある。そこで自分が受ける不公平な待遇は「私達」が外地人だから、となる。ここから解釈できることは、移動は身分の変化を全くもたらさず(身分は依然農民であり、農民工はただ、一種の職業の変遷にすぎない)、農民工子女は一層、地域間の流動を感じるということだ。そして、地域アイデンティティの基礎となる同郷ネットワークは、農民工が求職や移動で頼る重要な社会資源である[15]。農民工は地域を「団結」の基盤とし、政府は地域を流動人口の管理政策にしたことで、農民工子女の「外地人」意識が強められることになったと言えよう。

　しかし、更に進んで考えるならば、我々は以下のことに気づく。「私は外地人である」とは、表面上は肯定的な命題であり、あたかも「私は誰？」の問題に答えたものであるが、実際は却って否定的な命題、すなわち「私は土地の人ではない」になっている。「外地人」は一個の整合性のある概念ではなく、ただ「土地の人」から見た他者であり、統一させるラベルを冠らされただけである。それは全国各地からの出稼ぎ労働者が社会で実際の意味を持った一つの総体を構成しておらず、あたかも皮膚の色、国籍、文化などが異なる西方からの旅行者が中国に来て「外国人」と総称され

るようなものだ。したがって、本質を述べるならば、子ども達が自分を同一化する「外地人」という身分は、単なる虚構の身分でしかなく、これは自己同一化の文法構造——「私は誰か」——に基づいて決定されたものであるが、「私は外地人である」はただ、否定句を肯定的陳述の形に見せた偽装にすぎないと言える。

第三節　都市から農村へ：放牛班の「ルーツ探し」の旅

> 私は今、都市の人だと思っている。上海人ではないけれど、私は農村が嫌いだから、私は思っているの。農民ではないと。
>
> ——上海「放牛班の子ども」合唱団団員杜文彬

一、劇中劇：「ルーツ探し」の旅と政治的身分

　桐郷と異なり、上海は長い間、絶えず中国経済の中心であり、外来の土木系人員は早くからこの都市に入っていた。統計によれば、上海市の流動人口の28.3％は一家で移動しており、上海での居住年数は数年単位になった場合が多い[16]、多くの農民工子女が幼いころ上海にやってきて、中にはここ上海で生まれた子どもさえいる。筆者が上海で接触した農民工の家庭は、大部分が既に都市で定住していた。しかし彼らはまた一般的な意味での移民とは異なる。なぜなら、彼らの身分は未だ農村に置かれているからだ。そこは彼らがおそらく一度も生活をしたことのない場所である。これらの子ども達の言によれば、農村は遥かかなたの見知らぬ土地であり、記憶の外の故郷となる。

　この意味から述べるなら、「放牛班の子ども」は絶妙な隠喩となる。2006年2月、農民工子女の教育に絶えず尽力してきた張軼超は、アメリカからの訪問学生柯慧婕と一緒に、農民工子女で構成された合唱団を組織した。名を「放牛班の子ども合唱団」とした。この名前はフランス映画「牛飼いクラスの春」に由来し、映画は、音楽を教えることを通し人の運命を変える話で、張軼超たちの理想でもあった。「放牛班」は同時に子ども達の農民の身分を隠喩してもいた。「子ども達はみな民工子弟で、農村で生まれ、都市で育ったことから、名を『放牛班の子ども合唱団』としたが、実際はこれまで一度も放牧をしたことのない子ども達である」[17]。

　2007年8月2日から15日まで、張軼超等12名のボランティアは35名の小中

学校に通う子ども達を引率し、三省五市にわたる農村巡回公演に出た。また、併せて、訪れた全ての地域で、農村の現状調査を行った。農村へ出かけ公演と調査を行うために、張軼超は半年あまり下準備をした。彼が目指した目標は子ども達をルーツ探しに連れて行くことであった。なぜなら、子ども達の故郷に対する帰属感は既に薄れ、同時に、「上海で、実は彼らが認められることはないのです。上海人は彼らを上海人として見ることはないですし、また彼らは自分たちを農民と見ることはないです……この時、彼らの帰属感が問題になります。彼らは一体どこに所属するのでしょうか？」[18]。

　張軼超はこれらの子ども達が郷里へ帰るのは、自分達のルーツを体験させるためであり、子どもがその時であれ将来であれ、生活をどこで行おうと、心にいつも故郷を持つことになり、それは力になると考えていた。しかし、子ども達に言わせると、これはただ一度の旅行にすぎなかった。ボランティアが見たところ、農村は放牛班の子どもにとって生命のルーツではあるが、子ども達の目には、彼らはとっくに上海に「家」を構えており、いわゆる「故郷」はただの抽象的な字句にすぎなくなっていた。この種の認識上の差異はおそらく「新公民計画：音楽を伴って帰郷する旅」が歩む道が平坦でないことを決定づけた。

　理想主義に満ちた情熱的なボランティアたちはほどなく、子ども達に冷や水を浴びせかけられた。音楽会が「表舞台」で演奏された時、「裏舞台」では、政治的身分の芝居もひっそり序章の幕が開いた。

　　　彼らは自覚しているかしていないでか、自分の身分を隠した。現地の子どもの家に招かれた時、そこの両親に「私たちは上海から来ました」と説明し、「私たちは農村の出身です」ということを省略した。時にボランティアが同行し、現地の人にこの子ども達も農村から父母に連れられ上海に行ったことを言うと、放牛班の子ども達はあまり願っていないという気持ちを目に露わにした。これらの行動は随行したボランティアを失望させた。あるボランティアは一行の二番目の目的地江西省新余市に到着した晩、活動の組織者である張軼超を見つけ話をしては涙を流した。詰問を含む口調で話したことは、「彼らは根本的に農村を見る事ができない。これがあなたが教えた結果の子どもなの？！」というものだった。

　　　子どものこの種の行動は張軼超が出発前に思いもよらないことだった。数日

第一章　見えない城壁：農民工子女の都市と農村の認識及び身分意識

すると、彼は自分でもいくらか発見し、思った。「子ども達はみなまるで自分がとてもすごいもののように思っていて、子どもの誰一人現地の人に親しみを感じている者はないようだ」と。逆に、子ども達は都市の子ども達の優越感を農村で享受していた。彼らは積極的に、また忍耐強く、農村の子ども達に自分たちが上海で学ぶ公立学校の様子を説明しようとした。「私の学校のキャンパスはとても清潔でキレイなの。沢山の科目と面白いサークルがあるの。わかる？トラックは全てタータンなの。」この時、農村の子ども達はただぼんやりと聞いているだけで、一言も話すことができなかった。

　こういったごまかしは効果がないことはない。だが、本当の身分が少し露見するたびに、彼らが得た尊敬の念は少し減り、ばつの悪さが少し増した。江西省上饒樟村で、子ども達はいつものように現地の子ども達と遊戯をしていた。「あなたたちは上海人なの？」現地の一人の女の子が遊戯をしていた別の仲間におずおずと聞いた。「違うよ。」問われた者は少しためらって、目を別の方に移した。「元々彼らは僕らと同じなんだ。」このことを、現地の女の子はあとで、自分はあの時少しがっかりしたと認めている。彼女はもともと、都会の子ども達の綺麗な服装を見たかったのだが、彼らと自分が何も違わないとは思っていなかったのだ。[19]

当事者が気づいてなかったにも関わらず、これは確かに「演劇」の一幕であった。放牛班の子ども（農民工子女）、農村の子ども、ボランティアはみな無自覚のうちに政治的身分が書き記した「文化脚本」の支配の下にいた。ボランティアの初志は、身分的帰属感の薄い子ども達が農村で自分のルーツを見つけ、苦しみを確認し、幸福を味わい、手にした機会で前進する力を掴むことだった。ところが、子ども達は故郷に帰省してから、自分のルーツを見つけないばかりか、あろうことか異郷を故郷にしてしまうとは。単に都市の子どもの役を演じるだけでなく、公然と農村を軽蔑するなど誰が予測しただろうか！　このことは、どんなにボランティアを失望させただろう、さらに、激怒さえさせただろう。また、子ども達は最初から「ルーツ探し」のつもりはなかった。都市と農村の巨大な格差の前に、一度も会ったことのない世間一般の農村の同年代の子どもを前に、一種経験したことのない優越感が自然に沸き起こり、彼らは有頂天の中で幸福に浸り、突然「自我」を探し当てたのだ。それは自分がずっと都市で暮らしていることであり、自分は都市から来た都市の人間

だというものだ。そして、都市においては、あまりに多くの現実が彼らを押しつぶしており、自分が一人の都市の人間だと境界を引く術はない——彼らはおそらく公立学校で学習する手段はなく、たとえ公立学校で学習する機会があったとしてもそこは独立編成クラスであり、都市の子どもの中には彼らの着る服が野暮ったいと陰で笑うであろうし、彼らと友達になりたがらないであろう。彼らの住まいであるバラックの隣は高級住宅地区になっていて、全てがこのようなのだ。時に、制限は自分達の内側からくることもある。私はかつて、自分の目で、次のような場面を目撃したことがある。錦繡民工子弟学校の事務室で、私は数人の生徒に次のように問いかけた。「あなたたちの故郷はどこ？」みんなはそれぞれ答えた。「湖南」、「安徽」、「江西」。そのうち、ただ一人の生徒が「上海」と答えた。その時、他の子ども達が次々とからかって言った。「ばか言えっ、お前までが上海人？ずうずうしい。先生、こいつうそ言ってる……」。しかし、農村に着くと、これらの束縛から抜け出させた。「私は都市の人間だ」という考えさえ自然に出て来た。この意味を考えれば、子ども達も自我を探していたということになる。しかし、彼らは境界を、それは社会的身分が彼らに定めた境界を越えた。農村の子どもは二役を演じ、放牛班の子ども達が都市の人間であることを築き上げる手伝いをし（彼らが比較対象として共演していなければ、放牛班の子ども達は自我の再構築を完成させる方法がなかった）、また時を移さず、放牛班の子ども達の越境行為を阻止した——「あなたたちは上海人？」の一言は夢の中にいた子ども達の目を覚まさせ、さきほど身につけた身分のコートをいつの間にか失わせた。そして相手の失望感や冷淡さは再び、政治的身分が「その場にある」ことを証明した。あなたが何をしたかではなく、あなたは誰かということである。

ボランティアは最終的にこの遊戯の裁判とコーディネーターを担当し、教師たちは子どもに次のように伝えた。「あなたはこうやって現地の人に自己紹介をすればいいのです。『私は上海で学校に通っています。私の故郷は……です。』これが一番本当のあなたです[20]。」確かに、このような伝え方は最も真実であり、これによって身分的境界も有効に守られることになる。上海と故郷の間で、子ども達はまるで再び原点に戻ったかのようである。

14歳の合唱団員宋燦は戻ってから、感想の中で次のように記した。「自分を取り戻しました。恩に感謝することを学びました。」これが張軼超が望んだものだったのだろうか。

二、私は誰か：放牛班の自己表現

　　記者：あなたは自分が都会の人間だと思いますか。それとも農民だと思いますか？
　　杜文彬：今ですか、それとも、もともとですか？私は今は都会の人だと思います。上海人とは言えないけれど、私は農村がきらいだから、私は農民ではないと思っています……私達は経済的に上海人と大きな隔たりがありますが、でもどう言ったらいいかな……ちょっと考えさせてください。私もよく分からないんです。私は自分が都会の人間だと思うんです。私はただ、……うーん、どう言えばいいかわからない。（頭をたたく）

　団を引率する教員ボランティアを務めた申海松はのちに、杜文彬のこの話を概括して「私は農村の子どもではない、私は都会の子どもだ。でも私は上海の子どもではない。」と述べた。彼は杜のこの言葉は、農民工子女のアイデンティティを古典的に表現したものと見ており、「農村の子ども達の前で、彼らは自分が農村の子どもだとは認めず、都会の子どもだとみなした。」[21] この言葉は的確に一つの重要な真理を導き出した。つまり、これらの上海生まれ、上海育ちの子どもは、既に「都市化」した子ども達のグループだということだ。
　張軼超は、これらの子どもと同年代の都市の子どもを比較すると、主立った違いは生活の細部における差異であり、例えば電話をするときに、いつも大声になってしまったり、名乗れなかったりすることと見ている。彼らの日常生活の中には、マナー用語が少なく、どこでも物を捨て、中には未だ地下鉄に乗ったことがない者もいる。生活は上海で行っているが、自分のコミュニティーの中に限定され、また身なりは少し野暮ったい。こういった点を除けば、大きな違いはない[22]。
　一部の子どもは、上海での滞在期間が非常に長く、上海語で簡単な交流さえできる。例えば杜文彬のように、話すと一定の上海なまりを持ち、好んで「一剛」（上海語で驚きを表し、「なんと、意外にも」の意味）の語気を使う者もいる。ボランティアの韓莉莉は不平をこぼしていた。「巡回公演期間、私たちボランティアはみんな、まるで彼らの召使いと一緒と感じました。彼らのうち一部の女の子は、特に「作」（注：「作」は上海の方言で、女性がわざと挑発的なことをすること、いつまでもだだをこねることを形容する）で、甘えたがって、私は上海人ですが、全く耐えられ

ませんでした。」[23]と。どうであれ、子ども達は上海人の真似をし、まさに彼らは上海との同一化を表明し、ならびに、上海の社会に融け込みたいという願望を表明した。これはおそらく、都市移民の第二世代の共通点であろう。Ｆ大学で都市と農村の融合に関するある討論会の席上で、ＲＹ教授は次のようなエピソードを語った。

> ある時、私は子どもと一緒に公園へ遊びにいきました。ある人がゴミを地面に平気で捨てるのを見て、次のように言ったんです。「見なさい。あの上海人の素養はひどい！」と。すると、子どもは私をつき押して、「お父さんは自分達上海人を中傷していることがわかってる！」と言うのです。

第一世代の移民として、ＲＹは上海で学び、働き、長年定住したにも関わらず、内心では依然として自分を上海人と見ていない。しかし、ここで生まれ、ここで成長した子どもは逆にそうは思わない。この点で、中流、上流階級の移民を代表する大学教授の家庭と下層階級を代表する農民工の家庭が一致を見る。ただ、社会における経済的に低い地位と社会隔離規制が重なり、農民工子女の「上海人アイデンティティ」の結合力を制限することになる——子ども達は実に容易に、自分が都市の他の人たちと違うことに気づく。

12歳の白燕は『解放日報』の記者に伝えている。農村の子どもの服装は野暮ったく、都会の子どものように派手な色はない、と。しかし記者が彼女に都市の子ども達がどんな派手なものを着ているかを聞いた時、それまでよどみなく流暢に話してきた少女が、少し黙ってしまい次のように言った。「実は私は上海に来て５年になりますが、これまで一度も上海の子と友達になったことはなくて、着ているものがどのくらいいいのかもあまり知らないんです」と。こういった状況は「放牛班」においてごく普通のことである。公立学校中学２年生の李榴が私に語ったところによると、彼ら（農民工子女）はクラスを独立して編成され、基本的に普段、上海の生徒との交流はない。クラスには以前、上海の生徒とよく遊んだ人もいたが、その後喧嘩したり暴れたりして関係が変わった。担任の先生がクラスメートに、これから上海の生徒と交流してはいけないと忠告したという。ある時、私は自転車に李榴を乗せて家に戻る時、彼女は道端の一人の女子生徒を指差して私に言った。「先生、あの女の子は以前私達の学校だったの」「じゃあ、彼女は今転校したの？」「わからない。転校したのか、辞めたのか。彼女は町の不良と一緒に遊んでいるって聞いた。でも

彼女はとってもいい人なの。上海人の中でとってもいい人って言える。」「君たちはどうして知り合いなの？」「彼女がその時、校門の前で係の仕事をしていたの。私たちだから知り合ったの。あとで一度、私が歴史の教科書を忘れた時、彼女に借りようと思ったら、彼女が貸してくれたの。彼女、人はやっぱりとってもいい。」「その後、君たちはいつもつき合ってた？」「ううん。知ってるだけ。会えば挨拶をした」これが李榴の唯一「友情」を交えた上海の同級生である。こうした生活空間の隔離は、上海人と外地人の身分の境界を強固にしたに違いなく、これら農民工子女が、中上流層移民の後の世代が築いたような「上海人」アイデンティティを築くことを阻止することになる。

　桐郷の子ども達と異なり、「放牛班」のメンバーは、都市に滞在する時間がさらに長く、心理面での「都市化」の程度と都市への同一化の程度は更に高い。表1-3を見ると、23人のインタビューを受けた者のうち、14人が上海への同一化の程度が比較的高く（A、もしくはBを選択し、しかも上海と故郷はどちらもよいとした学生である）、この比率（61％）は、桐郷のインタビューを受けた者のそれ（19％）よりはるかに高い[24]。

　桐郷の子ども達が作文の中で描いた風景は、美しく、空気が新鮮な山村であったが、「放牛班」の子ども達の目にはかえって、貧困と遅れの代表に映った。子ども達は現地のトイレに行くと、「汚くて死にそう。なんてことだ」と大げさに叫んだ。3歳半で父母に連れられ上海に来た方雪夢は従って、故郷安徽省霍邱に何の印象も持っていない。彼女は汽車で帰郷した感想を次のように語った。「上海はどこも高層ビルで、ここは基本的にどこも平屋やわらぶきの家、それに中には地面を掘って住む家もありました。それに水たまりあった。心理的に受け止められません。」これらの子どもの目には、農村の環境は他にも文句をつけないではいられない。例えば、村の道は定期的に清掃をする人が誰もいず、使用済みの電池を誰も回収しない。またゴミ処理の回収センターがなく、麦わらを燃やし肥料にする習慣など、どれも環境汚染を引き起こすというが、こういった考えは間違いなく現代の都市に由来する。工業化の程度が比較的進んだ地方でも、彼らは企業の汚染物の排出が深刻な水質汚染につながり、魚や海老の大量死を引き起こしていることを目撃する。考えさせられたことは、一人の子どもが政府の対応を強調したことを除けば（「この五ヵ所の政府は、管理を行い、農村の環境汚染を防止しなければならない」）、多くの子ども達はこの問題の責任を農民の「素養」に求め、レポートの中にそう記した。「私は彼ら

の環境はあまりにひどいと思う。彼らは環境汚染が自分に与える影響を知らないだけだが、しかし隣の工場の汚染については知っているはずだ。だから彼らは環境問題に関してもっと多くを知るべきだ。」「現地の農民は環境汚染の深刻さを知らない。ただ自分に有利なことだけをして、環境の汚染には構わない。そうした村民は早く反省しなければならない。」こうした見方と「農民の資質向上」という、都市で主流になっている話は高次の程度に一致しており、まさに都市文化がこれらの子ども達へ深い影響を及ぼしていることを示している。

しかし、少し異なる点もある。長い間、農民工子弟学校で教鞭をとる大学生ボランティアの魏文は次のように述べた。「(農民工子女が) もし農村生まれで、のち上海に来たならば、自分は農民出身だと思うでしょう。もし上海生まれであれば、自分は農民と何もかも違うと思い、心理面でも当然、自分は都市の人間だと思うでしょう……途中で上海に来たならば、故郷に後ろ髪を引かれるかもしれません。私たちのクラスは、現在は、大多数の生徒が上海生まれで、中には十数年のうちたった一度だけ帰省したという者もいて、故郷へは何の思いもありません。」[25] 幼年時

表1-3　放牛班合唱団団員のアンケート調査結果[26]

問題	選択肢	人数 23(人)	陳述理由
上海がいいと思いますか、故郷がいいと思いますか	A 私は上海が故郷だと思う	4	(1) 小さいころから上海にいるから
			(2) 上海にいて、それほど故郷に戻らないから
			(3) 故郷で生まれたが、××歳の時上海に来たから
			(4) 記述なし
	B 上海がいい	8	(1) 上海で温かさを感じるから
			(2) 上海はたくさんの友達と交流できるから
			(3) 上海は成長するのに楽しい
			(4) 上海は発展しているから
			(5) 上海の発展は故郷よりいいから
			(6) 上海はたくさんのおもちゃが買えるから
			(7) 上海はきれいだから。私は故郷に戻って勉強したくない。何より合唱団を離れたくない。
			(8) 記述なし

	C 故郷がいい	7	(1) 私が生まれ、大きくなった場所だから
			(2) 私を育んでくれたから
			(3) 故郷の人に親近感を覚えるから
			(4) 田畑があり、兄弟がいるから
			(5) 上海が暮らしにくいから
			(6) 故郷で自由になれるから
			(7) 記述なし
	D 故郷に行ったことがないのでわからない	2	(1) （前半を削除して）どちらでも一緒だから。故郷には故郷の特徴があるし、上海には上海の特徴がある。
			(2) 記述なし
	その他：一つは選択していないが、「上海も故郷もいずれもいい」と書き記す。もう一つは、BとCをどちらも選択し、「上海の発展がいい。故郷の空気がいい」と書き記す。	2	

代の体験は農民工子女のアイデンティティ形成の中で特別な重要性を持っている。都市の記憶しかない子どもは、都市社会の低層にいるとしても、彼らは畢竟都市社会の人間であり——文化的環境が作り出したものである（彼らも家庭の社会化を通し、一定の「郷土性」を継承しているが、既に相当微弱たるものである）。この意味から述べると、彼らは疑いようのない都市の子どもであり、都市化の子どもと言うことができる。

三、下層移民の第二世代　放牛班の類型学的意義

桐郷の農民工子女であれ、放牛班の子どもであれ、彼らはみな「都市化の子ども」と呼んでよい。これら一群の都市化の子どもの中で、一部分の人（もしかすると大

多数の人)は事実上、既に都市第二世代移民を構成しており、引き続き都市に定住していく。経済的負担や生活の安定を考慮することで、多くの農民工は都市に生活の基礎を置くことを選択し、一定の経済的基盤ができたのち、改めて子どもを呼び寄せ同居する。したがって、都市にきた農民工子女の父母は通常、都市での居住が比較的長くなっている。また任遠、姚慧の研究が明らかにしたところによると、総体的に見て、流動人口の居留期間が長ければ長いほど、継続して居留する率も高くなるという。1993年以後、上海市の流動人口はこの傾向を示しており、仮に流動人口が既に都市で10年居住したとすると、基本的にその人は引き続き都市に居住するより強い傾向を持ち、彼らが農村へ戻ることや出身地に戻る確率は既に極めて低くなっている[27]。こうして見ると、これらの子ども達は将来、一層都市に留まり農村に帰らないと考えられる。

　もし、正確に農民工子女の特殊性を把握しようとすれば、事実に即し論じ、そのグループを独自に観察しては把握できず、それを「都市化」の人口系図から考察しなければならない。現代の中国において、個人が都市化に至る主要な経路は三種類ある。

1. 農村都市移転型Ⅰ（工業、建設業従事者）：体制外ルート——労働力市場（経済的取り込み）——能動的都市化（自発性）——職業の非農民化、身分不転換——下層移民（流動人口）。
2. 農村都市移転型Ⅱ（脱農民）：体制内ルート——高等教育システム（エリート採用）——能動的都市化（選抜制）——職業の非農民化、身分転換——中層・上層移民（新移民、技術移民が主）。
3. 都市拡張型（近郊地区都市化）：体制内ルート——農村戸籍から住民戸籍へ、土地から社保への切替——受動的都市化——職業の非農民化、身分転換——非移民。

　農民工およびその子女は実質的に第一の類型に属し、「地方住民の身分」（都市戸籍をめぐり作られた、政治的、経済的、社会的権利）を欠く都市下層移民である。しかし、目下のところ、彼らは依然、流動人口であり、仮に既にその地に十数年居住していたとしてもである。そして、農民工子女もまた、農村には属しておらず、彼らに農村生活の経験はほぼないうえ、数年先も農村に戻るつもりはない。せいぜい進学の過程で、途中数年故郷に戻り、中学校、高校で学び[28]、それから大学に合格するしないに関わらず、都市に再び戻ってくる。彼らの後ろには、途切れるこ

とのない人の流れがある。問題は、出口はどこか？彼らは父母の経験を繰り返したいのか？都市化の子どもを前にして、都市は旧態依然のままでよいのか？となる。

第四節　まとめ：社会構造と社会的立場の中のアイデンティティ

> 自我は不断に発展するものであり、それは生来のものではなく、社会経験の過程や社会活動の過程の中で生まれてくる……自我は本質的な点から述べると社会構造の一つであり、社会経験の中から生まれるものである。……欠けたるもののない「自我」の統一と構造は、一社会過程の総体が有する統一性と構造の反映であり……この点から言えば、自我とは一個の実体であり、一個の過程であると言ってよい。[29]

まず、「都市へ入る」ことと「帰郷する」ことの対照を通し、我々は以下のことに気づく。幼年時代の経験として、都市生活の時間の長短は、子ども達のアイデンティティに重大な影響を及ぼす。農村で比較的長い時間を過ごし、その後都市に行った子どもは、一般に農村に同一化し、都市で成長した子どもは、自分を都市の人間だと認識しているとは限らないにしても、都市に同一化する傾向がより見られる。彼らは皆「農民工子女」と呼ばれるが、しかしこの身分は実は外部が与えたものであり、自らのアイデンティティによるものではない。「放牛班の子ども」が農村に同一化せず、農村を「軽蔑」さえすることは、簡単に個人の虚栄心や教育の失敗に帰結させられるものではなく、彼らの幼いころからの生活体験が作り上げたものである。この例と桐郷の農民工子女が農村での生活をより好むことに本質的な区別は全くない[30]。

早期の生活が重要であることを鑑みると、我々は農民工子女を「一代半」の移民と第二世代の移民に区分する基準にできる。本書ではいわゆる第一世代の移民は、農村に生まれ、農村で育ち、そのまま成年を迎えるか、成年が近づいてから都市の工業、建設業従事者として都市に入った人であり、第二世代の移民とは、即ち農村生まれではあるが、物心つく前に父母に連れられ都市に入った農民工子女のことである。農村生活が比較的長い農民工子女は、第一世代移民（父の代）と第二代移民の中間に当たる。一面では、彼らが農村生活の記憶を持ち、農村に好感を抱く点で彼らを第二世代移民と異なるものにする。別の面では、彼らはまた、比較的早く都市で

生活し教育を受けており、個人の「都市化」の過程は明らかに第一世代移民より早い。このことから、我々は農民工子女を研究する際に、この二つのグループの区別を行い、グループの記憶と個人における生活の過程を考察の重要な対象にする必要がある。

　次に、農民工子女あるいは農民工は、「アイデンティティ」上の身分ではなく、「社会的地位」上の身分である[31]。陳映芳は、「農民工」は既に「農民」と「都市」居住民に並ぶ身分の類別を、即ち「第三種身分」を形成している[32]、と考えている。本書はこの観点に疑問を呈する。それは桐郷の農民工子女は自我の境界線を外地人として引く傾向が強く見られ、農民として引くのではなかったからだ。そして「放牛班」の子ども達は、具体的に、強く、自分を都市の人間として意識している。時に彼らは自分の身分について困惑し、自分がどの集団に帰属すべきかわからなくなることが生じるかもしれない。これは即ち、いわゆる「アイデンティティ・クライシス」に陥ることである。もし、「第三種身分としてのアイデンティティ」が本当に存在するのなら、アイデンティティ・クライシスはどこから来るのだろうか？一言で概括するなら、「農民工」あるいは「農民工子女」は一個の同一化としての単位を構成しておらず、国家政策や管理行為の結果であり、さらに人工グループに近い非共同体である[33]。マックス・ウェーバーの表現をまねるならば、農民工子女は単なる「共同生活の機会」（Common Life Chances）がある人的集合体であり、真の社会グループではない。それは紙上（政策文書、報道媒体）に存在するグループであり、「Group-on-paper」であって、「Group-in-reality」ではない[34]。

　いわゆる「紙上のグループ」は一種のレッテル化されたグループであり、その身分は外部社会からの無理矢理の押しつけである。ゆえに内部社会は有機的な社会的連携や凝集力に欠け、わずかにある方面（例えば経済的、社会的地位）において原理的に相似性を持つだけである。いわゆる「現実のグループ」は、結束集団であり、その同質性は社会の双方向性や文化的伝統の上に根付く。事実、陳映芳も注意を払ったのは次の点である。農村から都市へ移住する子ども達は、一般に「農民」の身分としてのレッテルを貼られ、彼らは都市の中で「農民工子女」や「民工子弟」と呼ばれる。これらの概念はもはや都市公共政策と関連をもつようになってすらいる。またこうも言える。「農民工子女」は国家の系統的な制度配置（都市農村の二元構造、戸籍制度、社会保障制度等）により決定されたものであり、国家の行政管理を経て強化された身分的レッテルである。これは農民工子女の意志で改めるものではなく、選択

のないもので、農民工子女（我々はひとまずこう呼んでおく）も必ずしもこの身分に同化するとは限らない。身分の受け入れはそれを支配する制度によって生まれるとしても、行為者が自らこれを内在化し、しかもその意味を構築するにあたって、内在化のプロセスに取り込む時、これははじめて受容が実現される[35]。

　さらに、農民工子女の身分同一化は、簡単に社会システムが決定するものではなく、物事が動く中で断続的に生まれ来るものであり、構築性と不確定性に満ちたものである。

　身分同一化は、社会構造と社会情景の中で行われ、自我と他者の相互影響を通し形成されるものであり、前者は構造性、剛性を具体的に表し、後者は、構築性や臨機応変性を具体化する。都市と農村の二元構造は、農民工子女が身分意識を形成する中での構造的作用であり、それは基本的な身分境界を設定する。したがって放牛班の成員は、自分をただ都市の子どもと認識することはできるが、上海人と認識することはない。たとえ心の中でそう認識していても、敢えて公開しようとはしない。例えば、アンケート用紙でＡ（私は上海が自分の故郷だと思う）を選択した４人の子ども達は、匿名の下だから選択できた可能性が高く、一対一の交流の中で、私はかつてどの子どもであれ、このように自分の身分を表現した者に出会ったことはない。ここまで、我々が見て来たのは、一度身分の境界線を越すと、懲罰に遭遇することがあるということだった。身分の確立も一種の社会制御の過程だからであり、「人々は日常の交流の中で、微妙に、温和に、他人の目からどのような特定の身分が不適当であるか理解するのである」[36]。農民工子女は自分を、農村の子ども、あるいは「何者でもない」と認識しており、おそらく一種の「防御性アイデンティティ」あるいは「防御機能」をシステム化している。なぜなら、身分確定の失敗に伴う感情は消極的なものばかりでなく、大変な苦痛をもたらすからだ。人は可能な状況下で、できるかぎりこの種の苦痛から逃れようとする[37]。

　放牛班帰郷の物語は、身分の情景を具体的にした。中心から辺境へ、子ども達は一定の程度ながら社会構造が加えた制限から解き放たれ、農村の子ども達の前で、彼らは体を通し現代性を体現し、当然の理として都市の代表として振る舞った。「当事者達は、ある状況下でどの身分を振る舞うか選択する機会を得た時、最も突出したもの、あるいはより価値のある身分を演じる」[38]。「都市の子ども」は間違いなく、具体的でより高い付加価値を持つ身分であり、かの地の農民の反応からすぐに見て取ることができる。「結局、ある村民が子ども達に上海人かどうかを尋ねた

時、子ども達が違うと答えると、村民の態度は瞬く間にいくらか冷淡になった[39]。」身分の背後に、私たちは理智と情感、代価と報い、監視と処罰を見ることができる。子ども達が思わずとった行動が社会のアンダーラインを探り当て、彼らにもはや抜け出したと思わせた。だが実は、ただ隠されていた社会構造が仕方なく現われるしかなかったに過ぎず、身分の秩序は先ほど平衡が破られ、また改めて回復したのである。「帰郷」は、ここに一つの事件を作り出し、一つの行動は農民工子女が自我の再認識をし構築する出来事となった。

この他に、桐郷の例から我々が分かる事は、本籍も大変重要な要素だということだ。子ども達は自分を「外地人」とみなし「農民」と見ていない。つまり都市と相対するのであり、農村や故郷とではないということだ。これは都市と農村の二元構造が身分構築の唯一の構造因子とは限らないということであろうか。あるいは、こういった「外地人」への同一化は、単に都市と農村の二元構造に対する歪曲した反発であろうか――なぜなら、私は「農民」、「農民工」の呼称に賛同しないからで、私はしたがって「外地人」をその代替としている。これはもしかすると、彼らが自分を表現するにあたり、なぜ「安徽人」、「四川人」、「湖南人」(これは戸籍と同一化するロジックに一層符号するようだが)と明確にせず、曖昧に自分を「外地人」と呼ぶかについての解釈になりうるかもしれない。

先に述べたように、「私は外地人である」は一種の仮想アイデンティティであり、これは、「私は誰か」の問いに全く答えていないが、相当の程度において、農民工子女はアイデンティティを辺境化する方法で、社会排斥に対する一つの回答とした。言うならば、「私は誰か」の確認(即ち、身分同一化)に関して、人々に生活が安定し心の拠り所となる基礎、基準を提示したのである。それ故に、農民工子女の「外地人」意識は即ち、多くが一種消極的な無力感を伝えることになり、それは同一化ではなく、一種の「非同一化」である。これが、張軼超がなぜ放牛班の子ども達を引き連れ、農村にルーツ探しに出かけたかの理由であり、ルーツを探し出せるかは、自己の力量にかかる。

最後に、身分同一化は、自我の明示と自我の保護の機能を併せ持ち、それぞれ積極的同一化と防御性同一化に分かれ、この二種類の同一化の衝突は、農民工子女の身の上にとりわけはっきり現れる。

ある研究者が次のように指摘している。社会的弱者の成員が所属する社会的グループが名声や権勢上他の社会的グループに及ばない時、自尊心を守るために多岐

にわたる対応策を取ることがある。その中には、社会的強者を模倣し自らを強くしようとすることもあり、所属する社会グループが社会的強者のグループと比較し優れているものを識別することもある。あるいは、所属する社会グループを離れ、社会的強者のグループへ代わろうとすることもある[40]。ここから我々が見出しうるのは、身分同一化は、実は、具体的な異なる二つの方向に向かっているということだ。一つは自我の顕示であり、外に向かって自我の優越性や独創性を示し、これにより相対的に優れた「私の属すグループ」[41] (one's own group) に入り、「誇示的消費」すなわち身分の自己顕示を求めるものである。もう一つは、自我を保護するものである。社会構造が身分同一化の剛性に制限を与えるために、社会の境界をとびこえる身分同一化は全て処罰を受けることになるだろう。この結果を避けるために、人は時に相対的に弱者の社会的身分を選択する傾向がある。自我を明示する必要は、積極性アイデンティティを生み出すが、自我の保護は防御性アイデンティティを呼び起こすだろう。

　いわゆる積極性アイデンティティは、自我を理想的な身分の中に投射する。最も典型的なものは、特定の生活様式の模倣であり、農民工子女が上海人の言葉やしぐさや表情を模倣するのはその一例である。いわゆる防御性アイデンティティは、アンソニー・ギデンズが述べている。個人が保護ゾーンを作り上げ、日常生活の実際の行動の中で、それら完全な自我に危害が及ぶ脅威を「濾過」し取り除く[42]。既に述べたように、刺激や傷害を受けることを避けるため、農民工子女が自己の境界を「外地人」もしくは「何者でもない」とするのは、この策に当たる。もし防御性アイデンティティが「目的格」(Me) を体現し、それが社会規範の内化であり、積極性アイデンティティが「主格」(I) を代表し、それが主体的な自由意志であるならば、我々は次のように言える。これら二種類のアイデンティティの傾向は、実際の行為者（農民工子女）と社会構造（都市農村の二元構造）の深い衝突を反映していると[43]。しかし、積極性アイデンティティであれ、防御性アイデンティティであれ、どちらも「農民工子女」を同一化の対象としたものではなく、これは農民工子女のセルフアイデンティティ (Self-identification) と社会カテゴリー (Social Categorization) の間に存在する緊張関係である。即ち、社会は彼らを「農民工子女」という一連のカテゴリーに納めようとし、彼らは即ち、自身を「外地人」（防御性アイデンティティ）、もしくは「都市の子ども」（積極性アイデンティティ）に帰属させようとする。この認知上の不一致は農民工子女と外界世界のインタラクティブに大きな影響を及ぼす。

総括すると、上述した二件の事例を通し、私たちは社会構造の身体化を見ることができる。「防御性アイデンティティ」であろうと「積極性アイデンティティ」であろうと、その背後にはいずれも社会構造が及ぼす支配的作用がある。「身体化」は農民工子女が最終的に避けられない身分同一化の問題を引き起こす。

注

[1] 石岩《春晚「心里話」——「集体」是誰？》2007年3月15日《南方周末》。
[2] 于建嶸《法国騒乱提示中国未雨綢繆》2007年4月24日《南方周末》。
[3] 「久牽青少年活動センター」と「放牛班の子ども」合唱団に関する詳細は以下を参照：沈亮《「放牛班」回郷》2007年8月30日《南方周末》；周楠、林環《「放牛班」的音楽回郷之旅》2007年9月3日《解放日報》；《民工子弟「放牛班的春天」無処「放牛」》2006年7月11日《南都周刊》；《張軼超 一個志願者的堅持》2006年9月19日《人民日報》華東新聞。
[4] 2007年10月12日張軼超インタビュー記録。
[5] 張軼超《新公民計画牽手音楽回郷之旅活動総結》2007年10月25日。
[6] 沈亮《「放牛班」回郷》2007年8月30日《南方周末》。
[7] 《放飛希望的歌声》中央電視台《社会記録》2007年9月27日。
[8] [英]Rupert Brown《グループ過程》胡鑫、慶小飛訳 中国軽工業出版社2007年版、202頁。
[9] もちろん、日常生活に存在する一部の都市の人間が農民を蔑視する現象は排除できない。
[10] 郭星華、儲奔娟《従郷村到都市：融入与隔離——関于民工与都市居民社会隔離的実証研究》《江海学刊》2004年第3期。
[11] 史柏年等《都市辺縁人——進城農民工家庭及其子女問題研究》社会科学文献出版社2005年版、188-210頁。
[12] 王星《都市農民工形象建構与歧視集中効応》《学習与実践》2006年第11期；潘洋泉《社会、主体性与秩序：農民工研究的空間転向》社会科学文献出版社2007年版、358頁。
[13] [米]エルダー（G.H.Elder）《大恐慌の子ども達》（田禾、馬春華訳）訳林出版社2002年版、167頁。
[14] 2007年6月12日生徒のインタビュー記録：六年生部分。
[15] 李培林《流動民工的社会網絡和社会地位》《社会学研究》1996年第4期。
[16] 史柏年等《城市辺縁人——進城農民工家庭及其子女問題研究》社会科学文献出版社2005年版、6頁。
[17] 沈亮《「放牛班」回郷》2007年8月30日《南方周末》。
[18] 《放飛希望的歌声》中央電視台《社会記録》2007年9月27日。
[19] 沈亮《「放牛班」回郷》2007年8月30日《南方周末》。
[20] 周楠、林環《「放牛班」的音楽回郷之旅》2007年9月3日《解放日報》。
[21] 2007年11月10日申海松へのインタビュー記録。
[22] 2007年10月3日張軼超へのインタビュー記録。
[23] 2007年10月9日韓莉莉へのインタビュー記録。

第一章　見えない城壁：農民工子女の都市と農村の認識及び身分意識

[24] 当然、合唱団の子どもは、相対的にみて豊富な資源があり、社会への関心度も比較的高い。そのため、彼らは一般的な農民工子女とは異なり、生活への取り組みは積極的で、楽観的である。張軼超からすると、少々盲目的なまでの楽観さでさえあるが、これが都市への同一化度を平均水準より高いものにしているのだろう。
[25] 2007年6月17日魏文へのインタビュー記録。
[26] 2007年11月11日筆者が放牛班合唱団のいる「久牽青少年活動センター」で調査研究したものである。たまたま同センターの責任者である張軼超が、「ノルウェー・クィーンズ高校」の依頼を受けてアンケート用紙を配布していた。筆者ものち、アンケート調査結果の集計を行った。表1-3は、その中のものをまとめたものである。
[27] 任遠、姚慧《流動人口居留模式的変化和城市管理——基于対上海的研究》《人口研究》2007年第3期。
[28] このことから述べると、彼らは依然一定の流動的性質を持っており、一個の特殊な現象を形成している。両親は既に都市で定住しているが、子どもはかえって流動せざるを得ない。
[29] ［米］ミード（G.H.Mead）《精神・自我・社会》（霍桂恒訳）華夏出版社1999年版、152-156頁。
[30] この現象は、エルダーやデイヴィッド・イーストンが早期社会化について強調する点と一致する。ただし、まさにミードが述べるように、自我は一個の過程であり、流動性と不確定性に満ちた現代社会ではなおさらである。本書では、わずかにその中の断片を掴んだにすぎず、農村と都市を構成する社会化の作用と農民工子女の身分同一化の関係を明らかにしたければ、さらに深く、さらに精緻な考察が待たれる。参考としてDavid Easton and Jack Dennis: Children in the political system: origins of political legitimacy, Chicago:University of Chicago Press, 1980[1969]．
[31] 李強も「Status」の意味から身分概念を使用している。農民工を一つの社会的地位を持つグループ（Status Group）として境界を定め、戸籍制度の本質を身分制度にあると見ている。参考として李強《農民工与中国社会分層》社会科学文献出版社2004年版。さしあたって、学会で身分の概念が用いられるとき、往々にして「Status」と「Identity」の区分に注意が向けられず、混同されていることがある。ウェーバーが指摘した身分グループは、名声（Prestige）、あるいはライフスタイル（Life Style）を有するグループに近く、「Status」は主に外部評価（名声）と結びついていたことがわかる。また、「Identity」は主に自我意識や自己同一化を指していた。参考としてR.T. Schaefer and R.P. Lamn: Socioligy(5th ed.) New York: McGraw-Hill 1993.
[32] 陳映芳《農民工：制度安排与身分認同》《社会学研究》2005年第3期。
[33] 説明すべき点として、本書で使用する人口グループとチャタジー（Partha Chatterjee）が本来意図するものとは異なる点である。その主要な特徴は、共同体が同質であること、人口グループが明確な異質性を持つことで、政府が統治に都合がよいため彼らを一つのグループに定義しているにすぎない。また、人口グループの構成員は、時に功利的な必要性から共同で行動することがあるにもかかわらず、この虚構の共同体を必ずしも認めていない。チャタジー《被統治者の政治：世界の大衆政治の思索》（田立年訳）広西師範大学出版社2007年版、57頁。
[34] ［米］ダーフィット・シュヴァルツ《文化と権力——ブルデューの社会学》（陶東風訳）上海訳文出版社2006年版、52頁。
[35] ［米］カステル（Manuel Castells）《認識の作用》（夏鋳九、黄麗玲等訳）社会科学文献出版社

2003 年版。
[36] ［米］ターナー（Jonathan H.Turner）、［米］ステット（Jan E.Stet）《情感社会学》（孫俊才、文軍訳）上海人民出版社 2007 年版、96 頁。
[37] 同前、99 頁。
[38] 同前、97 頁。
[39] 周楠、林環《「放牛班」的音楽回郷之旅》2007 年 9 月 3 日《解放日報》。
[40] 趙志裕、温静、譚倹邦《社会認同的基本心理歴程——香港回帰的研究范例》《社会学研究》2005 年第 5 期。
[41] 参考［英］ヘンリー・タヘル［英］ジョン・ターナー《グループ間行為による社会アイデンティティー論》収録先　周暁紅主編《現代社会心理学名著精華》社会科学文献出版社 2007 年版、427-455 頁。
[42] ［英］アントニー・ギデンズ《モダニティと自己アイデンティティ——後期近代における自己と社会》（趙旭東、方文訳）北京三連書店 1998 年版、59-60 頁。
[43] 「主格の自我」と「目的格の自我」の詳細な論については、先のミードの引用書を参照。［オーストリア］ウォータース（Malcolm Waters）《現代社会学理論》（楊善華等訳）華夏出版社 2000 年版、28-29 頁。

第二章　政治遺伝学：家庭と文化および権力

　ハイマン（Hyman）が政治的社会化の研究を始めてからというもの、家庭は常に最も重要な政治的社会化における媒介の一つと見なされてきた。未成年である子女とその父母は、朝夕生活を共にしており、父母の言動の観察、模倣、思考を通し、子どもは容易に父母の政治活動に対する態度や見方を理解する。両親が政治的社会化の中で演じる役割は、主として政治と関連を持つものや、中には間接的に関わる価値概念を、日常生活のふれあいを通し言葉で伝え、体で教え、注意し、時に気づかずに自分の子どもに伝えることである。父母の政治的関心と政治への参加程度、また家庭で政治を語る中で示される価値の傾向は、子ども達に政治への認知と学習の機会を与えるだけでなく、子どもの政治的態度について、知らず知らずのうちに感化する影響を及ぼしている[1]。

　グリーンスタインは、ニューヘブン（New Haven）での研究の中で、アメリカの9歳の児童は、未だ正式な学校教育を受けていないが、多数の者が政治家の役割を正確に指摘することを明らかにした。イーストンとデニスはさらに、60～70％にのぼる四年生の生徒が、好きな党が共和党であるか民主党であるかを決めているが、これらの政治的知識や政党への同一化が形成されるのは、その父母の影響下においてであることを突き止めた[2]。20世紀60年代、アメリカにおける政治的社会化研究の古典的仮説は、アメリカの有権者の政党意識形成にあたり、最も重要な因子は、家庭の社会化であるというものだった。ジェニング（Jennings）とニエミ（Niemi）は、高校生およびその両親を研究していた時、父母と子の間の党派の傾向について、ならびにある種高度に感情的色彩の濃い折衝や彼ら個人の具体的政策の問題上（例えば、学校に対し人種隔離の取り消しや学校が行う礼拝への立場表明など）で、視点が相当程度一致することに気づいた。比較研究によって、政党を決めるのは、組

織の明晰さと親が伝える情報の一貫性に大いに依ることを明らかにした。政治文化についての他の鍵になる要素、例えば個人の効果、言論の自由への態度、政権への信任などは、家長と子どもの意見の一致は通常比較的低くなる[3]。ジェニング（Jennings）とニエミ（Niemi）、ベック（Beck）ら研究者はまた、政治的態度の世代間の伝達と継続、変遷および生育過程が個人の政治的態度に与える影響について探求し、家庭が子どもの社会的同一化や社会構成の位置づけを提供し、家庭内の橋渡しモデルが子どもの政治的人格に影響を与えることを明らかにした[4]。

　次のように考える研究者もいる。伝統的な社会において、子どもは一つの階層型の拡大式家庭の中で育つもので、大人が提示する情報はいずれも高度に一貫性があり、また、家庭は子どもの生活環境の中で実に大きな一部を占めていた。伝統社会が現代社会に移行するにつれ、拡大式家庭は次第に解体し、同年代の集団や学校、ラジオ、テレビ、雑誌がこれまで家庭が担ってきた多くの責任を引き継ぎ、家庭の社会化の影響はおそらく既に大きく減少した。もし各人が発する情報が一致しないならば（例えば、父母の意見が食い違うなど）、子どもが立脚点を形成する上で家庭の影響はさほど確かでなくなる。しかし、別の方面から眺めてみると、比較的平等な家族関係は、潜在的な平等性や参与性といった価値観の社会化に有利であり、積極的に家庭や学校の決定に参加する青年は高い可能性で、成人を迎えた時、政治上非常に積極的に発言する[5]。

　要するに、この種の父の代のある種の特徴と後代の政治的態度を関連づけた簡略化の観点は、実証研究の挑戦を受けたわけであるが、ほぼ全ての研究者は家庭が政治的社会化の重要な媒介の一つであることは受け入れている。本書における研究対象の農民工子女について言えば、彼らの大多数の生活圏が相対的に狭いため、父母や教師、隣人に限定され、牛飼い班合唱団の子ども達を例にすれば、「彼らのうち大部分が合唱団に入る前、一度も博物館に行ったことがなく、したがって上海博物館や東方芸術センターに見学に行こうとすると意外な事に、市の中心へ行ったことがある生徒は極めて少なく、これまで一度も交通カードを使ったことがないともいう。上海で生活はしているが、自分の生活の社区内に限定されている」[6]。

　某大学で学生社団組織の活動後に、子ども達は次のように自分の感銘を形容した。「秋が深まって、私たちは仕度を整えて出発を待っている。寒さで震えるほど凍えさせられているけど、心はかえって体がほてるほど興奮している。だって私たちは上海博物館を参観するのだから。」「ある特別な土曜日、私たち二十数名の中学生は

特別な場所にやってきた。——それは上海博物館。ここは私たちがずっとどうしても行きたかった場所。でも望んでも近づけない場所だった。」[7]これらの興奮冷めやらぬ子ども達の文章を通して、私たちは鮮明に知ることになる。客観的な物質的条件の制限のため、農民工子女の社会との付き合いや情報の拠り所は単一になりがちで、より一層家庭環境の影響を受けてしまう。——農民工子弟学校で学ぶか公立学校に入学しても独立編成クラスに入るため、クラスメイトの家庭の同質性の程度は極めて高い。居住する社区も往々にして農民工集合地域であり、——したがって、学校や社区で流れる情報と家庭とで大差なく、家庭の農民工子女への影響を比較的軽くする。彼らの身の上には、「政治的メンデルの法則」[8]がより顕著に記されている。

第一節　外来の人：家計のプレッシャー下での家庭教育

一、父の世代の社会的経済的地位

　我々のアンケート調査の中に、インタビューを受ける生徒の家庭背景に関する問いが三問あり、項目は家族数、父母の職業および学歴である。インタビューされた農民工子女の79.8％が家族は4人以上で、農民工家庭の基本は核家族であった。またこれらの子どもは多くが子だくさんの家庭に生まれており、我々のインタビューもこの点を証明している。一家庭に2〜3人の子どもが最も多く見られ、少数ではあるが子ども4人の家庭もあった。「牛飼い班の子ども」合唱団では、成員のうち、少なくない数が兄弟姉妹の関係であった。これ対し、上海戸籍の生徒はほぼ全員一人っ子だった。上記の状況と中国青少年研究センターが2006年に行った抽出調査結果は概ね似通っている。74.0％の都市流入労働者の農民工子女の生活は、子だくさん家庭であり、そのうち51.4％の都市流入労働者農民工子女家庭が子ども2人、22.6％の家庭が3人ないし3人以上の子どもがおり、一人っ子家庭が占める割合は26.0％であった[9]。インタビューを受けた農民工子女の父母で最も多く見られた職業が自営業（多くは店口がなく営業許可書のない露天商）と肉体労働者である。また父母の学歴はあまねく高くなく、中学卒業が81.1％、中学校卒業以下だと92.7％を占めた（詳細は表2-1、表2-2、表2-3）。

　上海の農民工家庭と上海戸籍の青少年の家庭の比較研究において、農民工家庭の

平均月収、居住条件、父母の受けた教育程度および職業実体などはいずれも、上海戸籍の家庭に著しく劣ることがわかった。農民工家庭の月平均収入は一般に500〜1000元で、上海戸籍の家庭の月平均収入は一般に1000〜3000元である[10]。農民工家庭の父母の受けた教育程度は一般に「中学或いは同等学力の中専」であり、上海戸籍の子どもの父母は一般に「高校或いは同等学力の中専」であった。また、前者は「大学或いはそれ以上」の比率はわずか1.4％に対し、後者は22.2％である。農民工子女の父母のうち、11.5％は「無職」で、主要な仕事は個人商もしくはアルバイトを主とするが、地元の子どもの父母は多くが定職に就いている。その他に、82.7％の農民工家庭は一人っ子家庭ではないのに対し、上海戸籍の家庭は、93％が一人っ子家庭であった[11]。

表2-1　被インタビュアー農民工子女の父母の職業

職業	父親		母親	
	回答数	百分率(%)	回答数	百分率(%)
労働者	62	27.9	54	24.7
自営業	104	46.8	76	34.7
農民	13	5.9	10	4.6
管理人	18	8.1	14	6.4
事務員	19	8.6	33	15.1
無職	3	1.4	29	13.2
その他	3	1.4	3	1.4
合計	222	100	219	100

表2-2　被インタビュアー農民工子女の父母の学歴

学歴	父親			母親		
	回答数	百分率(%)	累計百分率(%)	回答数	百分率(%)	累計百分率(%)
未就学	9	4.1	4.1	33	15.1	15.1
小学校	58	26.1	30.2	94	43.1	58.2
中学校	113	50.9	81.1	75	34.4	92.6
高等学校	39	17.6	98.7	12	5.5	98.1
大専以上	3	1.4	100	4	1.8	100
合計	222	100		218	100	

表 2-3　被インタビュアーの家族数

家族数	回答数	百分率(%)	累計百分率(%)
二人	1	0.5	0.5
三人	43	19.7	20.2
四人	106	48.6	68.8
四人以上	68	31.2	100.0
合計	218	100.0	

出典：筆者による「農民工子女の社会心理および政治意識に関するアンケート調査」(2008 年 4 ～ 5 月)

　上述の資料を通して明らかなことは、上海の農民工子女の家庭は、社会的経済的地位が上海戸籍の家庭より低く、一般に一人っ子家庭ではないことだ。この二つの特徴は、農民工子女の成長と政治的社会化の生産において無視できない影響を及ぼしている。

　まず、社会的経済的地位の低下は、農民工子女の家長が生計のため多忙になり、子どもに関心を持ち育てる暇を失わせる。『長江デルタ 16 都市農民工現状調査（上海）』テーマサンプル調査によると、仕事が毎日 8 時間を超す上海の農民工は 82.6％を占め、うち 31.3％の人が 10 時間を超している。毎月の休暇がゼロ日の人が 33.4％、1 ～ 3 日の人が 21.6％、4 ～ 6 日の人が 30.6％で、週休二日を享受している者はいくらもいない。

　韓嘉玲は北京における農民工子女の研究において、絶対多数の家長は子どもの学業に大変関心があるが、朝早く起き夜遅くまで働く仕事で、したいのはやまやまだが実行が伴わないことを明らかにした。常に宿題をチェックする家長はわずか 26％であり、57.2％の家長が時々子どもの宿題を見て、16.8％の家長は一度も子どもの宿題を見た事がない。また、子どもの誕生日の時、もしくは「六一」児童節の時、家長が子どもを連れ遊びに出る比率は高くはなく（15.4％）、放課後は、半分以上の生徒が、家に両親がいない。父母の仕事が忙しいため、子どもは家事を一部引き受けている。彼らが最もよく行う家事は、皿洗い（74.4％）、野菜洗い（61.3％）、水汲み（55.1％）、掃き掃除（45.3％）、食事作り（45.2％）、洗濯（42.1％）である[12]。この結果と我々のインタビューおよび観察は概ね一致し、農民工家庭の家長は、子どもの物質的需要（衣食が満ち足りること）と体調により関心を持つが、親子の交流は比較的少ない。経済的に困難な家庭では、子女はさらに煩雑な家事労働を引き受ける

必要がある。

　張軼超はかつて、農民工子女の教育問題を省察した文を書いており、そこに見る者の心を痛ましめるタイトル——「希望なき家庭教育」を用いた。これは彼の二度にわたる家庭訪問の体験から記されている。

　　　私が二度目に秦成鳳の家に足を踏み入れた時、やっとこの子どもの胸中にある恨みつらみを理解し始めた。
　　今も覚えている最初の訪問時、席鉦に道案内してもらった途上、山のように廃品が積み上げられた一群を通り抜けたその突き当たりに、低い小さな平屋があり、秦成鳳の家はその一角にあった。その時、秦成鳳はちょうど玄関前に座っており、目の前には大きな足洗い用のたらいがあった。彼女の両手は洗剤の泡がいっぱいついて汚れており、一生懸命足洗い用たらいの中の汚れた衣服と格闘していた……。
　　二度目に秦成鳳の家に行ったのは、彼女が新学期が始まり間もなくひと月になろうとするのに、一度も姿を見せなかったため、私は石芳に言って事情を聞きに行かせたからだ。
　　石芳は、その後泣きながら電話で私に言った。秦成鳳は今、たくさんのたくさんの衣服を洗っており、そして毎日終わる事のない家事があって、もう二度と私たちの課外活動に参加することはできないと……。
　　私は大変に驚き、もっと言えば憤りさえ感じた。子どもが家庭の原因で活動の脱退を余儀なくされることはこれが初めてではなかったので、二度目の家庭訪問を行ったのです。その状況は私が想像したのよりもさらに悪いものでした。
　　彼女の玄関前にある物干縄にはまだたくさんの衣服が掛けられており、おそらくこれが彼女の家かどうかを判断する最も確かな印なのでしょう。しかし、今回秦成鳳は洗濯はしておらず、掃き掃除をしていました。地面の里芋のくずを掃っていたのです。屋内には二人の弟と妹が一人、そして彼女の母親がいました。
　　話は上手く進み、おおよそ理解した状況は次のようなものでした。家には全部で六人の子どもがおり、それに両親を加えた八人家族で、驚いた事にみな戸籍がありませんでした。長男、次男は今故郷で中学校に通い、その他4人の子どもはここの民工子弟学校に通っている。両親は魚を売っており、毎日朝早

くから魚を仕入れに出かけ、夜七時八時まで露店を出しやっと家に戻る。したがって基本的に子どもを世話する時間がないのです。[13]

　秦成鳳のような状況は、農民工子女の中で決して特別な例ではない。彼らの多くは子どもが多い家庭に生まれ、父母は低収入で過酷な肉体労働に従事し、主なものでは製造業や建設業、交通・運輸業、サービス業で、前の三種の業務は厳格な工場管理体制の下にあり、しばしば休日出勤や残業を強いられる。また、いわゆるサービス業は、露店や行商、家政婦のことで、「自由労働者」に思えるが、実際は不自由であり、しばしば他の人が退社してから仕事が始まる。大部分の家長は生計のために疲労困憊しており、子どもにかまう時間は基本的になく、加えて仕事と休みの時間が子どもとちょうど逆さになっており、「毎日子どもと顔を合わせることは、月が太陽に出会うようだ」という。一組の露店を出す夫婦が次のように述べた。

　　母：以前、子どもが故郷にいるとき、いつもいつも子どもを思っていました。今は近くにきて、そばにいるので安心です。でも、毎日こうして暮らすので、実際子どもを見る事はできません。いつも子どもが可哀想だと思っています……
　　父：朝、子どもは自分で通学途中に朝食を買い、夜は家に戻り、私たちが鍋に残して来た食事を食べ、私たち二人が家を出てから自分で勉強をし、時間になったら休みます。時々私たちは、子どもをつれて上海に来たことは故郷でお年寄りに見てもらうことよりよくないのではないかと思うのです。でも、結局、上海の教育条件はいいでしょうし、子どもは自分の近くに置いておくべきで、またこうすることは価値があると思うのです。[14]

　記者は次のように評している。これら農民工子女は表面的には都市にきて両親と団欒し「留守番児童」の身分を抜け出したように見えるが、実は都市の中で新たな「留守番」を始めているのだと。
　次に、子どもの多い家庭は父母の経済的プレッシャーを大きくさせ、家庭内の資源の分配に手一杯で、分配の結果はいつも、女の子にとって不利なものとなる。最も典型的な資源の分配は、中学卒業後の進学の機会である。もし成績がともに比較的優秀であれば、男の子なら一般に故郷に送り戻されさらに高校受験を行うが、女

の子なら上海の技術学校や職高、中専に通わされる。なぜなら、前者はさらに高い教育コストが求められ、同時にさらに多くの不確定要素に直面するからだ——少なくない家長が、もし子どもが大学に行けなかったら、高校は無駄になると考えている。五年生の佟海文が私に言った。小学校を終えると彼は安徽省の実家に帰り、おばの家に住んで県城の中学校で引き続き勉強をするが、彼の姉は中学終了後、すぐに上海の中専に入ると。

私たちが訪問した家庭は、子ども二人の家庭であれば通常、「兄－妹」あるいは、「姉－弟」で、子ども三人の家庭は通常、「姉－妹－弟」である。三人以上子どもがいる家庭は比較的少ないが、願い通り息子を生んだ者もあれば、混じり気のない「娘子軍（じょうしぐん）」（両親の経済的プレッシャーによるものや年齢の問題によるもの、お産を諦めたもの）もある。我々は女子と接触する中で、いつも耳にしたのは、両親の男尊女卑に関する恨みであり、両親が弟や兄を偏愛する話であった。

家庭によっては育児理念の影響を受け、女の子は「豊かに育て」なければと信じている[15]。白燕の父親はこの考えを持っている一人だ。江蘇省出身の白の父は今年36歳になり、ガスコンロ会社でメンテナンスの仕事に就いている。思考は滞ることなく、彼自身の言葉を借りると、「いい加減に過ごすのが上手い」外地人である。白の母はホテルの従業員をしており、二人の収入は彼らの住む社区のなかで比較的多い。加えて、長く子どもが一人だけで負担は軽く、白燕は一途に両親の寵愛と「豊かに育てる」環境をもらっていた。それでも、両親は彼女が13歳の時、弟を生んだ。「牛飼い班」合唱団で、ここ一年で数人の女子生徒に新しく弟が生まれた。これらの女の子は新しい家事——「弟のお守り」に大変都合がよい。張軟超は文中で、石芳がいつも一歳の弟を抱いて「久牽（上海久牽ボランティアサービス）」に登校したことが書かれ、この一学期、石芳の成績は明らかに下降し、これは彼女を気落ちさせた。

錦繡学校での授業と調査研究から私は次のことを感じた。小学校段階では、女子生徒は男子生徒に比べ明らかに向上し、学習への積極性も高い。中学校になると、両者の差は微々たるものになり、総体的にみれば、女子生徒の学習への積極性は大きく低下する。これらの変化が生まれるのは、一方で進学のチャンスの見通しが立たず、多くの生徒があきらめるためであり、もう一方では、家庭内の性別による社会化に密接に関わっている。六年生の鄧小英の母は、インタビューの際、はっきりと言っている。

> 私は女の子と男の子は違うと思っています。これは本当のことを話しているんです。ほら、男の子のこれからと言えば、やっぱり責任が大きいでしょう。年寄りを養い、死に水を取るし、家の主要な経済(の源)だし、これらは全部男に任せられているわけで、女の子は違います。数年の間たくさん勉強しても、少し勉強しても、もし大学に受かることができなければ違いはなくなります。これは女を見下しているのではありませんよ。私だって女ですよ。この子たち(鄧小英の姉、鄧小麗を指す)は来年卒業して、故郷に帰って一年勉強して、もう一度高校受験をしたいと思っているんです。私とお父さんは言ってるんです。故郷にはもう誰という人もいないよ。おじいさんはいないし、おばあさんは年を取ったし、女の子で肝心なことは、やらなきゃいけないことをやれて、善良でやさしくて、少し知識があれば十分だよ。手芸をちょっと学んだら大丈夫。将来嫁ぐときの能力があればそれでいいんですよ。先生、それが道理ってものでしょ？
>
> 夫が傍らから補足して言った。「私の親戚の一人が女の子を故郷に返して一年高校で勉強をさせたけれど、成績はあがらないし、学校が面白くなくなって、退学をしたんだよ。無駄金を何千元も使って、今年また上海に戻ってきて手芸を学んだんだ。早くからわかってたことさ。やっぱり直接やることを探すほうがいいってね。」[16]

小学校で学ぶ男の子に質問が及び、中学校卒業後どのような計画があるかを聞いたとき、この父親は次のように答えた。

> それは彼が頑張るか頑張らないかをみないといけない。成績がよければ、故郷に帰して高校にやる。(質問：故郷には世話をしてくれる人がいないのにどうするのですか？) おじの家に住むさ。母方のおじの家でも大丈夫だよ。もし成績がよくなかったら、どこか技校へ通うか、中専か。そうでなければ、手職か車修理、美容師、なんでもいい。あれをみてからさ。なんにしろ、今は、中卒ではやはりちょっと低い。しっかり勉強をして大学に入れるのが一番。遠大な計画だけどね。[17]

両親のこういった計画に、女の子たちは最初抵抗したが、最終的には従った。

私は自分では故郷に帰って(高校を受験したい)、大学にいけたらいいな。でも、お父さんもお母さんも賛成してくれない。二人は女の子が一人で故郷に住むことが心配なの。(重要なのは心配だから、そうですね？)うーん、たぶん私が女の子だから。両親たち大人は、何かというと言うの……嫁に行くのが一番いいって。(よくできても、嫁にいくことが一番。)そうそう。大人がおしゃべりしている時、そう言うわ。他に、両親や大人たちは、女の子は高校の前までは男の子より成績がいいけど、高校になると、男の子が頑張り出すから女の子は追い抜くことができないって。道理かもしれない。(じゃあ、あなたは卒業後どうするつもり？)このあたりで職高に通うかな。[18]

　このことは私に一つの疑問を抱かせた。もし、一人っ子の農民工子女の家庭であっても、女の子への教育の姿勢は同じだろうか？農民工のグループにおいて、このような「女子一人っ子」の家庭は大変にまれである。私のインタビューの対象の中では、ただ一例であった──Y区の自由市場で野菜の卸売業を営む李建林は、今年37歳になる。彼に女の子の一人っ子がいる。彼は私に次のように話をしてくれた。

　　私は自分で第二子はいらないと思っています。妻は最初やはり男の子を欲しがっていましたが、私は望みませんでした。養育できないからではありません。そうではなく、考えが変わったのです。上海にきて、間もなく20年になります。子どもを養育し、老後に備えるのはあてにならないと思います。例えば、私自身が外でこんなにも長く働いています。私の両親は私からどれほどの幸福を享受できたでしょう。多くありません。大晦日に少し会うだけで申し訳ないです。子どもだけがこんなに力をつけた。私は肝心なことは育て上げることだと思います。もし第一子が男の子だったら、私ももちろん嬉しいですが、女の子であってもそれほど悪くはありません。やはり前途があります。私自身、教養(の程度)は高くありません。高校は卒業していません。でも子どもの学習に関しては特別気にかけていますし、お金を使うことも惜しいとは思いません。娘がすすんで学び、能力があれば、私は娘が大学で学ぶ機会を与えるし、博士で学ぶ機会を与えます。商品の値段も勉強しなければなりません。ははは！[19]

　上述のインタビューから我々は次のことがわかる。第一に、多産の家庭では、一

般に女性は年齢を重ねるにつれ、資本投資が低くなるが、「女子一人っ子」家庭の父母は、娘への期待値は多産家庭より高く、娘への教育へ投資を続ける可能性も持っている。しかし、農民工グループの中で、「女子一人っ子」家庭はきわめて少数である。多産家庭の中では、「姉－弟」や「姉－妹－弟」が最も多く見られる長幼の序であり、家庭の経済的プレッシャーが「姉」達を比較的早く社会に入らせ、家庭の重責を分担させるよう追い込んでいる。このことは、大多数の家庭において、女子が教育を受ける機会は男子に比べ低くなることを意味している。

　次に、家庭における社会化の重要な内容の一つは性別の社会化である。女性に社会的性別の分担を受け入れさせ、農民工子女の政治的社会化と性別の政治化がこうして結合する。

　牛飼い班合唱団で、私は多くの女の子が「甘ったれ」て、駄々をこね、さらに男の子をばかにするのに熱中になることに気づいた。そこで、ダンスを教える鄧先生は、いつも大声で「あなたたち、男子にしないこと、いいかしら。」「男子をばかにしないこと、いい？」と呼びかけなければならなかった。私は、女子達のこの種の表現は、おそらく彼女達が家庭で置かれた境遇と関係があると推測している。家庭では、「長女」「次女」として親から受ける寵愛は比較的薄く、まだ幼いころに既に家事を分担させられ、弟の面倒を見させられている。両親も意識的に彼女達の自立能力を育てており、早く仕事に就き、家計を補ってくれることを願っている。このことは、「幼年時代の消失」を引き起こす結果となる。張軼超の久牽青少年活動センターは「幼年時代の庇護」を担当しており、ここでは、彼女達を潜在的労働力と見る者は一人もおらず、子どもとして接する。おそらく、温厚で上品な性格からか、子ども達の境遇への同情からか、張軼超は団員に対しどうしても大目に見てしまう。したがってボランティアの韓莉莉は次のように思っている。

　　張軼超の教育方針には問題があります。ここを出た教え子が社会に危害を与えないように、私たちはあまり彼らを寵愛できません。社会はもともと不公平ですから、社会に自分たちが欠けていると思わせてはいけません。私たちはただ、この不公平を少しだけ良くすることしかできないのです。だから、私たちは現実の残酷な一面に蓋をすることはできないのですし、彼らに必ず知らせる必要があります。そうでなければ、彼らは将来、どうやって社会に適応するのでしょう？[20]

合唱団の女子の行動に関して私は、一方でこれは、子どもの天性がさせるものであり、「久牽」は彼らに本性を発揮する場を提供していると考えているが。もう一方では、男子は「久牽」で数的に劣勢にあり、女子達が局部的な支配的地位を獲得することになっている。彼女たちの男子へのからかいや「いじめ」は、表面上は遊戯的要素が多いが、深層心理から述べるならば、おそらく家庭内の不平等な地位の補充であろうと捉えている。

二、望子成龍（息子の出世を願うこと）と「龍生龍」（子は親に似る）法則

　生徒の保護者と会ってインタビューをしている時、保護者に時間がなく、また子どもの学習を指導する能力がなかったとしても、一般に子どもの学業成績には関心を持ち、子どもと日常から交流している親は多い。極端な場合には、保護者が子どもに学校で何を学んだか、成績はどうかと質問を限定することもある。息子の出世を願い、娘が人に抜きんでることを願う心情は、一般の保護者と大差はない。パートタイマーで働く母親が次のように話した。

　　　私は以前、家政婦をやっていました。その家のご主人は特によく、食事と住まいが付く待遇も悪くありませんでした。でも子どもが生まれてから、誰も面倒を見る人がいないので、私は仕事を辞める他ありませんでした。パートにかわって、今は一日に数軒のお宅を回っています。気温が寒くても暑くても、スクーターに乗って、時にはご飯を食べる時間がないのですが、子どものことを思うと、苦しくても疲れていても自分から進んで向かいます。私と夫の願いは、子どもに前途があり、将来は事務所に座り、空調をきかせ、体裁の良い仕事に就くことです。私たちも続いて、心配も苦労もない暮らしを望みます。その運命にあるのかどうかわからないですけど！[21]

　長江デルタ地域の農民工の調査では、23.5％が子どもの教育問題を最も関心のある問題として選択した。テーマグループは、インタビューの中で、多くの農民工が教育程度の低さを自身の現状の原因の一つとしており、自分が他の仕事、特にホワイトカラーの仕事に従事できない理由は学業の足りなさだと認識している。比較的若い一人の農民工は、自分が学業に関して努力しなかったことを後悔している。か

なり多くの農民工家庭は切に都市へとけ込むことを望んでおり、この希望を子どもの身の上に託している。彼らは子どもの「田舎者」としての身分を本当に変えるには、現在のところ、教育が最も有効であり、さらに言えば唯一の方法であることを知っている。84.9％にのぼる保護者が、子どもに大専かそれ以上の教育を希望している[22]。

表 2-4　子女の学歴への期待

合計		中学校		高校		中専		大専		大学		修士以上		どうでもよい	
回答数	％	回答数	％	回答数	％	回答数	％	回答数	％	回答数	％	回答数	％	回答数	％
1739	100	32	1.8	53	3.0	18	1.0	157	9.0	1168	67.2	151	8.7	160	9.2

出典：銭文栄、黄祖輝「変革期の中国農民工——長江三角州十六都市農民工の市民課における問題調査」中国社会科学出版社 2007 年版

　私が教育部門や学校を取材したとき、政府職員や教師はいつも恨み言を言ったものだ。農民工子女の保護者は、子どもの学習には関心がなく、子どもを学校まで送ってくると、学校に任せ、自分は二度と責任を負う必要はないと思っている。ある中学校の李先生は、次のように言った。「私たちは最近、クラスの生徒に意見を出させました。多くの生徒が、保護者にもっと自分の勉強にかまって欲しいとありました。
　都市の子どもは、保護者の勉強への干渉についてうるさがっていますが、それでも彼らはさらにかまって欲しいと希望しています。ここから、保護者は普段、彼らの学習に関心がないことがわかります。」[23]
　これはある程度事実である。万蓓蕾の調査によると、子どもの教科書を見たことがある保護者はたったの 26.89％で、子どもに補習授業を受けさせる親は 39.13％であった。しかし、調査からは次のこともわかった。子どもに補習授業を受けさせることができる保護者の学歴は、59.96％が中学かそれ以上で、教科書を見たことがなく、また子どもに補習授業を受けさせたことのない親の 72.26％は学歴が小学校以下であった。ここから、保護者の受けた教育程度と子どもの学業への重視度は顕著な相関関係があることがわかる[24]。農民工のこのグループの学歴は一般に低い傾向があり、多くの親が子どもの勉強を補う力がなく、それゆえに人に全く無関

心である印象を与えてしまう。

　しかし、もし保護者にもう一歩踏み込んだインタビューをすると、事実は決して単純ではないことがわかる。保護者は子どもの学校での活動や待遇を大変気にかけている。「牛飼い班」のメンバー秦小瑚の父、秦愛国（露天商）は、息子秦小武（秦小瑚の二番目の弟。かつて「牛飼い班」のメンバーであり、2007年秋、安徽省の故郷に戻り中学校に通う）を学校の「優秀クラス」に入れるために、かつて何度も学校と相談をしている。

　　今、私の次男が通う公立学校は、外地からの招待生をすべて一つのクラスに編成しています。しかし、彼らが学ぶ科目は上海の生徒と全く同じです。教科書も一緒です。試験はどうか。英語以外、数学や国語はすべて一緒です。一学期の時、英語の試験が上海の生徒のクラスと違いました。私はすぐ行って学校の先生に言いました。私たち民工の子どもは既にこの学校に通っているのに、どうして私たちにも上海人と同じ試験を受けさせないのか、と。彼らは当時次のように言いました。「あなたたちの子どもさんはもともと民工学校で学んでいました。他の教科はまだ大丈夫ですが、英語の基礎は大変差があります。ここに来てからも追いつけないのです。もし上海の生徒の試験問題をやると、点数差が大変大きくなります」と。私はそのとき思ったのです。彼らは生徒の成績が悪いことを恐れていますが、それは学校に影響を与えるからです。でも私はやはり引き続き意見を言いました。試験は本来検査するためのものです。私が今知りたいのは、私の息子の国語、数学、外国語三科目の成績がこの学校のクラス全体の中でどの位置にいるかいうことと点数差です。だから先生がたも統一の試験問題を使うべきです、と。私はこうやって息子の先生達と争い、現在は試験はすべて同じように行われています。私は今も、先生と頻繁に連絡を取っています。[25]

　秦愛国は1983年に高校入試に参加し、英語の成績が合格水準を超えられず、上の学校へ入る機会を失ってしまった。いまは、長男は既にホテルでサービス業に就いており、彼は希望のすべてを次男に託している。愛国は次男の成績はいいと思っており、それは学校に通う上で好条件である。私たちがインタビューをした中で、秦愛国のような保護者は決して少数ではない。

第二章　政治遺伝学：家庭と文化および権力

　農民工子女の保護者は、子どもの学業へ比較的高い関心を持つが、知識が運命を変えられるかについて、多くの保護者は矛盾した感情を抱いている。鄧小英の父親は次のように語っている。

　　私は農民でこれといった勉強はしてないけれど、世の中を一通り見てきたと言えます。実は多くのことを私は見通すのです。それでも子どものことについては、私は何も言えないのです。先生、教えてください。私たちのような立場で大学生に育てなければならないのでしょうか。どのくらいの可能性があるのでしょうか。私たちはここに、外地から来た数十戸の家庭があるでしょう。誰一人本当の大学生になっていないんです。私たち（故郷一帯）の村からは逆に、二人の大学生が出ています。一人は80年代に大学で学び、市内で幹部になっています。もうひとりはたぶん、あなたと歳は大差ない人で、卒業後仕事が見つからず、マルチ商法をやって家に二万元以上の損失を出したんです。上海のこのあたりでは、基本的に子どもは誰でも大学に行けるし、中には成績の悪いのもいるけど、両親の関係を頼っていい勤め先に入ることができます。だから、ごらんのように、古くからの諺がぴったりくるんです。「竜は竜の子を生み、鳳凰は鳳凰の子を生む。ネズミの子は穴をあけるのがうまい、つまり、子は親に似る」と。実際のところ、親で誰が自分の子どもが人より優れて先祖の名を揚げることを望まない者があるでしょうか。しかし、……物事は全く現実的です。そうでしょう？

　　（私は続けて質問をした：ではあなたは、三人の子どものうち、どの子が大学へ行く可能性があると思いますか？）

　　長女は間違いなく（大学に）行けない。あいつは来年六月で卒業です。少しでもいい中専に行けるかどうか。二人目と三人目は今はまだ小さいので、なんとも言えません。私が思うに、二人とも大学に受かるというのは実際的ではないでしょう。地面の下に眠っているお爺さんの加護に頼らなければなりません。ははは！！それに、私たちも負担できません。子ども達が私たちより少しでも強くなればそれでいいんです。定職を見つけてくれれば。芽が出るかどうか、それはそれぞれの運命です。[26]

　鄧の父親のこのような気持ちは、農民工子女の親がもつ代表的なものである。一

方で、彼らは勉強を大変重視する。これは多くの人が知る唯一の上へ移動できるルートである。中には、商売で金持ちになることを重要とする家もあるが、大部分の人は、「大学に入る」ことを最も誉れ高い社会における移動方法と見なしている。なぜなら、大学に行くことではじめて、「農民」の社会的身分が変えられるからであり、そうでなければ、たとえ財を築いても依然「農民企業家」や「成金」と呼ばれるし、またお金は永久なものではなく、万一子どもがだらしなければ、将来はやはり「農民」なのだ。——筆者が訪問した10名ほどの保護者の中では、ただ一人が固く主張した。「この社会はお金です。お金があることが一番重要です。大学に行くか行かないかはどうでもいいことです。どれだけの大学生が小学生のアルバイトをしていることか。中には仕事をまだ見つけられない者もいるでしょ。」[27] もう一方で、彼らはまたある程度、「竜は竜の子を生む」社会における遺伝学の法則を受け入れており、少なくない保護者が自分は実は子どもが本当に大学へ行く過分な望みを持つ勇気がないと言う。「私たちはただ、子どもができるだけ上の学校で勉強することを願っています。学べるのなら学び続ければよい、教養が多いことは悪くない。話を戻すと、誰でも大学に行くとなって、大学生もお金の値打ちがなくなりました。いま、普通の大学に受かっても特に役にたちません、名門校を除けば、……大学が私たちに募集枠を広げても特にいいことはありません。お金があれば誰でも大学に行けるし、お金がなくて大学に行っても、やはり役に立ちません。もともと、大学生は少なかったので、私たちはまだよかったのです。今はよその人はみんな大学生で、私たちの子どもは不利になりました。」[28]

　万蓓蕾の調査研究の体験も保護者のこの種の矛盾した気持ちを十分に反映している。

> 私たちはまず、保護者に子どもの将来への期待、教育への期待、仕事への期待を質問した。私たちは項目別に選択するテーマを設定していたが、最終的には棄却した。なぜなら、どんな意味もなく、ほぼ全ての保護者は子どもがより高い教育を受けることができればいいと希望したからであり、全ての保護者は条件が許しさえすれば、子どもが大学まで勉強することはきっと必要で、また博士課程まで学ぶというものさえあった。……もちろん、こういった期待と現実には相当大きな隔たりがあり、目下、上海は高校段階の教育を解放していないため、もし高校への進学が必要になれば故郷に帰るしかない。併せて、現状は、もし中二の時、子どもの成績がよくなければ、保護者はふつう、子どもを

すぐ中途退学にさせるか、中三を卒業後直接働かせる。仕事への期待は、保護者はみな多く語ることを好まない。言うことと言えば、自分たちは子どもに変わって将来何をするかを決めるべきではない、いつも願うのは、子どもによい将来があることで、自分のような都市の底辺層での生活はしてはならない、ということだ。ただし、具体的に子どもが何をすべきか、子どもが何をすることができるかと考えると、彼らには回答のすべがない問題となる。[29]

三、有形と無形の地域社会

1．閉鎖と崩壊の居住空間

「牛飼い班」の子どもの多くの居住地は二つの区域にある。一つの居住区は江湾飛行場の周辺で、もう一つの居住区は復旦大学付近の葉氏路にある。

前者は捨てられた軍用飛行場で、繁華街である五角場商業センターまで車で10分の距離である。理想的な森林被覆率であるが、田園の牧歌的な詩情のない景観であり、「あるのはただ臨時の仮設平屋や、各種の出所不明な臨時加工工場に、至る所で見られるゴミの山で、それにコンテナ貨車置き場からのほこりだ。一番怖いのは雨の日だ。時に膝の高さまでの水たまりとぬかるみで歩きにくい道路になる…」[30]。子ども達は自分たちの住まいを次のように形容している。

> 私の家は「飛行場」にあります。そこは農村から出稼ぎに来た人たちの居住区です。飛行場に足を踏み入れると、すぐに臭いにおいがするでしょう。もっと中に入ると、一帯に小さな露店をみるでしょう。そして小さな露店から出る悪臭からいやな臭いがするのです。大雨になると、白いズボンがあっという間に真っ黒いズボンに変わります。晴れの日は、埃があちこち飛んでいて、咳こむことになります。
>
> もっと中に入っていくと、ここに住む人に出会います。毎朝夜明け前の2時から3時に、早い人は起きだし商売を始めます。まもなく三輪車の音が聞こえ、それから油揚げの音がします。鉄拾いに行くとき、そこで朝ごはんを食べて、エネルギーを蓄え力仕事をします。
>
> ここに住む人はこんな場所で生活をしていますが、いい毎日を送っています。彼らは、努力をすればいい日が自分たちにだんだん近づいてくることを知って

います。

——牛飼い班合唱学員　秦雪

　私の家は飛行場北路にあります。私はもうここに住んで10年になりました。
　家は高さ1メートル80センチに届かず、広さは数十平方メートルで、雨の日は雨漏りがする小さな部屋です。とても小さく、低く、また雨漏りもするけれど、実際はとても温かいです……
　去年の6月、三日間雨が降り続いて、二日目の朝起きたとき、私の靴が全て見えなくなっていることに気づきました。地面からの水が私の腿まで来ていました。父が私の隣で笑っていいました。「起きなさい。大洪水を見るのも愉快だよ。」私は口元をゆがめて「どうかしてる！」と言いました。私が言葉をまだ言い終わらないうちに、父は机の上からたらいを一つ持ってきて、私にたらいを持たせ外へ押しました。入り口を出ると一匹の小魚がたらいに踊って入ってきました。私はうれしくて飛び上がりました。突然たらいをひっくり返し、私は水の中に落としました。父は私を抱えて腰掛けの上に座らせました。正午になるころ、私は急にお腹がすいて、ちょうど熟睡していた父を起こしました。父はこんなに水位の上がったのをみて、突然外へ行って七輪をいくつか重ねて私に朝ごはんを炊く手伝いをさせました。続いて、私たちの家の近所の人がみんなきて、私の家でご飯を炊きました。

——席鈺『私が暮らす場所』

　もう一つの居住区葉氏路「弄堂」（上海などにある小路、横町）は典型的な「城中村」（都市内の村落）である。ここは復旦大学と背中合わせになっており、中高級住宅小区の向かいにあり、民班学院と商業街に隣り合う「三角地」である。復旦大学社会学部のボランティア周淋君の調査によると、外地から大量の流動人口が一度に入ってくる前、葉氏路弄堂の主な住民は失地農民だったという。90年代の初め、外地から大量の出稼ぎ者が都市に一度に入ってきた時、安くて交通の便がいい部屋、家屋を探し求めた。葉氏路弄堂の「農民」たちは、もとの家を一間一間に分け、流動人口の人々に貸し、その家賃の上がりにたより生計をたてた。最初のころ、一間の小部屋は毎月たったの数十元で、比較的大きな部屋でも百元を超える程度で、廉価な家賃は大量の外地からの労働者を引きつけた。葉氏路弄堂は瞬く間に流動人口の一居

住区を形成した。

　　ここは確かに面積は大きくないが、一平方メートルあたりの人口密度は驚くものがある。葉氏路弄堂の正門に足を踏み入れた時、全ての部屋が朧な感じを受ける。それからさらに中へ入ると、内部の構造がきわめて複雑であることに気づく。曲がりくねっており、まるで迷宮のようだ。秦愛国(生徒の家長)はそこが「迷宮」になった理由を次のように述べた。「彼(大家を指して)は、自分の家を一部屋一部屋に分けて、分け終えてから私たち外地人へ貸し出した。もとは一軒の家だったものが、今は異なる人に貸され人が住んでいる。だから互いの距離は大変に近い。ふだん、家で何を食べているか、誰でも知っている。時に、大家がもっと収入が欲しいと思うと、既にあるベースの上をさらに仕切り、一部屋か二部屋を作る。彼らのものだから、勝手に仕切ることができるんだ。だから今、葉氏路は本当に込み合っている。全ては大家が一部屋一部屋仕切ってできたんだ。一部屋仕切りが増えると、一人多くの人に貸すことができる。そしたら少し多くのお金を手にすることができるんだ。ここの大家は毎年、部屋を貸すことによる収入で何万元もの稼ぎがある。」

　　もし葉氏路の状況を描写するならば、第一に、「ごった返した」の言葉を使う。一つのドアを押して開けると、中には二世帯が住んでおり、「コンパートメント」があると思うと、それは大家が自分で付け加えたものだ。部屋の条件はあまりにひどく、トイレ、風呂はない。水道水は何世帯もの人で共用しており、ここの人があまりに多いため、水圧はとても弱い。屋内には絡み合った電気コードや差し口があちこちに見られる。壁は早くに破損し、住民は外で拾ってきた広告やポスターを壁にはりつけている。私が調査した家庭で大変多く貼られていた紙は、復旦大学百周年を記念して出されたポスターだった。弄堂の中の道は、でこぼこで、晴れの日は全身埃にまみれ、雨の日は全身泥にまみれる。私は以前、万蓓蕾と雨の夜になる前に、調査対象の家を訪問したことがあるが、靴に厚い泥がからみつき、まるで泥沼に入り込んだ感覚になった。[31]

外来人口が大量に入ってくるにつれ、葉氏路の部屋は分割され次第に小さくなっていった。大部分は5～10平方メートルくらいで、家賃は値上がりしていき、毎月200～400元とまちまちである。水道代は人数で納めることになっており、ひ

とり当たり5～8元となっている。光熱費は実際の電気メーターによって支払っており[32]、2007年では、1メーターにつき0.85元であった。学生の応凱の例では、彼の家は一間8平方メートル前後の部屋を借りており、毎月の家賃は320元で、それに電気代、水道代をあわせて450元前後になる。部屋にはベッドを二台並べ、うち一台は、テレビを置くベッドサイドテーブルと並べてあり、あとは何脚かの腰掛けがある。これらを除けば、他の物はなにもない。このようであっても、部屋の中では体の向きを変えなければならず、大変に狭い。小さな勉強机もなく、応凱は小さな一枚の板をベッドの上に運び、そこで宿題をしている。

さらに、葉氏路に住む牛飼い班の研修生である李榴を見てみる。彼女の家の条件は少し良いものとなっている。一世帯五人で二部屋の住居と木の板で組み立てた小さなキッチンを持っている。合わせて15平方メートル程度で、姉と弟三人共用の小さな勉強机がある。佟海文一家は五人家族である。二部屋で、そのうち一部屋は木の板で組み立てられている。合計12平方メートル前後の広さである。常力と白燕はどちらも三人家族である。住居面積は8平方メートルくらいとなっている。秦小瑚の家は二部屋あり、12平方メートルくらいに四人が住んでいる。総じていうと、一人あたりの居住面積は3平方メートル前後で、この数字は具体的で代表性のある数字である。

空間が狭いため、食事、睡眠、学習、娯楽(テレビ鑑賞)は全て一緒であり、子ども達はみな独立した静かな学習環境に欠け、少なくない者が宿題をしながら、テレビを見て、おやつを食べ、話をする。宿題をする時間は短くない（万蓓蕾の統計によると、毎日平均1.85時間とある）のだが、しかし効率は比較的悪い。

機場路であれ、葉氏路であれ、こうした家庭にはどこもトイレ、浴室のサニタリー設備がない。機場路はたった二ヵ所の公衆トイレがあるだけで、葉氏路は隣の通りにはじめて公衆トイレがあるが、どれもお金がかかる。機場路では、住民の中にトイレに数角のお金を出すことを望まぬ者がいて、便を付近の廃墟や草むらの中で済ます者もいる。葉氏路は町中にあり、住民は小便をすべて自宅の肥だめで済ませ、大便の時、通りの公衆トイレへ行く。またある者は、夜更けの人が静まった時刻に、路地はずれのゴミ捨て場で直接大小の便をする者もいる。呉維平と王漢生による北京、上海二大都市における流動人口の住環境調査でも、流動人口の居住条件は差が大きく、混み合いが流動人口の住居区の大きな特性になっており、多くの人がキッチンとトイレのない部屋に住んでいることを明らかにしている[33]。

第二章　政治遺伝学：家庭と文化および権力

　大家とボランティアを除くと、これらの居住区には普段、「外部の者」が立ち入ることは滅多にない。葉氏路と復旦大学は塀一枚を隔てただけにも関わらず、また、復旦大学の周辺の「黒暗料理」[34]は大部分が葉氏路の住民の手によるのにも関わらず、私の周りの大多数の学生は、この社区の存在を知らない。いつも麻辣スープや焼肉、チャーハンのよい香りがあふれ人々が足を止める通りだが、実はその細長い通りになんと、500人以上が住んでいることを知らない。
　外来からの人が住む都市内の村落コミュニティーや郊外の村落コミュニティーの一部では、治安状態が憂慮すべきものとなっている。機場路では、居住民の間で殴り合いの喧嘩さえ起きている。張軼超は今も忘れられぬ光景がある。

　　彼女はかなり賢い女の子で、いつも彼女を思い出すたびに、私の頭の中に浮かぶのは一つの場面だ。
　「私たちの住む地区で、ある人が他の人と喧嘩をして、どうやら人を刺したようなの！」
　「その後は？」
　「もちろん捕まえられて入っていったわよ」
　「もし殺人だったら、きっと銃殺だ！」
　「違うわ。私のお父さんが言うには、お父さんとたくさんの友達が助けようと話をして、最後は、数年の判決になったわ」
　「あり得ない。殺人は間違いなく銃殺だよ！」
　「なにがあり得ない、よ。ここにあるじゃない」
　彼女のあの時の目には、得意げな気持ちと軽蔑とが入り交じっていた。中でも私に忘れがたくさせたものは、彼女が右手の親指と人差し指をおおげさに上下にこすりあわせたことだ。
　私たちは小さな食堂でテーブルを囲んで座っていた。私、孫彩霞、それに他にも数人の同級生がいて、みんな機場に住んでいた。この時の話題は、元をたどれば一人の若者が殺されたことだった——やはり機場の中のことで、子ども達の言によれば、一人のちんぴらだという。
　孫彩霞については、多くの子どもは多かれ少なかれ羨望のまなざしで彼女を見ていた。そう、もしかしたら、この時、彼女自身も得意な気持ちを抱いていたかもしれない。なぜなら、彼女の父親が死ぬはずの人を生きさせたのだ

から。[35]

　あるいは、「暴力文化」の影響を受けたことで、少なくない男子が暴力で問題を解決することに慣れているかもしれない。「牛飼い班」のメンバーの方澤旺は、まっすぐにカメラのレンズに向かって、「私たちのクラスは混ざり合ったクラスです。ある人(地元の同級生を指す)は、いつも私たち(外地の同級生)を怒らせる。私は我慢できなかったので、彼らと喧嘩をした。そして彼ら二人を殴った。一人は歯が抜けて、もう一人は鼻血を出した[36]。」そして、私の印象では、方澤旺は一貫して利口で上品な子どもである。牛先生と李先生は、子ども達が暴力に向かう傾向を家長と郷土の文化の影響のせいにしている。「彼らの根っからの観念は、喧嘩をすることはひどいことで、すごいことなんだ。農村の家庭の中でも、いつも喧嘩が起きている…ある家長が最近、足を引きずって学校へ来たが、これも喧嘩によるものだ。保護者が問題へどう対処するかは、子ども達に大きな影響を与える。」「子ども達の家庭も、いつも別の人と衝突が起きています。私の生徒の一人は、彼の両親がよその人と喧嘩をして、その結果２万元を賠償させられたんです[37]。」
　しかし、我々もまた、外来からの人の居住区の危険性を誇大しすぎてはいけない。まさに、ヤコブスが指摘するところの、都市規格による視覚美学から始めると、貧民区とは、あるいは「無秩序」であり、「混乱」であるが、かの地の居住民の日常生活における需要あるいは街区そのものの働きからみると、そこは適当な秩序が保たれている場所である[38]。外界の目に、汚く乱れ無秩序に映る葉氏路であるが、当地の住民からすると、かえって今も、伝統的な村落にある相互に見合い、何かあれば助け合うことが存在しており、情愛細やかな昔の風習が残されている。大多数の住民が復旦大学周辺で小商売を営んでおり、仕事の変更や場所の制限をうけることはないため、流動性はきわめて小さく、多くの住民がここに住みだして既に十数年になる。何戸もが共用で一つのかまどを使っており、隣人同士いつも遊びに行き来する。大人、子どもを問わず、誰も彼もがよく知っており、ニュースは瞬く間に伝えられ、相互に手助けするのが好きである。劉偉偉や万蓓蕾などボランティアがある家で補習授業をしていると、あっという間に別の家の子どもが教えを請いにくる。

2．移民連鎖と社会関係のネットワーク
　都市に入った農民工の研究で、研究者は、農民工が流動し、特に初めて仕事に出

第二章　政治遺伝学：家庭と文化および権力

る際に拠り所にする最も重要な社会資源は、政府や市場によるものではなく、郷土のネットワークであることを明らかにした。農民工の生活と交流全体の中で、この種の社会ネットワークは重要な働きになっている[39]。李培林と趙樹凱は、市場化における変革と農民の職業および生活様式の変化は、彼らの血縁、地縁関係が社会ネットワークの拠り所の紐帯を成すことを根本からなんら変えるものではないことを指摘した。この種の郷土ネットワークは、都会に出る前から存在する第一次郷土関係と、出てから確立した二次的郷土関係をともに含んでいる[40]。

　王春光と王漢生、項飆などによる北京の「浙江村」の研究や、劉林平の深圳「平江村」の研究はいずれも、農民工の移動や求職、都市生活の適応で、同郷ネットワークが社会資本の核心になることを証明した[41]。この種の親戚や友人、同郷並びに家族などに依拠する先天性社会関係による郊外から都市への流入（Rufal-urban Migration）は、チャールス・ティリーの学術用語で連鎖移住（Chain Immigration）と呼ばれる[42]。

　これら連鎖移住のモデルは、外地からの人々の居住区を作るだけでなく、いわゆる「バーチャル・コミュニティー」（Virtual Community）まで形成している。すなわち、「差序構造」と「道具的理性構造」により出来上がった社会関係のネットワークは、相互が非制度化を信任することでこの種のバーチャル・コミュニティーを構成する基盤となり、また相互の関係性が強化されることがコミュニティー組織と構造において重要なものとなる[43]。これらの社会関係ネットワークは、居住区を越えた非区域性コミュニティー（Non-territorial Community）を構成する。仮に、居住区が一個の有形コミュニティーだとすると、社会関係ネットワークの総和は、一個の無形コミュニティーであり、両者は重なり合い、また、差異を持っている。

表2-5　交際対象

	同郷の人	他の地方の農民工	地元の人	交流はそれほどない	その他
余暇の時間いつも誰と交流するか	59.9%	16.7%	8.2%	9.1%	6.1%
仕事でいつも誰と交流するか	55.4%	23.5%	10.9%	5.9%	4.3%

表 2-6 「あなたはこれまでに自分が都市の人だと思ったことがあるか」についての回答

合計		全くない		少しある		都市戸籍がないこと以外、多くの場面で感じた	
回答数	百分率(%)	回答数	百分率(%)	回答数	百分率(%)	回答数	百分率(%)
2573	100	1448	56.28	903	35.1	222	8.63

出典：銭文栄、黄祖輝「変革期の中国農民工——長江三角州十六都市農民工の市民課における問題調査」中国社会科学出版社 2007 年版

　農民工のこうした居住と交流のモデルは、劉玉照のいわゆる「反移民化」を導きだした。彼は上海地区の農民工と台湾商人の二つの移民グループの研究を通し、仮に移民化を現地社会と移民グループ間の同化と融合から理解するならば、我々は現実の中で一種の反移民化の現象を観察するに至ると述べる。具体的には、まず、新移民が次第に現地の人々と異なる方向に変化をしていることである。農民工と都市市民の収入差は不断に拡大していることが原因で、生活様式が都市の人々に近づくことはきわめて難しい。次に、高収入グループとの身近な接触は、彼らに観念上の影響を及ぼしており、そこで発生するのは、同一化の可能性ではなく、不満の可能性である。台湾地区のサービス業が上海に住みつくことが増えるに従い、台湾商人は上海に適応し、溶け込み、上海の動力は下降し始めた。さらに、新移民の行動様式は日増しに非正規なものとなっている。すなわち、早期の移民のように、現地の公共機関や政府部門に救援を求めるのではなく、正規の体制および制度における行動様式と非正規のトンネルを貫通させている。最後に、新移民の社会では、日に日にネットワークの閉鎖が支持されている。初期からの移民に言わせると、彼らは都市において中立の立場でしっかりと足元を固めるために、現地の人と交流し、加えて、現地の人との交流の中で、自分の支持ネットワークを確立せざるを得ない。しかし、移民グループが絶えることなく広がるにつれ、移民間の社会支持体系はますます膨大なものに変わっている。新移民の社会支持ネットーワークは往々にして、日に日に閉鎖する傾向にある[44]。

　よって、劉玉照は、農民工と台湾商人の二つの外来グループの「移民化」の過程の中で現れてきたのは、現地社会とのゆっくりした同化や融合の過程ではなく、次第に実現する現地の社会との「グループ的共存」の過程であり、新しい移民のモデルである。

父親世代と同様に、農民工子女は上海の現地の子ども達との交流は多くなく、我々の調査の統計からみると、上海の友達が多くいると自ら述べたのは、わずか1割程度の子どもにすぎず、約半数近く（44.6％）の子どもは、上海の友達が一人もいないと答えている。これらの子どもは客観的にみて、上海の現地社会と一定程度の隔絶があるわけだが、彼らは主観的には、上海の現地の人と友達になることに割合強い思いを持っており、61.3％の子どもが上海の同年齢の子どもと友達になることを「とても希望する」もしくは「希望する」と意思表示している。2割近くの生徒は、常日頃上海人からの軽蔑の視線を感じており、45.5％の子どもが時々上海人の軽蔑の視線を感じると答えている。この両者をあわせると、約65％にのぼるが、これらの子ども達がそう認識する根拠は主に、「彼らの態度が高慢であり、自分たちとの交流を望んでいない」（41.4％）、「彼らは私たちを「田舎者」「民工」と呼ぶのを好み、私たちの悪口をいう」（21.4％）にある。インタビューを受けたその他の22.8％の子ども達は、「理由ははっきりといえないが、いずれにせよそう感じる」と答えた。

ここから我々がわかるのは、大多数の農民工子女が社会蔑視を感じる根本には社会からの孤立があるということだ——一方で、彼らは確かに同年齢の友達との交流がとても少ないが、もう一方で、彼らは主観から、都市の人が自分たちと交流する

表2-7　あなたの現在の友達の中に上海人はいますか？

選択肢	回答数	百分率(%)	累計百分率(%)
たくさん	23	10.4	10.4
いくらか	86	38.7	49.1
一人	14	6.3	55.4
いない	99	44.6	100.0
合計	222		

表2-8　あなたは都市の同級生と友達になりたいですか？

選択肢	回答数	百分率(%)	累計百分率(%)
とても希望する	38	17.1	17.1
希望する	98	44.1	61.2
どちらでもよい	74	33.3	94.5
希望しない	8	3.6	98.1
全く望まない	4	1.8	100
合計	222		

表 2-9　あなたは自分が上海人に見下されていると思いますか？

選択肢	回答数	百分率(%)	累計百分率(%)
いつも感じる	43	19.2	19.2
時々感じる	102	45.5	64.7
感じたことがない	47	21.0	85.7
わからない	32	14.3	100.0
合計	224		

表 2-10　上海人に見下されていると感じる理由

項目	回答数	百分率(%)	累計百分率(%)
私たちを「田舎者」、「民工」と呼び、悪いことを言うから	31	21.4	21.4
態度が高慢で、私たちと交際しようとはしないから	60	41.4	62.8
私の周りの人がみんなそう言うから	4	2.8	65.6
彼らが外地の人を騙すのを見たから	17	11.7	77.3
はっきりと原因は言えないが、とにかくそう思ったから	33	22.8	100
合計	145		

出典：筆者による「農民工子女の社会心理および政治意識に関するアンケート調査」(2008年4～5月)

ことを望んでいないと決めている。また、限られた社会との接触はさらに、現地の者が外地からの人を蔑視する固定観念（一割程度の子ども達が、以前、現地の人が外地からの人を馬鹿にするのを目撃したと述べた）を強化することになる。

四、家庭教育の方法：放任と粗暴の間

　20世紀60年代初頭、M.L. コーエンは著書『階級と服従』の中で、社会階級が異なる家長は、異なる価値観を持つことを示した。上流階級の家長（主に父親）は、自分が教え導く行動と思想モデルを強調するが、下層階級の家長は外部の権威への従順さを強調し、個人の外界への表現とする[45]。バジル・バーンステイン（Basil Bernstein）は次のように指摘した。下層階級（主に労働者階級）の家庭における権威は明確であるが、そこで示される価値は、中産階級の子どものように時間と空間

の中で整然とした秩序ある世界のものとは異なる。権威の行使は、定着した賞罰制度に訴えるものではなく、しばしば任意性から表出するものだ[46]。

その後、チャフィーとマクレオド、ワックマンは、416組のアメリカ9年生の学生およびその家長をペアにした研究を行い、社会心理学の立場から、社会傾向(Socio-orientation)と観念傾向(Concept Orientation)の二種類の社会相互の影響から、家庭をつなぐモデルを四つに分類した。分類は、放任型(Lassez-faire)、多元型(Pluralistic)、保護型(Protective)、一致型(Consensual)である。多元型家庭が重視するのは、親子間の積極的なつながりと思いの伝達である。子どもへプレッシャーを与えることはほとんどなく、子どもを親の考えや見方に従わせることもない。保護型家庭は、子どもが両親に服従することを強要する。そして、親子間の交流や意思疎通を重視するのではなく、親子間の意見のずれを認めないことで表面的に睦まじい親子関係が生まれる。放任型家庭は、同様に親子間の意思疎通や交流を重視しないが、子どもが親に従うよう圧力を加えることは決してなく、このような家庭においては、両親と子どもはそれぞれ独自に目標を追い求めており、家庭内の他の家族のニーズや願いに関心を持たない。一致型家庭は子どもを励まし、意思を疎通させる問題には自分の意見や主張を示す。しかし、家庭の等級や家庭内の調和を乱すことはない。研究結果から明らかになったことは、4タイプの家庭内における意思疎通モデルのうち、多元型家庭の意思疎通モデルの子どもは、政治的知識の程度が最も高く、一致型家庭の子どもは、政治的知識の程度とあわせ、政治参与への程度が最も高かった。放任型家庭の子どもは、政治的興味および政治的参与に関して、いずれも他の家庭に比べ低い結果となった。家長の立場から見ると、多元型家庭の意思疎通モデルにおける家長は、政治的知識、興味、参与に関してその他の家庭における意思疎通モデルの平均より高い結果となった[47]。

徐浙寧は、上海の農民工家庭と現地家庭の比較研究から、農民工家庭は子どもの業績を励ましたり、道徳教育を行うことが、現地家庭より格段に低く、子どもの「制御」に関し、現地の家庭よりはるかに高いことを明らかにした($p<0.01$)。両親はさらに、「言うことを聞く」ことを子どもに要求しており、家庭での子どものルール違反に対し、きつい処罰を行っている。両親が子どもの気持ちを汲むことは、現地の家庭に比べ著しく低く、子どもを偏愛することが少ないことが示された[48]。

全体的に二つのグループを見ると、以下の結論が導き出される。とはいえ、実際のところ、農民工家庭の教育方法は多様であり、制御と懲罰を強調するものではな

い。私たちのインタビューと観察から、大多数の家庭の教育方針は、「放任無干渉」と「いい加減さと粗暴」の二極にあり、チャフィーらの分類に当てはめると、放任型家庭と保護型家庭を主とする。我々は農民工家庭の教育方法をおおよそ3種類に分類した。

　第一類は、「いい加減さと粗暴」型である。子どもへの関心の程度、制御の程度が大変に高く、しばしば暴力を使用（言葉の暴力も含む）し、子どもに懲罰を与えるものである。

　牛飼い班の子どもの例では、李榴の両親は棍棒がその先、孝行な子どもを導くと信じている。「私たちみんな（葉氏路の家長たちを指す）、叩くことは有用だと思っているし、叩くことで良くなると思っています。先生、うちの子どもがもし聞かなかったら、叩いてください。叩くことは子どもにいいんです。私たちは絶対に責めたりしませんから。」[49]李榴の父は、自分がかつて湿らせたタオルで子どもの李剛をひっぱたいたことや、ほかに、子どもをガラス瓶の上に跪かせたことを率直に語った。時に子どもを厳しく処するのであるが、李榴の両親は三人の子どもを大変可愛がっている。

　このような両親の教育方法に対し、子どもの多くが情緒に差し障ると言っている。彼らは作文に次のように書き記している。

　　　僕は飛びたい。ぶつぶつ言われない、叱責されないところへ飛んで行きたい。僕が間違ったことをするたび、どうして少しも怖がらずにいられようか、そんなことはできない。母さんはいつも顔をこわばらせ、あの「凶悪」な顔をして、憎々しげに僕を叱責し、僕を罵倒する。そこで、僕は機械的に家を出て、静かな場所を探して、自分をゆっくり心静かにさせるのだ。だから、僕は飛びたい。この寒々とした「冬」を離れ、暖かい「南方」へ飛んでいく。
　　　　　　　　　　　　　　　　　　　　——FR「私は飛びたい」

　　　ああ！お母さん、これが全部私の本当の気持ち。どうか私にあんなにたくさんの宿題をさせないで。そして家で辺り構わずかんしゃくを起こさないで。お母さんがそうするのは、私を愛してくれているからだとわかっている。私を気にかけてくれているの。でも他のやり方で、私を愛し、私を気にかけることができるはず。

第二章　政治遺伝学：家庭と文化および権力

――LHB「お母さん、お母さんに言いたいこと」

二つ目は、極端な「放任無干渉」であり、子どもへの関心の程度、制御の程度はともに低い。

> 六一「児童節」の日、ほかの子どもはみんなお父さんお母さんと遊びに出かけるけど、僕は？家で一人で遊ぶだけ……お母さん、毎晩お母さんが麻雀をしに出かける時、僕は掛け布団の中に隠れて泣いているんだ……お母さん、知ってた？どんな子どもも親の支えがいるし、親の理解がいる。お母さんは僕をどれだけ支えてくれてる？どれだけ理解してくれてる？
> ――ZYY「お母さん、お母さんに言いたいこと」[50]

ボランティアの劉偉偉はかつて、錦綉学校で一学期クラス主任を担当した。彼は少なくない生徒が一晩中ネットカフェで遊び、帰宅しないでいても、誰も問題にしないことに気づいた。その学校の四年生、七年生、八年生の15名の生徒との詳細なインタビューは、農民工子女の中で放任型家庭が相当の比率を占めることを明らかにした（表2-11）。

表2-11　農民工子女と父母の関係

議題	人数(人)
一緒にいて楽しくない	13
心中を打ち明けることはほとんどない	9
私の宿題に無関心である	14
私を連れて遊びに出たことが一度もない	13

出典：劉偉偉「中国のソーシャルワークの本土化の探索――農民工子弟のソーシャルワークを一例として」復旦大学ソーシャルワーク学科2007年本科学位論文

この極端な二極を除き、三つ目の家庭における教育方法は、「溺愛と粗暴」および「放任と粗暴」の混合である。すなわち、普段、子どもに比較的溺愛か放任でいるが、一旦子どもが誤りを犯すと、体罰で対応する。牛先生は次のように語った。

> 家長の中には劣等感を持った人もいくらかいます。子どもの成績が良くなければ、私はそのたびに親へ伝えると、子どもはいつもなぐられます。教育の

方面からは方法がありません。単純な溺愛……私たちのクラスの生徒の中には、一端勉強になると、思考が働かず、主体性をなくす者がいます。私が彼に話すと、その男子生徒はカバンを手に提げて帰ろうとします。私が彼を行かせないようにすれば、彼は必ず行こうとします。私は(電話をかけて)家長とやりとりをすると、家長はびんたをし、お尻を蹴ります。家で、彼の父親は基本的に叩くことはありません。むしろ彼を寵愛しているくらいです。主に、学校から成績が悪いと聞かされると、叩くのです。それからというもの、私は家長に二度と伝えていません。[51]

農民工子女への私たちのアンケート調査の結果からも、家庭教育の方法の手がかりを見い出すことができる。子ども達が最も切望する両親が自分たちのためにして欲しいことを分別すると、「多くの意見を聞き、物事の相談をする」(約四分の一)、「勉強へ関心を持ち、手伝ってくれる」、「もっと多くの自由を与えてもらう」、「おしゃべりをしたり、遊びに連れて行ったりする」(それぞれ五分の一前後)。これは子ども達が家庭内の「民主」、交流、自由を強く求めていることを示しており、換言するなら、彼らのこの種の要求は、現実生活の中で満足な域にないことを示している。これも別の角度から、農民工子女の家庭教育の方法が多く、「放任」と「粗暴」に依ることを証明している。

では、これらの農民工の家庭における教育方法は、子ども達にどのような影響を与えているのだろうか。

表2-12 あなたが両親にやってもらいたいことで一番望むことは何ですか？

項目	人数	百分率(%)	累計百分率(%)
勉強への関心と手伝い	49	21.9	21.9
より多くの自由を与える	45	20.1	42.0
二度とぶったり罵ったりしない	11	4.9	46.9
お小遣いをもっとくれる	15	6.7	53.6
おしゃべりしたり一緒に出かける時間を作る	43	19.2	72.8
もっと意見を聞き、何かあれば相談をする	54	24.1	96.9
その他	7	3.1	100.0
合計	224		

出典：筆者による「農民工子女の社会心理および政治意識に関するアンケート調査」(2008年4～5月)

第二章　政治遺伝学：家庭と文化および権力

　一つ目は、暴力「因子」の遺伝である。葉氏路でボランティアの家庭教師をする万蓓蕾は、同時に「熱愛家園」[52]による都市へ来た労働者子弟の学習を支援するヒマワリプロジェクトのリーダーも務めている。プロジェクトは市中心のある外地人居住区に活動室を設け、農民工子女のために無料で図書閲覧や貸し出し、ボランティアの課外授業を行っている。彼女は次のように話す。

　　私たち（ヒマワリプロジェクト）が指導したある子どもは、父親が彼を本当にひどくぶちました。私たちが口を挟もうとしましたが、父親は言いました。「おれがなぐることに構わないでくれ。あいつはどんどん手に負えなくなっている。おれはなぐらなきゃ、どうやって教育すればいいのかわからないんだ。ああ、なぐる以外、どんな教育があるのか知らないんだ。」そこで、ボランティアが家長学校をつくろうと提案したんです。家長を変えることが必須で、これは張軟超のいうのと同じように、二つの相反する力が（子どもを）ひっぱっているのです。例えば、龍小海（著者注：すぐ手を出しがちな子ども）が毎週来れば（「ひまわり」プロジェクトに参加すれば）、少しよくなる可能性があるんです。家長が彼に暴力を振るうと、彼もまた、別の子どもに暴力をふるいかねない。……家長の教育方法は、総体的に暴力の程度が高い。でも、家長の教養を考慮しなければいけません。家長の中には、叩くほか、どんな教育方法があるか知らない人もいますし、こうなると、子どもも暴力で問題を解決しがちになります。[53]

　二つ目は、子どもの反抗心をかきたてることである。子どもは、自分が「悪くなった」ことを両親の「棍棒」教育のせいにしている。

　　父さん、母さん、私がどうしてこんなに悪くなったかわかりますか。もし私が7歳と10歳だった2年間、二人が私を叩いたり、罵ったりしなかったら、私はきっと悪くならなかったと思います。父さん、母さん、二人に言いたいことがあります。私たちは昔のあなたたちと違います。どうか昔の棍棒で今の私たちを管理しないでください。私たちは新時代の人間なのです。私たちは昔の教育を受けいれることができません。「棒が孝行人を生む」という古いことわざは、私たちには役に立ちません。真理に基づいて私たちを教育するときになっ

115

たのです。

——HFZ『父さん、母さんへ言いたいこと』[54]

第二節　被管理者の政治：別種の政治的社会化

一、都市公共政治の「部外者」

　西洋における政治的社会化の文献において、子どもが親世代の選挙活動を観察することは政治知識を得る重要な過程の一つとされ、父母は子どもの政治的社会化過程における中心人物（Middle-persons）とみなされており、彼らは社会化の対象であるとともに（Socializees）、また、社会化の主体（Socializers）でもあり、意識するにせよしないにせよ、自分が継承し培った政治概念を次の世代へ伝えることになる[55]。研究者が気づいたことは、日常的に政治性のある話題を話し合う家庭は、親子間で政治的傾向の伝達が比較的成功していることだ。反対に、両親が普段政治に関して話し合うことが頻繁でなければ、子どもへの政治的態度の影響の程度は自然小さくなる[56]。最近の研究ではさらに、大統領選挙を重要な政治的事件とみなし、未成年にとって一定の社会化の効果を上げるであろうことを指摘した。選挙運動中、メディアには各種の政治ニュースが満ちており、これによって未成年者に政治討論や政治交流をかきたてる可能性があり、政治的社会化の成果を最大化させることになる[57]。

　中国における現行の「選挙法」によると、都市の流動人口は、戸籍の所在地に戻ることではじめて、選挙権および被選挙権の行使が可能となる。近年来、多くの都市が法律政策の立場から流動人口が居住地で政治活動に参与する権利に肯定的であり、都市流動人口が政治的権利と政治的義務を行使することを認めるようになった。しかし、ここでの認可は、たんに抽象的な権利としての認可であり、流動人口が仮に本当に都市コミュニティーの選挙に参加するならば、現在の場所で固定した住居を持つこと、固定した合法的な収入源があること、連続して半年以上居住していることのほかに、戸籍がある場所の村民（居民）選挙委員会もしくは村民（居民）委員会が出す、当人が戸籍のある場所に不在であることを証明する選民登記が求められる。これは、大量に増加する流動人口が選挙に参与するコストを制限するための措置であり、このことが原因で、実際の選挙活動において、流動人口で都市の選挙活動に

参与し活動する人は極めて少ない[58]。このことは、流動人口が事実上、都市コミュニティーの公共的な政治活動に入っていくことの難しさを教えている。

　徐増陽、黄輝祥の調査では、一、農民工は政治の象徴(例えば、国家主席の姓名)の理解が具体的な政治規則(例えば、『労働法』、『選挙法』など政策法規)よりはるかに高い。二、農民工は困難に遭遇した時、まず考えるのは因縁、地縁、血縁関係に助けを求めることであり、都市の政府や司法への信任は比較的低い[59]。農民工の政治的認知および政治態度におけるこの傾向は、彼らが都市において公共的な生活に関わることがきわめてまれであることと関係がある。

　私はかつて、鄧小英の父親に政治の仕事について、考えを質問したことがある。インタビューの記録は次の通りである

　　筆者：あなたは日頃、政治のことに関心はありますか？
　　鄧父：政治？関心はない。政治と我々農民はかかわりがない。
　　筆者：あなたは国家の大事についてたいへん了解してらっしゃると思うんですが(鄧の父親と私が知り合ったのは、私が政治学の学生だった時で、そこで私たちは、大陸と台湾の両岸関係についてつもる話をした)。
　　鄧父：ははは。ニュース番組を見れるからな。
　　筆者：どんなニュースを見るんですか？
　　鄧父：うーん、アメリカがイラクを攻撃したとか、9・11とかだ。
　　筆者：おもに国際ニュースということですね。
　　鄧父：そう。
　　筆者：では、国内のニュース、上海のニュースは見ますか？
　　鄧父：ほとんど見ない。
　　筆者：これは私たちの生活にずっと身近ではないですか？
　　鄧父：国際ニュースほど面白くない。国際ニュースはにぎやかだし、おもしろい。国内のものはなんだか我々一般人と何も関係がないよう。全部指導者の話ばかり。
　　筆者：ではあなたは上海で居委員の選挙に参加したことがありますか？
　　鄧父：いや、ない。なに、どうやってできるものか。外地人はみんな不参加だよ。彼らは彼らの、我々は我々のだ。
　　筆者：あなた方は普段、政治に関することを話し合いますか？

鄧父：時々かな。とても少ない。

筆者：たとえば、政府や警察、城管の類について話題にすることはありますか？

鄧父：これはな。時々彼ら城管や公安の悪口を言ったり、ぐちをこぼしたりはするね。俺たちこういった者は多かれ少なかれ彼らから嫌な思いをさせられてるからね。でも今(警察と城管の)態度はよくなった。昔はしょっちゅう、一時滞在証明や身分証を調べて、持っていなかったらそのまま捕まえられたなぁ。ときには証明書があるのに参考人として捕まえるんだ。かれら警察もノルマをこなさなきゃならない。これじゃ手当たり次第じゃないかい？人を捕まえるのにもノルマがある。悪い者がそんなにいなくても、多くの悪い者を捕まえなければならないのかい？道理なんてないよ。そうだろ？これは、子どもの試験とも違う。分数が多ければ多いほどいい。ここ数年はずいぶんよくなった。胡錦濤、温家宝はやっぱりたいしたもんだ。一般庶民のために具体的なことをやってくれた。うちの家の田んぼは荒れたままにして何年にもなるけれど、今は農業税を納めていない。そして親戚の一人が種をまいている。去年、帰省すると、道が歩きやすくなっていて、どこも舗装道路になっていた。問題は、上はとてもいいが、下にデタラメをする人間がいることだ。そして、下が何をしようが、上は何も知らない。

筆者：あなたはさきほど、政府が行う具体的なことは農村にあると言いましたが、あなたのように外にいる人に何かよいことはありますか？

鄧父：いいといえば少しはいい。でも農村(の実益)ほど多くはない。それでも、自分たちの暮らしはずいぶんよくなった。たとえば、目の前のあそこの通りで朝食を売ってる露店など、今では朝9時前に店をたたみさえすれば、誰も取り締まらない。ずっと文明的になったよ。以前なら、知れたらすぐ捕まえられて、罰金だった。

筆者：家で、子どもとこのことを話しますか？

鄧父：それはありえない。これを子どもと話してどうする。母ちゃんとだってこのことを話すことはないのに。自分たちは、もし子どもがしっかり勉強をして、あなたたちのように知識人になれれば、それでいいんだ。[60]

上述のインタビューをとおして、私たちがわかるのは、農民工は基本的に都市の

公共生活から切り離されているほかに、彼らもしばしば自分たちの政治への無関心を口にするが、このことは、彼らが政治に対し自分の意見を持っていないことを意味するわけではないということだ。「ひげ」というあだ名の露天商はかつて次のように話した。

> 思うんだけど、中国の法律はあまりに弾力性がありすぎてバネみたいなもんだ。もともと10センチのところが、あんたがひっぱると15センチになる。それから縮めると8センチに縮む。今では、弾力性があまり変わらないものが大半になってきたよ。おれはここでなんの罪も犯しちゃいない。それなのにおれを捕まえやがった。理由もなく15日間教育させられた。[61]

私が行った10件近くの家長への正式なインタビューに、普段家庭訪問をして観察してきたことを含めると、彼らは中国の多くの市民と同じく、政治をお茶のみ話の種にするし、多くの市民と同じく、中央政府や国家の指導者に強く自己同一化し、一方、政府の末端部に対してはいつも疑心に満ちている[62]。わずかに少数の家長の政治への姿勢に「政治的義憤」（Political Cynicism）と呼べるものがあり、彼らは政治参与への欠如や、政府のマイノリティーのためのサービスが全く信頼できないと考えている[63]。私が李建林を取材したとき、ある40歳くらいの貨物運転手（離婚、前妻とそれぞれ一人ずつ子どもを扶養）が進んで口を挟んできた。

> お前たち大学生が好んで何の社会調査をするんだ。全部人を騙すものだ。政府はそもそも意見を聞くわけがない。知っているか。株式市場はまだ下落しているんだ。おれは今年、株を一万元以上損したんだ。（李建林が反論して「自分が株で損したことと政府と何の関係があるんだ？」）もちろん関係あるさ。政府がちゃんと管理しないから、株をやるおれたち民衆の金が全部まとめてなくなったのさ。損したのはみんな庶民だ。（運転手が離れたあと、李建林はため息をついて言った。「彼は考えがあまりに極端すぎる」）[64]

この他、インタビューを通して、私は男性の家長がより政治の話を議論する傾向が強く、女性の家長は子どもの教育や扶養、それに生活における実際的な問題を好む傾向が強いことに気づいた。農民工の政治問題の話し合いは、多く男友達（成年

男子）の雑談の中で話されるもので、言い換えると、政治は「男性化」の話題だと言える。農民工の家庭内では、政治問題への関心と話し合いは珍しく、家庭の外では、選挙など一連の政治的出来事は極めてまれである[65]。このため、農民工の政治的態度は次世代の面前に直接「暴露」されることが極めて少ないわけだが、では、農民工子女の政治的社会化は「没政治的社会化」（Socialization Without Politics）であると意味付けてよいだろうか？

二、日常生活における被統治者

　仮に、公共政治の制度化の視点から見ると、農民工およびその子女の日常生活の中に、政治はあたかも欠落したかのようだ。しかし実は、一人の人間が社会で生活する上で、政治と出会うことは定められており、差別は政治と遭遇した形式として存在する。
　もし我々が視線を農民工家庭の日常生活に向けるならば、彼らが常に、自分のやり方で都市の政治生活に参加し、それを体験していることに気づくだろう。——都市管理執行部の目には、彼らは無許可営業の露天商であり、公安機関による管理系統においては、彼らは重点的に管理を必要とする犯罪率の高い集団であり、教育行政部門においては、彼らは労働力の移動がもたらした義務教育の新しい「問題」である。都市全体から言えば、彼らは安価な労働力としての利用が求められるとともに、管理を必要とする流動人口である。長らく政府は、「管理者の立場で、特に都市の安定への憂慮と当地の生活水準維持の立場から出発し」、「流動人口そのものの福利厚生や要望を考慮してこなかった」[66]。これらすべては、農民工およびその子女が都市の中で「被統治者」の地位に置かれていることを明確に示した。
　このことが、本書でのいわゆる「被統治者の政治」（the Politics of the Governed）に含まれる意味である。この命題を最も早く提出したのはチャッタジー（Partha Chatterjee）であり、彼がインド下層社会の研究の中で発見したのは、底辺層の民衆の多くが人口（Population）とみなされ、公民として社会を構成する組織の一員であり存在であるとはみなされていないことである。組織とも同質化した公民社会とも異なる、この異質な個体群は、現代国家の統治行為（Governmentality）が作り上げたものである。——この種の統治行為は人口の多様化、交錯、変動による分類の概念を必要とするため、多様化政策の目標となる。したがって、必然的に社会に

第二章　政治遺伝学：家庭と文化および権力

異質性を生み出すのである[67]。

　農民工・農民工子女でも、流動人口・流動する児童でもいいが、どちらも社会のカテゴリーである。ある識者は、この種の社会カテゴリーと都市本位の戸籍制度、社会保障制度が結びつき、これら一部の人口を事実上、「非公民」（Noncitizen）にしてしまうと見ている[68]。

　西洋の政治的社会化の文献において、青少年はみな、潜在的な公民（Would-be Citizen）として存在しており、政治的社会化の重要な内容の一つは、公民の身分教育である。本書において探求を試みているのは、農民工子女について、公民の身分（Regional Citizenship）ないし都市における公民の身分（Municipal Citizenship）[69]が欠落する集団は、彼らの家庭が日常生活で絶えず被統治者の地位におかれることになるが、これは彼らの政治的態度や政治観念にいかなる影響を及ぼすかということである。

　インタビューと観察を通し、農民工子女の政治的社会化の過程において、事件の作用は顕著であることがわかった。この事件とは選択するものではなく、「被統治者」として都市生活で遭遇するものであり、以下は、私がまとめた関連ケースである。ケース1・2は、農民工子女の父親が都市で遭遇した事件であり、ケース3・4は、農民工子女のこの種の事件への理解と反応である。最後にケース5・6は、農民工子女自身が都市生活において遭遇した事件である。

　　ケース1：理由もなく15日間閉じ込められた
　　おれも捕まって入れさせられたんだ。あの日は、おれが路上でチャーハンを売っていたら、突然二人の男がやってきて、おれに聞くんだ。「身分証は？臨時住民登録証明書は？」おれは今手元にないと言ったら、「一緒に来い。」と言っておれを警察まで連れて行ったんだ。あいつらに聞いたよ。「何の法を犯した？」って。そしたら「お前がやったのはまだ刑事犯罪までじゃない。だからお前をここに入れて、15日間教育する。」と。おれは「何も罪を犯してないのに、どうしてまたおれを教育するんだ」。そしたらこう言ったよ。「いずれにせよ、お前を教育する必要があるんだ。だから15日間、拘留する必要がある。」それからあいつらはおれをそこに15日拘留したんだ。
　　　　　　　　　　　――「ひげ」というあだ名の中年露天商[70]

ケース2：猫が鼠を捕まえる遊戯
　一番初めの時、全部で数十人の城管が出動してきた。逃げたくったって逃げられなかった。おれも城管に捕まえられたんだ。捕まったら、罰金さ。罰金を払わせたい時に、罰するんだ。罰したくないときは、商品を何も没収しない。没収されたものは二度と戻ってこないよ。ある時など、いっぺんにたくさん捕まえたとき、没収したものを道の真ん中に丸く置いて、みんなの前で叩き壊したんだ。一番ひどい時は、その上人を国に送還するんだ。今じゃ政策が変わったので、送還されることはあり得なくなったけど。あの時は、彼らは警官もつれて来ていた。罰金は多い時で2、3百、少ないと50元だった。1995年に初めて捕まったときは、5元払ったが、その後20元、さらにあとで30元、50元、もっとあとで100元にまで上がり、その後は200。こうして罰金もだんだん金額が上がってきた。罰金を払えば、基本的にものは没収されなかったけど、……でも商品は全部壊された。だから全部損失になって、どうしても損失を取り戻す必要が出るわけだ。二度とこんなことが起きないように仕事をするには、一体どうしたらいいか。そこで、罰せられてもまたお店を出すことになる。当時、私たちは、城管がいつくるか、そしてどうやって逃げるか話し合っていた。人を街頭に立たせて城管を見張らせておき、出てきたらすぐ知らせるんだ。こうやって、知らせを受けたらみんな逃げたんだ。おれたちは一緒に仕事をやっていて、お互いの間は何でも知っていた。でも城管が来れば、できることはただ一目散に逃げるだけだった。……今では彼らが見えない場所まで逃げれば大丈夫。始めたばかりのころは特にひどかった。もしやつらに逃げたのを見られたら、車を運転してまで必死に追いかけてきたものさ。あのころは本当にやっかいだった！
　　　　　　　　　　──秦愛国、中年露天商。「放牛班」学員の家長[71]

ケース3：「黒猫」は一番ひどかった
　私が一番きらいなのは「黒猫」です。取り締まりがほんとにきつくて、小さいころから脅されて泣きたくなるようだった。でも私は泣かなかった。気が小さい人は何人かいつも泣いてたわ。「黒猫」はほんとにひどいんです。直接車や車の上にあるものを全部持っていくの。何百元にもなる商品を全部路上にひっくりかえします。ひき肉や麺なんか。罰金はなしにするけど、商品を

第二章　政治遺伝学：家庭と文化および権力

全部台無しにするんです。上海人と外地人で対応が違っていて、城管の中には、私たち外地人をばかにする者もいます。こんな時、自分が上海人じゃなく、外地人だってことを嫌という程思い知らされるのです。

——李榴、安徽省出身の 15 歳女子[72]

　ケース 4：僕は新上海人じゃない

　新上海人（この言い方）知っていますか。たしかテレビで昔言っていたんです。外地のどこからであろうと上海に来た人をみな新上海人としたんです。先生もそう言ってた。（問：自分ではどう思ってるの？）僕は当然新上海人なんかじゃないです。（問：どうして？）テレビでインタビューした外地人は、みんな……みんな僕らみたくなかったから。（問：みんなどんな風だったの？）ホワイトカラーだよ。着ているものがとってもよかった。（問：彼らとどこが違うと思ったの？）僕もわからない。いずれにしても違うんだ……彼らは尊敬を受けてるでしょ！知らないだろうけど、ある時、僕と父さんとおじさんで道を歩いていたら、公安の人に遮られたんです。僕らに臨時住民登録証明書は、と聞いてきて、おじさんは持ってくるのを忘れていたら、最後は連れていかれました。どんなに頼んでもだめで、その態度は最悪でした。僕はあの時、ずっと泣いていました。あとでやっと、お金を払って釈放されたようです。（問：それは遠い昔のことでしょ？）うん。僕が 7、8 歳の時だったと思います。彼らはどうして上海人を調べないんですか。僕らにしつこくやって調べるように。でもいまはずいぶんよくなりました。証明書を調べることはありえないし。でも人を見る目はやっぱりかなり怪しい。どんな感じなのかは言い表せないですが。

——高軍、湖南省出身 14 歳男子[73]

　ケース 5：李彤彤と張文娟は行知学校が創立した当初からここで学んだ。「あのとき、学校は警察に封鎖されたから、私たち通りに座って大声で本を読んだわ。警察が隣にきて耳を塞いでいるの。彼らが耳を塞げば塞ぐほど、私たちはさらに力を込めて読んだわ。とっても面白かった。」これが学校生活で彼女たちに深い思い出を残した出来事だった。[74]

123

ケース6：故郷では私は上海から来た人、ここでは私は田舎者

　ある日、班長の蕾蕾がクラスメートの作文の文集をいつものようにまとめようとしたところ、クラスの一人の男子生徒で勉強があまりできず、作文の提出がずるずる延びた子がいた。蕾蕾は彼になぜ出さないのかと聞くと、男子生徒は逆に口汚く答えた。「臭民工のお前がやれるのか」「臭民工がどうしたってんだ」自尊心を傷つけられた蕾蕾は、すかさず相手の机の角を蹴飛ばした。すると相手も全くしりごみもせず立ち上がり思い切り彼女をつき押した。二人はあやうく取っ組み合いを始めるところだった。普段思い煩うことがあっても、学校でいじめられても、蕾蕾は両親に訴えようとはしなかった。でもその日、家に帰ると我慢できず泣き出した。

　新学校（筆者注：公立学校）の環境は前のところよりずっといいのだが、蕾蕾はやはりもとの学校（筆者注：農民工子弟学校）をとても懐かしく思っている。家の近所には、もう一校有名な民工子弟学校——嘉定行知学校があり、去年父親がここに転校させたいと思ったのだが、その時はすでに定員がいっぱいになっていた。「おとうさんが、来年もう一度私がその学校に行けるかやってみよう、と言ってるの。」蕾蕾は目をパチパチさせていった。

　　　　　　　　　　　　　　　——蕾蕾、湖北省出身11歳女子[75]

　まず、上述のケースは我々に農民工子女のアイデンティティ形成メカニズムの理解を手助けしてくれる。

　農民校子女の親世代は多くが城管に処罰された経験を持ち、警察に取り調べられ、ひどい時は収容され、出身地へ送還された経験を持つ。これらのことを子ども達は自分の目で見ており、それは、彼らのアイデンティティ形成に深刻な影響を及ぼす。したがって、ケース3の中で、李榴は城管の法執行員の粗暴な行為から強烈に自分が外地人だと意識するに至った。ケース4の高軍は、おじが収容されるのを目の当たりにした経験から自分が新上海人とは認識できずにいる。ケース6の蕾蕾は、公立学校で受けたクラスメートのいじめが原因で、再度農民工子弟学校に戻ろうとしている。またこうも言える。「都市の人－農民」、「地元の人－外地人」間の事件が彼らの身分の境界を活性化していると。

　次に、これらのケースにおいて、城管や警察は頻繁に登場する人物である。

　イーストン、デニスら西洋の研究者によると、子どもは最初、制服を通して、そ

の姿が人目を引く警察を政治システムの存在だと意識する。また通常、警察を政府の代表とし、あわせて警察の行為に基づいて政府の行いを判断するとした。未青年者にとって、警察は政治システムの合法性における重要な象徴である。仮に子どもが警察に軽蔑や不信任、蔑視、拒絶の態度を持てば、他のメカニズムが介入してこないかぎり、高い確率でその人間の将来、政治的権威の構成における受け入れの程度全般に災いをもたらすだろう[76]。続く研究は、警察への態度と政治的権威（Authority-acceptance）の間の相関性は白人の児童には適用できるが、黒人の子どもの場合は警察の印象が実にひどいものにもかかわらず、政治システムへの服従と信任の程度は白人の子どもとほとんど差はないというものだ。これは、黒人の子どもが生活環境の影響を受けているからであり（当時、アメリカの人種隔離は実に厳格だった）、頭から警察を敵だとみなすが、彼らは警察への敵意をさらに拡大し政治システムまで広げることができずにいる。一方、白人の子どもは警察を友達のようにみなしているが、一度警察に失望感を覚えたなら、あっさりと政治システムに怒りを爆発させる[77]。

　農民工子女は同様に、城管や警察を政府の象徴と見ているが、しかし、両親の職業が異なれば、城管や警察に対する姿勢も異なりを見せる。両親が移動屋台の子どもは、多くが城管を政府の代弁者だと見ている。移動屋台は無免許営業にあたるため、衛生面の保証がなく、市の外観整備にも影響がでる。そのため、城管執行部の取り締まりの対象となっている。移動屋台の人々は城管に対し常日頃敬して遠ざけるが、時には直接の衝突も起き、したがって、城管執行部の人間は農民工子女の目に映るイメージは、常々「災い」(Malevolent)であって、「慈悲」(Benevolent)では決してない。ケース3は典型的な例になる。葉氏路の家長たちは、多くが移動屋台に携わっており、その子ども達は基本的にケース3と類似の経験を持っていることから、城管執行部の人間への批判は比較的ひどいが、警察への印象は少し良い。「黒猫」の比喩は大変興味深く、これは一面では移動屋台と城管の関係が「猫と鼠の関係」であることを生き生きと伝え、もう一面では、城管執行部の取り締まり行為の合法性を暗黙のうちに承認することを示し、つまり、中国語の文脈で、「鼠」は光を目にすることはできないことを示している。したがって、これらの子どもは城管の取り締まり行為に対して強い反感を抱くが、同時に父母の職業を認めることはなく、「とても辛い」「お金を稼げない」「こそこそしている」と見ている。

　私にとり意外だったのは、多くの被インタビュー者が城管に対する印象がひどい

のだが、しかし、城管の取り締まり活動について、それでも 65.8% にのぼる子どもが理性的な態度を示しており、城管と移動屋台双方に道理があると認めていることである。そして、わずかに 8.6% の被インタビュー者のみが外地人を軽蔑している、と答えた。父母の職業とこの問いの答えについてクロス集計を用い分析すると、父親が自営業の被インタビュー者は 69.9% が、母親が自営業の被インタビュー者は 68.4% が、「双方ともに道理がある」の項目を選択した。だが、父母の職業が自営業の被インタビュー者は、「不当だ」(項目 4、5) を選択した人の中でさえ最高のパーセンテージを占め (それぞれ 37.5% と 30.4% であった)、このパーセンテージは他の職業(工業、農業、管理職や職員)よりはるかに高い。このことは、両親の仕事が何であれ、農民工子女の多くは理性的で寛容な態度で城管と移動屋台の間の矛盾をみていることを示す。城管の取り締まり方法に比較的多くの不満を述べた被インタビュー者の中で、3〜4割は自営業(移動屋台が多数を占める)の子女であった。

表 2-13 もし都市管理執法人が地面に露店を張った人をちょうど罰しているのを見たとき、あなたはこの件をどのように見ますか？

項目	人数	百分率(%)	累計百分率(%)
1 当然だ。地面に露店を張ることは市の外観と衛生を壊すから	12	5.4	5.4
2 当然だ。国家の規定に違反しているのだから	8	3.6	9.0
3 双方ともに道理がある。都市管理人は市の外観と衛生のため、地面に露店を張る人は生活のため	146	65.8	74.8
4 やってはいけない。盗んでもなく強奪してもない。自分の手で生計を立てている	37	16.7	91.5
5 やってはいけない。外地人を軽蔑している	19	8.6	100
合計	222		

出典：筆者による「農民工子女の社会心理および政治意識に関するアンケート調査」(2008年4〜5月)

仮に、子どもの両親が工場に勤めているか店舗持ちの自営業かであれば、彼らの反応はあれほど強烈ではなく、警察や商工業、税務などの関係者がとってかわるであろう。父親が自由貿易で生計をたてている李莎 (女、13歳、六年生) は次のように言う。

城管は私たちのいるここまでそんなに来ないわ。市場には管理人がいるから。クラスの張欣のお父さんとお母さんは、道に屋台を並べてるの。朝食を売ってるわ。以前、城管に捕まって三輪車を没収された。(質問：警察にはどんな印象を持っている？)警察ですか。警察は少し凶暴な感じです。(質問：警察との付き合いはある？)ないです。時々警察が叱ってるのを見たことはある。私が小さいとき、そう「SARS」のあの年、警察はマスクをして私たちのところを検査したの。とっても厳しかった。「どこから来た？」など犯人と一緒のよう。(李の父が口を挟んだ。「それはみんなにとっていいことだ。仕事として必要だ」)そう、でも、なんにしろ彼らは私たち外地人に対してひどかった。いとこの家で物が盗まれたようで、警察に届け出たけど未だに真相がわからない。彼らは外地人を大切にしていない。私たちのここ一帯の治安を彼らはたいして管理しようとしない。いつも人が喧嘩している。(質問：警察は政府の代表だと思う？)もちろんよ。彼らは政府の人じゃないの？(質問：もし、警察の中に仕事中罪を犯したら、それは政府の責任？)ん……(引用者注：少しためらうようにして)状況を見る必要がある。もし、そのことを政府がやらせたのなら、政府の責任。もし、そうでなければ、その人自身の責任になる。[78]

　上記のインタビューから見ると、李莎は警察の評価に多くの紋切り型の要素を含んではいたが、しかし彼女はすでに警察と政府の間における責任の境界を区分することができていた。牛飼い班の学員である方沢旺(男、14歳、六年生)は政治の見方について、さらに成熟した一面を見せていた。以下は方沢旺に行ったインタビューの記録である。

　　質問：上海の警察をどう思いますか？彼らは友好的ですか？
　　答え：まあまあです。いくらか友好的です。なにか事故が起きると、いくぶん上海人に肩入れします。(どんな事故？)全部自動車事故です。もし(事故が起きたのが)外地人と上海人の間であれば、警察は責任を上海人に押し付けることはないです。警察には私たち外地人を区別する人がいます。(どうして知っているのですか？)聞いたことがあるんです。父や母、親戚、友達、みんな言ってます。
　　質問：あなたは、どんな政府がいい政府だと思いますか？

答え：人民のために尽くし、人民のためを思う政府です。(となりにいた一人の子どもが口を挟んだ。「わがままに振る舞う役人のようじゃないということ」)国の経済に貢献し、発展など国家のためを思って、全体から考えを起こし、決して一握りの都市のために考えるのではないんです。上海のような都市はとても発達しているけれど、その他の都市や農村と差があります。
　質問：政府の指導者はいつも正しいと思いますか？
　答え：いいえ。きっと違います。
　質問：もし、ある役人が罪を犯したとしたら、私たちは彼らにそれでも従わなければいけませんか？
　答え：従わなくてよいです。理論上は従わなくてよいと言えます。でも政府関係者が言えば、農民が従わないようしようとしても意味がないです。
　質問：指導者はどうやって決まるのがいいと思いますか？
　答え：人民の投票で決めるべきです。
　質問：どのようなとき、指導者は交代させられるべきでしょうか？
　答え：多くの悪事を働いたときです。汚職や国家の言説に従わないとき、勝手に決断をしたとき、もし決断の結果がよければ、まだ理解できるけど、結果が悪かったらダメです。×××のように汚職すれば投獄され、一般人が日常で数万元を着服すれば死刑にされます。[79]

第三節　まとめ：事件が駆り立てる政治的社会化

　本書第一章で、筆者は以下の問いを提示した。農民工子女の憂いも心配もない日常生活と彼らのアイデンティティ危機をどのように解釈すればいいのだろうか？農民工子女のアイデンティティ危機は果たして我々の想像上の出来事なのか、それとも実際に存在するものなのか？
　ここまで第一章、第二章の分析を通し、我々は「事件－境界－物語」の枠組みを提示する。
　まず、日常生活において、農民工子女は自我の防衛本能が出ており、自分を「外地人」あるいは「民工」として常に境界を定めているのではなく、無意識のうちに「カテゴリー化」(Decategolization)[80]あるいは、「オルターナティブ・アイデンティティ」(Alternative Identities)の策略を採用し、アイデンティティ危機を避けよ

うとしている。いわゆる「カテゴリー化する」とは、農民工子女が「パーソナリゼーション」(Personalization) した身分を使うことであり、外界と接触した集団の成員としての身分とは異なる。例えば、「私は私自身だ」と強調することである。いわゆる「オルターナティブ・アイデンティティ」とは、自分が持つ複数の身分から自分にとってより有利な身分を選択し外界と交流することである。例えば、「私は合唱団の楽員だ」「私は何々学校の生徒だ」といったものだ。牛飼い班の子どもは、「音楽とともに帰郷する旅」で工夫を凝らし、自分の農村出身という身分を隠し、自分が上海の楽員からやってきた身分を強調し、外の承認を勝ち取った。また、金茂音楽ホールで都市の観客と対面したときは、自分と都市の人の身分の境界を楽員と観衆の関係に書き直した。これらの関係は、農民と都市の人の関係がもたらす消極的な感情ではなく、彼らの積極的な自我イメージの形成を助けることになる。この二種類の方法を通し、農民工子女は日常生活において、身分の上で気をもむ必要はなくなる。

　次に、農民工子女のアイデンティティ形成は、事件駆動的 (Event-Driven) であり、突発的な事件が休眠状態にあった社会的境界 (Social Boundaries) を活性化させ、潜在的な身分の可能性を明確なアイデンティティへ変化させてしまう。「農民工子女」でも「外地人」でもいいが、どちらも一個の人間に元来備わった固有の属性ではなく、上述した「カテゴリー化する」、「オルターナティブ・アイデンティティ」の策略でこれらの身分は、平素「休眠」状態に置かれている。ただ、特定の事件が発生することで――通常は二つの相異なる集団間の衝突による事件であるが、この身分は活性化させられる。たとえば、「帰郷音楽の旅」の中で、「あなたは上海人なの、そうじゃないの」といった質問に直面したとき、農民工子女は初めて強烈に自分が一般の都市の人間の社会的身分とは異なることを感じ取る。激しく揺すぶられた情緒が平穏を取り戻すと、あるいは、生活の中でその他のやるべき仕事に視線が向けさせられると、これらの身分は再び新たに休眠状態に入る。またこうも言える。農民工子女のアイデンティティ危機は、彼らの生活の常態ではなく、特定の状況下における非常事態である、と。

　さらに、事件は双方を衝突させ、相応する「物語」のために、加工、貯蓄し、身分を再生産する知識のストック (Stock of Knowledge) とする。シュッツ (Alfled Schutz) は次のように指摘している。一般人が外部の世界と向き合うとき、感知活動を行っているだけでなく、彼らは科学者と同様、極めて複雑で抽象的なシステム

を経て対象を理解している。換言すれば、人は外界の世界を認識する上で、無から有を認知する過程だけでなく、「先見」構造を前提としているのだ。このような抽象構造から成り立つ「先見」構造がすなわち、知識のストックである。これら知識のストックはいかにして形成されるのだろうか。一人の行為者のあらゆる境地は、「現在」であるばかりでなく、同時に「歴史性」を持つものである。すなわち、一人の生活史に関わるものである。この意味から述べるならば、知識のストックは我々のあらゆる経験と認識内容の貯蔵庫と言える。知識のストックにおける「知識」とは、一種の習慣性を持つ知識であり、科学的知識とは異なる。これらは往々にしてぼんやりとしており、不連続性のもので、明晰に表現することができないばかりかそれを必要としない。生活の場において、知識をストックする重要性は、類型化であり、繰り返し応対することで現れる典型的な状況にある。人はいつも、不断に変化する状況を標準化することができ、型に変えることができる。その後身近な索引知識庫に入れ、類型化した知識のストックを使って処理をする[81]。

　一節前で分析を行ったケースは、実は「事件」そのものではなく、当事者が事後、事件について叙述したものであり、それを「物語」と呼んで差し支えない。ある程度から述べるならば、物語は事件そのものよりも重要であり、「我々は何者か、我々は何をしたいか、何になりたいかは、我々が語るところの自分自身の物語にかかっている」[82]。物語は、農民工子女自身の感情と解釈の枠組みをも含んでいる。したがって、我々が農民工子女の内的世界を理解し分析するのに有益なのである。「人は物語を修正する。それを自分の「身分」に合うようにし、逆に、彼らは「現実」を取捨選択し、それを自分の物語にちょうど合うようにする。」[83]

　農民工子女とのインタビューの中で、我々はいつも実に多くの類型化された「物語」を聞くことができた。これらの物語はしばしば、集団間で互いに影響しあった事件に関わる。たとえば、先生やクラスメート、城管、警察、記者、周辺居住民との交流の経験であるが、それらの大部分は矛盾を抱えた事件である。事後、これらの事件はすでに簡単に忘れられぬものとなり、また工夫を凝らし心に刻み込むこともできず、農民工子女に相応する物語として加工し、貯蔵されてから、彼らの知識のストックに入れられる。これらの貯蔵知識は、「領域特定」(Domain-specific)のものであり[84]、通常潜伏状態に置かれている。次に相似した状況に遭遇したときに、それを始動(Priming)させ運用し、農民工子女のために、意味の枠組みと策略の道具箱を提供する。また、まさにこうした知識のストック(これまで経験した

消極的な暗示としての）であるために、農民工子女ははじめて明確に特別に敏感になるのである。もとは個人間の問題であるものが、集団間の行為として理解される。もとは彼らの身分に結びつかない行為が、容易に身分的差別として理解される。こうした状況は繰り返し出現し、二つのグループは注意深く境界を回避しようとするが、結果として反対に境界をさらに顕著なものにしてしまい、グループ同士を事実上隔離状態に導く。クラスリーダーの李榴は、矛盾が激化することを避けるために、クラスの農民工子女に現地のクラスメートとの付き合いをしないように要求したことは、これに当てはまる。

　4番目に、上述したアイデンティティ生産（Identity Producing）の特性は「ワーキング・アイデンティティ」（Working Identity）を用いて概括できる。ここで、私が「アイデンティティ生産」を用い、通常の「アイデンティティ構築」の概念を用いないのは、以下の点を考慮しているからだ。第一に、アイデンティティ構築に対して、アイデンティティ生産は次のような事実を強調している。すなわち、アイデンティティの形成は、現実世界での経験を原料とする必要があり、決して単なる個人の利益や偏好によって主観的に構築するものではない、ひとつの「加工」の過程である。それにより、「アイデンティティ生産」の概念は、主観と客観を、構築と結合を一つにつなぎとめている。第二に、アイデンティティの構築は一度苦労すればその後は楽ができるものだ。なぜなら、「構築」には「定型」の存在を暗に承認しているからだ。そしてアイデンティティの生産は、不断に原料を投入する必要があり、そうして初めて継続できるもので、私は「ワーキング・アイデンティティ」（Working Identity）の概念を用いてこの特性を表現する。外からの推進力を一度失えば、特定のアイデンティティはおそらく運用を停止するであろう。仮に、「アイデンティティ構築」が一個の永久的な消耗品あるいは耐用品を作るとすれば、「アイデンティティ生産」の過程でつくられるすべての「製品」は、一時的なものである。第三に、「アイデンティティ構築」には、読者を文字から憶測判断させ、構造主義と結びつけるかもしれず、この種の誤解を避けるため、本書では自らすすんで「奇をてらう」危険を引き受ける。

　本書を通し、農民工子女のアイデンティティ同一化の形成は構造主義ではなく、また、構築主義でもなく、グループ間での互いの影響から起きるもので、断続的に生み出されるものであり、事件は社会構造と社会行動の仲介役としてキーとなる役割を果たす。

最後に、特定のアイデンティティは一度生み出されてから、すぐに主導的立場の人に政治的に判断される。農民工子女が矛盾する事件に遭遇したあと、往々にして、自分のアイデンティティについてさらに敏感になり、都市社会に対して一層情緒面での衝突を抱えることになる。これが、本書でアイデンティティ生産を政治的社会化の核心内容とする所以である。

　では、この種の事件が引き起こす政治的社会化と農民工子女の家庭とはどのような関係があるのだろうか。

　第一に、農民工子女が遭遇する一連の事件は、他の家庭の社会的経済的地位と「被統治者」の身分で決められるものである。上海の現地児童を訪問する中で、私は彼らが「城管」に対して一般に何も思っておらず（しばしば城管と治安要員、管理人の区別がつかない）、警察への評価も実に肯定的である（警察は良い人たちで、警察は悪人を捕まえるプロフェッショナルだと思っている）ことに気づいた。

　第二に、農民工子女の政治的態度の形成は、事件の影響をより受ける。彼らの家庭が事実、都市の公共政治における生活の外に遊離されており、彼らの父世代はアメリカの両親のように子どもの目の前で政治について議論することはきわめてまれである（これがなぜアメリカ国民が党派公認について世代間で受け継がれるかの理由である）[85]。これにより、農民工子女が父の代の政治的観点に直接触れる機会がほとんど失われることになる。もし農民工子女の政治的姿勢と父世代のそれとが相似性を持つならば、その主要な理由は社会環境の相似性が形成したものである。

注

[1] 陳陸輝『政治文化与政治社会化』：載冷則剛等著『政治学』（下）（台北）五南図書出版公司 2006 年版、3-33 頁。

[2] F.I. Greenstein: Children and Politics, New Haven: Yale University Press, 1967, David Easton and Jack Dennis: Children in the political system:origins of political legitimacy, Chicago: University of Chicago Press, 1980[1969], p.36.

[3] [米]ガブリエル・A. アーモンド、G. ビンガム・パウエル Jr.『比較政治学：体系と過程、政策』曹沛霖、鄧世平、宮婷、陳峰澤上海訳文出版社 1987 年版、102 頁。

[4] M. Kent Jennings and Richard G. Niemi: The Political Character of Adolescence: The Influence of Families and Schools, Princeton University Press, 1974. M. Kent Jnnings and Richard G. Niemi: Grations and Politics: A Panel Study of Youth Adults and Their

Parents, Princeton University Press, 1981. Allen Beck and M. Kent Jennings: Family Traditions, Political Periods, and the Development of Partisan Orientations. Journal of Politics, 1991, 53(3):742-763.

［5］［米］アーモンド・ウェーバー『公民文化：五国的政治態度与民主』第 11 章馬殿君訳、浙江人民出版社 1989 年版。

［6］2007 年 10 月 3 日張軼超へのインタビュー。

［7］陳苗苗『参観上海博物館有感』：宋秀玉『一個特殊的星期六』復旦大学 TECC 社団提供。

［8］陳文俊「政治的孟徳弥定律——家庭与小学童的政治学習」『国立中山大学社会科学季刊』2000 年第 4 期。

［9］中国青少年研究中心課題組、趙霞、王磊「北京市進城務工農民子女城市生活適応性調査報告」『中国青年研究』2007 年第 6 期。

［10］さらに詳細なサンプリング調査で、上海の農民工のうち、月給 1000 元以下が全体の47.3％、1001 ～ 1500 元が 27.3％、1501 ～ 2000 元が 14.8％、2000 元以上が 10.6％ をそれぞれ占めることがわかった。同期（2007 年）の上海市サラリーマンの平均収入が 34707 元で、月平均の収入は 2892 元であった。このことは、7 割以上の農民工の収入が、上海の平均収入の半分にすぎないことを教えてくれる。銭文栄、黄祖輝「変革期の中国農民工——長江三角州十六都市農民工の市民課における問題調査」中国社会科学出版社 2007 年版；「2007 年上海市職工年平均工資達到 24707 元」2008 年 3 月 25 日『新民晩報』。

［11］徐浙寧「"90 一代" 城市新移民与当地青少年的家庭教育状況比較——以上海市為例」『中国青年研究』2008 年第 1 期。

［12］韓嘉玲「北京市流動児童義務教育状況調査報告（続）」『青年研究』2001 年第 9 期。

［13］張軼超「無望的家庭教育」（未発表）。

［14］林穎「"留守孩子" 進城後継続守 "空巣"」2008 年 3 月 28 日『解放日報』。

［15］俗語に言う「富は女子を養い、貧困は男子を養う」は、「富」で女子は高貴さや品位を養い、「貧困」で男子は堅固な自立心を養うとの意味がある。

［16］2007 年 11 月 6 日鄧小英の家長へのインタビュー記録。

［17］同上。

［18］2007 年 11 月 10 日鄧小麗へのインタビュー記録。

［19］2008 年 4 月 11 日李建林へのインタビュー記録。

［20］2007 年 10 月 9 日韓莉莉へのインタビュー記録。

［21］2007 年 11 月 6 日鄧小英の家長へのインタビュー記録。

［22］銭文栄、黄祖輝「変革期の中国農民工——長江三角州十六都市農民工の市民課における問題調査」中国社会科学出版社 2007 年版。

［23］2008 年 4 月 29 日濾城中学インタビュー記録。

［24］万蓓蕾「葉氏路の調査報告について」（未発表）2007 年。

［25］周沐君による秦愛国のインタビュー記録 2007 年 5 月 28 日。

［26］2007 年 11 月 6 日鄧小英の家長へのインタビュー記録。

［27］2007 年 11 月 15 日蒋健家の家長へのインタビュー記録。

［28］2008 年 4 月 11 日李建林へのインタビュー記録。

［29］万蓓蕾「葉氏路の調査報告について」（未発表）2007 年。

［30］張軼超「我輩的驕傲、我輩的責任——張軼超在復旦的演講」（未発表）。

[31] 周沐君「別一群復旦人——一個売肉挾（食部に磨）的小販和家人在学校社区」（未発表）。
[32] 万蓓蕾「建立社会網、融入上海城——従一個個案研究看外地人的融入上海過程」（未発表）。
[33] 呉維平、王漢生「寄居大都市：京滬両地流動人口住房現状分析」『社会科学研究』2002 年第 3 期。
[34] これらの軽食屋台は多くが夜になってから営業を始めることで、お客からは「暗がり料理」と呼ばれている。
[35] 張軼超「城市辺縁生活速記」（未発表）。
[36] 2008 年 7 月 9 日フィールド調査日誌「上海電視台来"久牽"拍撮記録片」。
[37] 2008 年 4 月 29 日滬城中学インタビュー記録。
[38] ［米］ジェイン・ジェイコブズ『アメリカ大都市の死と生』金衡山訳、訳林出版社 2005 年版。
[39] 譚深「農民工流動研究綜述」（中国社会科学院社会学所編『中国社会学年間（1999-2002）』社会科学文献出版社 2004 年版収録）。
[40] 李培林「流動民工的社会網絡和社会地位」『社会学研究』1996 年第 4 期、趙樹凱『縦横城郷——農民流動的観察与研究』中国農業出版社 1998 年版、61-69 頁。
[41] 王春光『社会流動和社会重構——京城"浙江村"研究』浙江人民出版社 1995 年版：王漢生、劉世定、孫立平、項（＝風部に焱）"浙江村"：中国農民進入城市的一種独特方式」『社会学研究』1997 年第 1 期：項（＝風部に焱）『跨越辺界的社区——北京"浙江村"的生活史』北京三連書店 2000 年版：劉林平「外来人群体中的関係運用——以深圳"平江村"為個案」『中国社会科学』2001 年第 5 期。
[42] ［米］チャールズ・ティリー『身分と境界と社会関係』謝岳訳、上海人民出版社 2008 年版、161-179 頁。
[43] 李漢林「関係強度与虚擬社区——農民工研究的一種視角」載李培林主編『農民工：中国進城農民工的経済社会分析』社会科学文献出版社 2003 年版、96-115 頁。
[44] 劉玉照「"移民化"及其反動——在上海的農民工与台商"反移民化"傾向的比較分析」『探索与争鳴』2005 年第 7 期。
[45] M.L. Kohn: Class and conformity: A study in values, Homewood, IL: Dorsey, 1969.
[46] B. Bernstein: Class, Codes and Control(Volume 1), London: Routledge & Kegan Paul, 1971. 孫引き先として［米］リプセット『政治のなかの人間——ポリティカル・マン』張紹宗訳、上海人民出版社 1997 年版、91 頁。
[47] S.H. Chaffee, J.M. Mcleod and D.B. Wackman: Familiy Communication Patterns and Adolescet Political Participation, In J. Dennis: Socialization to Politics: A Reader, New York: John Wiley and Sons Inc, 1973:349-364.
[48] 徐淅寧「"90 一代"城市新移民与当地青少年的家庭教育状況比較——以上海市為例」『中国青年研究』2008 年第 1 期。
[49] 2007 年 10 月 9 日李榴一家インタビュー記録。
[50] 以上三編はいずれも華東師範大学郷土建設学社編『漫歩苹果園——"同在藍天下"：上海市外来務工人員子弟学校作文競賽記念冊』（内部資料）。
[51] 2008 年 4 月 29 日滬城中学インタビュー記録。
[52] "熱愛家園"はボランティアが自ら組織した民間社会団体であり、正式名称は"上海市人閘北区熱愛家園青年社区志願者協会"で、上海市閘北区社会団体管理局に登記登録してある。団体が唱導する生活および家庭への熱い思いの主旨は、「一般市民、中でも社会的弱者に

対し、組織ボランティアはコミュニティーサービスを展開し、コミュニティーの参加を促し、交流の機会を増やし、社会的弱者に希望ある家庭を築く。さらにボランティアの心を豊かにし、公共精神を生命力溢れたものに育み、最終的に実社会の持続的発展を推進する」ことにある。2003年夏、熱愛家庭が始動させた「ひまわり都市出稼ぎ労働者子弟学業支援項目」(Sun Flowers)の項目主旨は、「都市出稼ぎ労働者子弟のより多くの教育資源獲得のための援助」であった。

[53] 2008年4月6日万蓓蕾へのインタビュー記録。
[54] 華東師範大学郷土建設学社編『漫歩苹果園——"同在藍天下":上海市外来務工人員子弟学校作文競賽記念冊』(内部資料)。
[55] Paul Allen Beck and M. Kent Jennings; Parents as "Middlepersons" in Political Socialization, The Journal of Politics, Vol.37, No.1(Feb., 1975)pp.83-1-7.
[56] M.Kent Jennings and Richard G. Niemi: The Political Character of Adolescene: The Influence of Families and Schools, Princeton University Press, 1974.
[57] Nicholas A. Valentino and David O. Sears: Event-Driven Politicaal Communication and the Preadult Socialization of Partisanship, Political Behavior, Vol.20, No.2(Jun., 1998), pp.127-154.
[58] 熊光清「中国流動人口中政治排斥問題産生的原因探析」『社会科学研究』2008年第2期。
[59] 徐増陽、黄輝祥「武漢市農民工政治参与状況調査」『戦略与管理』2002年第6期。
[60] 2007年11月6日鄧小英の家長とのインタビュー記録。
[61] 2006年6月26日周沐君の「ひげチャーハン」へのインタビュー記録。
[62] Shi Tianjian:Cultural Values and Political Trust: A Comparison lf the People's Republic of China and Taiwan. Comparative Politics, Vol.33, 2001(4):401-19. Li Lianjiang: Political Trustin Rural China, Modern China, Vol.30, No.2(April., 2004), pp.228-258.
[63] Catherine C.H. Chiu: Cynicism about Community Engagement in Hong Kong, Sociological Spectrum, 2005, 25:447-467.
[64] 2008年4月11日フィールド調査日誌。
[65] 筆者はかつて、上海市2006年度のコミュニティー選挙に参加し観察したことがある。多くのコミュニティーで我々は、子どもが家長の代わりに投票箱に投票用紙を入れる光景を目にした。
[66] [オーストラリア]杰華『都市の中の農家の女:性別と流動性および社会変遷』呉小英訳、江蘇人民出版社2006年版、47頁。
[67] [インド]チャタジー『被統治者の政治:世界における大衆政治を思索する』田立年訳、広西師範大学出版社2007年版、43頁。
[68] Dorothy J. Solinger: Countesting Citizenship in Urban China: Peasant Migrants, the State, and the Lofic of the Market, Berkeley: University of California Press, 1999, p.l.
[69] [英]デリック・シーター『公民身分とは何か』郭忠華訳、吉林出版集団有限責任公司2007年版、135頁。
[70] 2006年6月26日周沐君の「ひげチャーハン」へのインタビュー記録。
[71] 2006年6月26日周沐君による秦愛国へのインタビュー記録。
[72] 2008年5月11日李榴へのインタビュー記録。

[73] 2007年10月18日高軍へのインタビュー記録。
[74] 李涛、李真『農民工：流動在辺縁』当代中国出版社2006年版、42頁。
[75] 夏燕「農民工第二代問題透視：低層化意識加劇」『観察与思考』2008年第1期。
[76] David Easton, Jack Dennis:Children in the political system: origins of political legitimacy, Chicago: University of Chicago Press, 1980[1969], p.221.
[77] Harrell R. Rodgeas, Jr. and George Taylor: The Policeman as an Agent of Regime Legitimation, Midwest Journal of Political Science, Vol.15, No.1(Feb., 1971), pp.72-86.
[78] 2008年4月11日李莎へのインタビュー記録。
[79] 2008年5月11日方沢旺へのインタビュー記録。
[80] 方文『学科制度与社会認同』中国人民大学出版社2008年版、87頁。
[81] 李猛「舒茨和他的現象学社会学」楊善華主編『当代西方社会学理論』北京大学出版社1999年版、1-44頁。
[82] ［米］流心『自我の他性──当代中国の自我系譜』常姝訳、上海人民出版社2004年版、4頁。
[83] E.T. Higgins: Knowledge activation: Accessibility, applicability, and salliesce, In E.T. Hiffns & A.W. Kruglanski(eds.): Social psycholpgy: Handbook of basic principles, New York: Guilford Press, 1996:133-168.
[84] E.T. Higgins: Knowledge activation: Accessibility, and salience, In E.T. Higgins & A.W. Kruglanski(eds.): Social psychology of basic principles, New York: Guilford Press, 1996:133-168.
[85] M. Kent Jennings and Richard G. Niemi: The Political Character of Adolescence: The Influence of Families and Schools, Princeton University Press, 1974, pp.153-178.

第三章　下層と学校：階級再生産影響下の政治的社会化

　現代社会では、学校は紛れもなく最もシステム化された政治的社会化の媒介である。学校では、正式かつ、計画的な課程の設置(例えば「公民教育」、「思想政治」)に加え、校内の雰囲気、課外活動、教師と学生の対話および生徒間のやりとりを通じて、政治観念と価値を学生に伝えることができる。義務教育体制は、学校が1日8時間、週5日、1年200日の、各々の社会メンバーの十年にわたる成長を強制的に見守る[1]ことを可能にし、私達は皆、5～7歳から、学校で昼間の大部分の時間を過ごし、その長さは両親と過ごす時間すら超えている。学校はさらに学生達にある種の権威的な決定モードに接触させ、学生が学ぶ服従モードは彼らが今後政治的従順者として参加者としてとる行為に関係してくる[2]。したがって、学校は青少年の政治的社会化の主な場所の一つである。

　また、学校の政治的社会化の重要性は、一人の人間の教育レベルの高さが往々にして公民の政治参与に重要な影響を与えてくることにある。教育は、一方で個人の認知技術を向上させ、比較的複雑な、抽象的な政治的現実を理解できる能力を身につけさせ、どのように官僚機構と付き合うかを習得させる。他方で、教育レベルの高い公民にとっては、全体の政治システムとの関係がいっそう密接になっているため、社会が期待するプレッシャーを受け政治生活に参与し、それにより責任感のある"良い公民"となるわけである[3]。

　農民工子女に対しての政治的社会化においては、学校のタイプは非常に重要な影響要因の一つである。2008年上半期まで、上海で義務教育を受ける外来の流動人口の子女の総数は379,980人に達している。その内、小学校は297,000人、中学校は83,000人である。全日制の公立と私立の小中学校に通う生徒は約57.2%を占めており、残りの者は農民工子弟学校に通っている[4]。政府にとって、所謂農民工

子弟学校と公立学校、私立学校の最大の違いは、前者は流出地の教育部門によってその設立が批准され、その上で流入地（上海）の教育部門に届けを出すとともに、その部門からの"指導"を受けることになっているが、後者は地元教育部門によってその設立が批准され、直接指導がなされることになっている点である。一方、学生にとって、両者の最大の違いは、前者は教師や、ハードウェアなどの学校運営の条件が大変に悪く、教育の質も後者に遥かに遅れている点である。そして前者は都市部の"孤島"でもあり、ここの生徒は地元の青少年との触れ合いが、相対的に言えば遮断されている。なお、後者では、同じ屋根の下で、多かれ少なかれ、ある程度の触れ合いがあるわけである。

　1986年に採択された≪義務教育法≫の規定では、義務教育事業は国務院の指導の下で、地方が責任を持ち、クラス分け管理を実施することになっている。適齢児童少年は戸籍所在地で九年間の義務教育を受けなければならず、必要な教育経費は現地政府が責任を負う。しかし、都市化や工業化の加速につれて、ますます多くの農民工子女が都市に入って生活し始めているが、このクラス分け管理、つまりその戸籍所在地で入学する制度は農民工子女が義務教育を受けるには大きな悩みをもたらしており、そのために学業の機会を失う青少年も少なくない。農民工子弟学校はこのような背景の下に現れたものである。最初は"自力救済"の性質で、"流動人口"が"流動児童"の入学問題を解決するために自発的に創設したものであり[5]、ある学校は流出地の教育行政部門の批准（流出地の政府は、"9年制義務教育の普及"の任務を果たすためにこのようなタイプの学校の発展を奨励する傾向がある）を得たが、ある学校は如何なる合法的な手続きも取っていないままである。2001年の統計によると、当時上海の519ヵ所の農民工子弟学校の中で、わずかに124ヵ所の学校が流出地の関係部門の同意を得ると同時に、当地の教育部門に届出を出していた。なお、他の多くの学校は合法的な"名分"を持っておらず、ただ流出地の関係部門の同意を得たが、当地関係部門に届けを出さないままである[6]。これらの学校は通常、政府が規定している学校運営の資格を備えていないため、学校運営の許可証を得ることができない。また、ある学校は老朽化などの安全問題とも関わりがあり、これらの学校は都市政府の直接の管轄になっていないが、一旦安全事故が発生すれば、その責任は「保護地」にあるので、都市政府の差し押さえや取り締まりの対象となっている。

　農民工の子どもの入学問題について、国家は当初、「防ぎ留め」の策略を取ってい

た。1998年の≪流動児童少年就学暫定弁法≫では、"流動児童少年の常駐戸籍所属地の人民政府は、義務教育段階での適齢児童少年の流出を厳格にコントロールすべきだと規定されている。常駐戸籍所属地に後見条件さえあれば、常駐戸籍所属地で義務教育を受けさせるべきである。…(略)…流動児童少年を受け入れ、就学させる全日制の公立小中学校は、国家の規定に従って"借読費"を徴収することができる。"と明記されている。

なお、この政策ではその実際的な効果が得られなかった。流動児童の数も相変わらず年々増加して、2003年国務院の≪出稼ぎ労働就業農民工子女の義務教育をよりよくするための意見≫では、"出稼ぎ労働就業農民工の流入地の政府が、責任をもって出稼ぎ労働就業農民工子女に義務教育を受けさせるよう対応する。かつそれは全日制の公立小中学校を中心とする。"と示した。もはや農民工子女の都市部への流入に対する制限は行わず、公立教育を通じてその入学難の問題を解決しようとしている。それと同時に、また"流入地の政府は出稼ぎ労働就業農民工子女が義務教育を受けるための授業料徴収の基準や減免といった関連費用を制定し、費用は地元の生徒と同様に扱うようにする。"と規定されている。その後、全国各地の都市では次々と公立学校が農民工子女から"借読費"を取ってはいけないとの規定が打ち出された[7]。

2004年、上海市政府が新しく打ち出した規定では、"本人が、流出地政府から、農村からの出稼ぎ労働者であることを確かに証明する証書を有し、また現地関連部門と仕事先から、本人が当地で確かに就職し、合法的な定住先の住所もあり、かつすでに一定期間在住していることが証明できれば、臨時住まいの所在区(県)の教育部門や郷鎮政府に自分の子どもの就学申請を提出することができる。規定の就学条件にさえ合えば、関係部門は該当者に見合う学校へ入学続きをしにいくことを許可しなければならない。"と記載された。併せて、"出稼ぎ労働就業農民工子女の教育費の負担を軽減することに努め、確実に出稼ぎ労働就業農民工の学校での権益を守る。…学校側は就学の出稼ぎ労働就業農民工子女を同じものとみなさなければならず、教育を受けること、団体組織への参加、学生幹部の選考、表彰と奨励、課外活動などの方面においては、現地の生徒と同等の扱いをしなければならない"[8]と約束されている。

なお、政策上では重大な調整があったが、実際には、農民工子女が公立学校に入るには相変わらず一定の障害が存在している。その最大の問題は、"規定の就学条

件にさえ合えば、関係部門は該当者が見合う学校へ入学続きをしにいくことを許可しなければならない。"という言葉にある。一体どのような就学条件が必要なのか、この問題についてはまだ明確に答えられていない。通常は"五証"(身分証明書、臨時居住証、計画生育証、社会総合保険と勤務カードが揃わなければならない。でなければ、当事者の子女が公立学校に入る資格はない[9]。かつて多くの農民工子女を助けて彼(彼女)らの公立学校への就学を成功させたボランティアの劉偉は、これらの要求には、農民工家庭の実態が考慮に入れられていないと語っている。

> この証明証も必要、あの証明証も必要とされるが、多くの親達にはこれらの証明書がいずれもないのである。例えば、社会総合保険の証明書や、計画生育の証明書やら。この"五証"を手にするには、いずれもお金が必要であり、また非常に面倒である。もし、子どもが就学するから、ということでなければ、彼らは、ちっとも取りに行きたくないのだ。彼らの出稼ぎ労働とは無関係だし、しかも、多くのお金を費やさなければならないし、行ったり来たりして時間も結構かかるのだから。[10]

同時に、政府の農民工子弟学校に対する態度も変わってきた。1998年の≪暫定弁法≫では、"流入地の県レベル以上の人民政府の教育行政部門の審査を経て、企業・事業組織、社会団体やその他の社会組織及び個人としての市民は、法律に基づき、主に流動児童少年を受け入れる学校、或いは簡易学校を設立することができる。"と指摘されている。2003年の国務院からの意見も"出稼ぎ就業労働農民工子女の受け入れを主とする民間により設立された学校に対し支援と管理を強化する"と特に強調している。その後、「簡易学校」という言葉は政府の公文から徐々に消えていった。1998年の≪暫定弁法≫において、かつて"簡易学校の設立条件は状況によって緩めてもよい"との規定があった。その後、政府公文書では民間により学校を設立する際にも相応の基準を満たさなければならないと強調された。2004年の上海市の≪主として出稼ぎ労働就業農民工子女の本市の受け入れ学校への管理の一層の強化への意見≫では、民間で学校を設立する目的、学校運営の原則、設立者の資格、校舎の場所、教職員、設立と運営の経費、募集原則などの項目について詳細に規定されていた。

政府はただ"全日制公立小中学を中心に"とのみ定め、具体的にどのように実行す

第三章　下層と学校：階級再生産影響下の政治的社会化

べきか、またどのように農民工子弟学校に対応すべきかについては規定されていなかったために、大都市を含むいくつかの都市部の政府は、政策を実行する際の"公立の学校を中心に"という政策の精神に関しては、それを、具体的な操作の過程において、出稼ぎ労働就業農民工子弟学校を制限することと理解し、厳しい学校基準を設定し、大部分の農工子弟学校を標準の外に阻止し、結果的に取締りの目的を達成させていた[11]。統計によると、学校運営の基準に達していなかった理由で、2001年に閘北区22校、2004年に長寧区20校、徐匯区15校の農民工子弟学校が全て切り落とされた[12]。本書が調査したY区では、農民工子弟学校の数は、ピーク時の30校余りから2007年8月の4校に、更に2008年5月には、その残っている4校の取締りも区教育局の通告で行われた。これで、農民工子弟学校は徹底的に上海市の中心部から別れを告げた。なお、ここの学校に通う生徒の大半は、政府からの手配で公立学校に移されていた[13]。事実上、公立学校での大部分の農民工子女は皆かつて農民工子弟学校に通ったことがある。そのうち、ごく一部の人は厳密に入学試験を受けて公立学校に入ったが、大部分の生徒は、学校の取締りか、区画整理による移転かで政府からの手配で公立学校に移されたものである。

　これらの学生へのインタビューと調査を通じて、次の三つの問題に対し考察を行うことができる。第一に、社会の流動性と階級再生産が農民工子女の政治的社会化に与える影響である。農民工子女にとっては、学校教育が一体何を意味するのか、上に向かう流動の機会なのか、それともただ単に親の人生の軌跡を繰り返すのか、これは彼らの政治の観念と行動パターンにどう影響するのか？私たちの研究結果によると、農民工子女の個人の将来に対する予想（つまり社会流動可能性に対する主観的な判断）は彼らの行動パターンに直接に影響を与えている。また、この予想は学校のタイプとも密接に関係していることが分かった。

　第二に、学校のタイプがその政治的社会化に与える影響である。ある学者の指摘によると、もし学校の人口構成が社会のミクロの縮図とできるだけ近接すれば、生徒達が自分の成長に関わる社会の多様性を有効に理解し熟知することができる。公立学校と総合学校はこのタイプの学校に属しているが、私立学校や選択性学校、或いは特殊学校はこのタイプに属していない[14]、とある。公立学校では、農民工子女と地元上海人との間には多くの社会接触（Social Contact）があるが、農民工子弟学校では、多くが社会孤立（Social Isolation）の状態にある。学校環境への比較研究を通じて、社会孤立と社会接触が農民工子女への価値観や行動パターンに与える

影響について重点的に検討する。

　第三に、学校のカリキュラム体系における思想政治教育や公民教育が農民工子女の価値観に与える影響である。情報源がますます多様化されてきた現代社会では、直接に教え込むことを特徴とした政治的社会化はまだ効果があるのか？

第一節　クラス編成上の板挟みの苦境：公立学校における都市と農村の二元構造

　　大部分の田舎からの子どもは、街に出たら生活もよくなるだろうと思っていたが、実際にはそうではない。お父さんとお母さんは朝から晩まで働いているが、上海での金儲けは容易ではない。上海のY区滬城中学校では、かつて次のようなことが起きたことがある。上海の同級生と友達付き合いをしていることで、クラスの担当先生に叱られた。したがって、私たちにはもう上海の生徒と友達になる勇気もない。それに、上海の生徒も私たちを軽蔑しているような感じもあった。でも、先生は私たちの生活にもとてもよく関心をよせてくれていた。例えば、放課後にはいつも私たちに気をつけるよう繰り返し言い聞かせた。

　　ここでは、故郷で勉強できないものを学ぶことができる。例えば、マナーである。校門に入る時の敬礼と挨拶、月曜日の国旗掲揚式、先生に会った時の挨拶、よく「ありがとう」や「すみません」と話すことなど。故郷ではこれらのことについてはちっとも知らなかった。

　　生活は少し苦しいが、こんなに多くのものを学ぶことができるため、それでも幸せだと思う。だから、最も大切なのは、よく勉強して、社会に役立つ人になり、自分の理想のために奮闘することだと皆に言いたいのである。

　　　　　　　　　　——「牛飼い」班合唱団学生李榴≪私たちの生活≫[15]

一、下層のクラス：物理空間の階層隠喩

　四川省からやってきた15歳の女の子である楊洋はヒップホップダンスの達人になり、世界各国のヒップホップダンスの達人と同じ舞台で共演することを願っている。しかし、現実と夢の間にはいつも距離がある。一ヵ月半後に、楊洋は上海市の

ある職業技術学校に入学し、ホテル管理の勉強をする。彼女からすると、これは選択できないことである。全部で３つの専門しか農民工子女は選択できないからである。そのほかは NC 旋盤や料理である。この３つの専門は楊洋の父親たちの仕事の業種(ホテルの従業員、肉体労働者、コック)となんと似ているだろう。しかしながら、楊洋達がどんなに希望したくないとしても、やはり一つの見えない手が彼らを父親たちと似た生活文化の軌道に押し上げた。楊洋の両親はそれを「運命」と言っている。

　楊洋は最も希望しているのは、ダンスか芸術の勉強だが、学校は同意しない。というのは、政策によってこれら人気のある専門がまだ農民工子女には開放されていないからである。それが彼女を少しがっかりさせていた。しかし、一年前に卒業した農民工子女に比べ、楊洋たちは、まだ幸運なほうである。というのは、農民工子女向けに、中等職業教育は無料開放となっているからである。これは上海市政府の最新の政策である。数ヵ月にわたる懸命なもがきと迷いを経て、楊洋はすでに生活への妥協を習得した。「人が一つの目標をもつことは当然よいことだけど、目標があるからこそ、それが原動力になるんです！でも、原動力は、ある基礎の上に築かれるものだから、私は、まず基礎を身につけて、それから夢を追い求めよう！そう考えています」。

　楊洋は５歳の時に両親に連れられて上海に来た。最初は農民工子弟学校で勉強していたが、2006 年５月、区の教育局が都市建設のため、彼女が通う学校の校舎が回収されると発表した。そこで、楊洋とその妹は、公立学校の滬城学校に配置された。楊洋は中学校２年生、妹は１年生であり、二人の姉妹が入っているクラスはそれぞれ中二５組と中一５組と呼ばれた。学校では、農民工子女は独立してクラスが編成され、予備クラスから中三まで、クラスは皆５組なので、５組という名前は"民工クラス"の代名詞となった。さらに興味深いのは、これら５組は、いずれも教学棟の１階に配置されたので、５組の学生は上海学生のクラスを"上のクラス"と呼んでいたことだ。楊洋の話によると、もともと学校の１階にはクラスがなかったのであるが、私たちが入って、５組の教室になったわけである。このような配置は、空間の隠喩的意味を連想せざるをえなかった。即ち、１階はつまり下層であり、また組と階層という言葉は英語では同一の語彙 (Class) に対応している。そこで、農民工子女のクラスは、この学校の下層を構成した。これはまさに、彼らの父親の世代が都市社会の下層を構成したかのようである。

学校の教師は次のように説明した。

> この辺りの学校は、生徒数が比較的多く、それに彼らのあちらでの文化授業の基礎が比較的に悪かったため、2年前から単独のクラス編成が行われ始めました。以前は、(外地の)学生が少なかったので、ほとんど既存のクラスに編入させていました。この2年間で人が多くなってきて、私達は中一の時に17人しかいなかったが、中二になると、急に更に21人が増えたのです。それは民工子弟学校の多くが撤退したためです。私たちは今、少人数化授業を実施していて、一クラスは30人を超えてはいけないので、これほど多くの人を既存クラスに編入させることは無理だからです。[16]

しかし、楊洋はそれほど独立クラスの編成を気にせず、次のように問い返してきた。

> もしあなたを、自分と同じレベルの人と別々に配置すれば、それは他人からあなたへの差別だと言えるけど、あなたを自分と違うレベルの人と別々に配置すれば、それが何かある？人よりレベルが低いのは事実だし、これは人が故意に捏造したものでもないし、だから自分を知る賢さをもつべきです。独立クラス編成は、場合によってよいことになるかもしれない。それは私たちを自信でいっぱいにさせることができます。自分のコンプレックスからもたらされた要因など、それらはどれも自分の問題で、世界の人が皆このように思っているものではありません。[17]

楊洋はクラスの文芸委員であり、かつて学園芸術祭に参加した時に、上海の同級生と一緒にリハーサルをしたり遊んだりして、良い感じを持っていた。学園での演出が終わってから、お互いの接触は減ったが、出会った時にはお互いに心をこめて挨拶しあうのである。したがって、楊洋は上海の同級生に対しての印象は悪くない。かえって、楊洋に特に反感を持たせるのは、上のクラスから"落ちてきた""同類の人"であった。

楊洋がこの学校に入る前、ここは比較的厳しい試験で少数の農民工子女を編入生として受け入れていた。中学校三年生になると、農民工子女は上海で高校受験を受

けられず、中等専門学校や職業高校しか受験ができない。この場合、物理と化学は受験科目ではなく、進学のプレッシャーはあまりないため、生徒達はどうしても怠慢になりやすいのである。これらの学生がクラスの勉強の雰囲気に悪影響を与える恐れを感じていたため、何人かの先生が間接的にプレッシャーをかけることによって、彼らにクラス変更を申請させるのである。例えば、教室の中でいつも"これらの問題について、高校受験に参加しない生徒は、やらなくてもよい"、"高校受験に参加しない生徒は、これらの補助教材を買わなくてもよい。どうせ役に立たないのだから"などと強調した。これらの生徒は先生がますます自分にプレッシャーをかけてくると感じたため、ちょっとしょげてしまったようで、同学年の５組に変更すると申請した。楊洋は次のように話していた。

> それらの'落ちてきた'編入生は、以前、上のクラスの学生と一緒に居たけど、私たちのクラスに入ってからも、あいかわらず以前の目で私たちを見ていて、そもそも彼女たちも私たちと同じってことを忘れてしまっているんです。あとになって彼女たちの苦心がたいへん深いのを知ってから、授業が終わった後、私たちは私たちで、彼女たちは彼女たちで話し合うということで、お互いに話も遊びもしなかった。……とにかく彼女たちは私たちとはもう違っていて、元のクラスの態度のままで、私たちに溶け込みたがらず、もうお互いに話をしなくなりました。もっと腹立たしいのは、彼女たちは元のクラスの生徒に、私たちのクラスはそんなに良いところではなく、とても乱れていて、元の彼女たちのクラスには及ばないと言っていたことです。実は私達のクラスの成績は、学年全体で平均点がずっと第二位か第三位だったのに、彼女たちが編入してきてから、その下に下がってしまったんです。"[18]

私は、楊洋がすでに都市の児童と農民工子女の間にまたがっている社会の境界を極力守っていると気付いた。楊洋より１学年低い李榴は私に、"かつて私たちのクラスで、ある同級生は上海の生徒ととても仲が良くて、その後喧嘩してついに別れてしまいました。そこでクラスの担任の先生はクラスメートを批判し、今後は上海の生徒とは付き合わないようにしてくださいと言いました。だから私たちは、もう上海の生徒と友達付き合いをする勇気がなくて、上海の同級生も私たちを軽蔑していると感じていたのです。"と教えてくれた。もし後者の事例で、先生が衝突を避けるために社会の境界の保護者を務めたとすれば、楊洋が教えてくれた話から、社

会の境界はすでに彼女の「習慣」として内在化されていることがわかる。同時に、私たちも次のように感じている。即ち、校内に存在する都市部と農村部の二元構造に関し、その境界に大変敏感であるために、生徒が喧嘩をする類の個人間行為（Interpersonal Behavior）が、関係者に上海の学生と農民工子女のグループ間行為（Inter-group Behavior）として理解されているのである。どうしていつも、農民工子女の一挙手一投足にグループの身分ラベルが貼り付けられるのであろうか？どうして彼らは、"楊洋"または"李榴"と同じような個体として存在できずに、常に"農民工子女"のようなグループのメンバーとして存在しなければならないのであろうか？二元化の社会構造は、すでに「身体化」（Embodied）され、抜け出すことのできない彼らの一部分となっているようである。

　それら上のクラスから"落ちてきた"クラスメートは、その経歴がどこか（作家である：訳者注）路遥が書いた高家林に似ており、彼らは自分の努力（試験）で公立学校に入った。おそらく何人かの子どもは"落ちる"直前までずっと、努力してクラスの集団に「溶け込もう」としていたかもしれないが、彼らの"身分"が"下層"のクラスに戻らざるを得ないことを決めたのである。一定程度において、彼らの"落ちこぼれ"も一種の隠喩であり、即ち農民工子女が上に向かって流動するチャンスの少なさを示唆し、更にものごとに動じない社会構造の力を示している。

　私は楊洋に"じゃ、あなた達のクラスは乱れているのですか？"と聞いた。

　　"確かに非常に乱れています。(「なぜですか？」)どうせもうすぐ卒業するし、高校試験にも参加できないので、みんなは一緒に気が緩んで、学ぼうとしないからです。また、「平行班」(上海の生徒を主にしたクラス)の班長でも、もともと彼の成績は優秀だけど、高校試験に参加できないため、今ではもう勉強もしないのです。だから、他の人は彼さえ勉強しないのを見ながら、彼に倣って勉強をしなくなりました。それに、私たちは一部の科目を勉強しなくてもよくて、全部が自習科目となったんです。一日に三人の先生がクラスに入ってくれば、それはすばらしいことなんです。"[19]

　こうして、楊洋は暇ですることもない中で、中学校の最後の時間を過ごした。彼女のクラスでは、残りの13人の同級生の内、5人の女子生徒と1人の男子生徒は

現地で職業教育を受けることを選択し、3人の男子学生は故郷に戻って高校に進学、あとの4人の女子生徒は学校に入ったらお金を稼ぐこともできず、3年の時間を無駄にしてしまうと思い、すでに見習い工になって仕事をやり始めた。

　楊洋が高校試験に参加する直前、Y区教育局は≪義務教育法≫を徹底するため、市教育委員会の≪本市における農民工と同居する子女の義務教育をよりよく実施するための若干の意見≫の精神を行動に起こし、着実に農民工子女の義務教育のレベルを向上させるため、今学期までに当該区の最後の4つの農民工子弟学校の運営資格を終結する、と正式に発表した。これは、上海市中心市街における農民工子弟学校の存在の終わり（郊外にまだ農民工子弟学校の存在は許される）を意味している。そしてこれらの学校の3千余りの生徒は、当時の楊洋と同じように公立学校に入った。

二、クラス編成の政治：社会空間の階層分離

　楊洋と李榴のことから見てとれるように、公立学校に入っても社会に溶け込んだとは言えず、更には都市部と農村部の二元構造を抹殺できない。むしろ、都市と農村の二元構造は、より小さな社会空間（校内）の中に圧縮されていると言える。以前子ども達は、抽象的な考え方を借りなければ、その存在を感じられなかったが、今では、もうはっきりその存在を見ることができるようになった。——滬城中学校においては"下層"クラスと統一クラスの番号がそのことを示しているのであるが、向かいの小学校では、空間が分離されているだけでなく、時間も分離されている。農民工子女は、小さい校舎に集中して授業を受けており、授業の開始と終了時刻さえも、他のクラスとずらされているのである。

　しかし、この分離方式は、意外に衝突を減少させる目的を達した。かえって更に"融合"の色合いをもつ混合クラス方式では、子ども達に強い不平等を感じさせた。農民工子女で構成された"牛飼い班の子ども"合唱団では、子ども達でかつて激しい議論が行われていた。一つは、上海の学生がいつも地方の学生をばかにしているが、でも先生は上海の学生をいつも庇っているというもので、もう一つは、先生は上海の学生も、外地の学生も分け隔てをせず、地方の学生をかばうことさえもある、というものだ。ここで理解しづらいのは、前者の観点を持つ子どもは、ほとんどが混合クラス編成の学校から来ていた者であるが、後者の観点を持つ子どもは、主に独

立クラス編成の学校から来ていた者であったことだ。同様に驚いたのは、それらの農民工子弟学校に通う生徒は、往々にして独立クラス編成に激しく反対し、これが農民工子女に対する一種の差別であり、平等の原則に反していると思っていたことである。なお、公立学校に通う大部分の生徒は、通っている学校が独立クラス編成であるか混合クラス編成であるかを問わず、かえって独立クラス編成のほうに賛同する傾向があり、それは混合クラス編成が差別感と劣等感が生じやすいと思っているからである。"独立クラス編成"に反対とインタビューに答えた生徒も少数いたが、それは学業成績の視点から回答しており、平等な価値観を出発点としてはいなかった。

　独立クラス編成か、それとも混合クラス編成かの問題については、学校側がその定義を教育方式の模索としたが、身分の要素が入ることで、その努力は毎度、質疑に遭遇することになった。ある評論家がこの独立クラス編成を"分離だが平等だ"(separate but equal)の人種隔離制度と同列に論じて[20]、一時的に社会各界で熱い議論を引き起こした。

　"内部関係者"が考えている問題はより現実的であり、最も主要な思慮は学業であった。生徒の保護者である秦愛国(露天商)は次のように語っていた。

　　私は、今、学校側が外地生のクラスを廃止できることを希望している。どうしてかというと、その他の上海の学生は皆、成績の良いクラスと悪いクラスに分かれているが、私たちの子どもは外地生のクラスに入っていて、それが良いクラスか悪いクラスかもわからないのです。私は学校に、このクラスを廃止させたく、私の子どもを上海の学生の良いクラスに入らせたいのです。私は今年入学の時に、すぐに学校に行って先生に、私の子どもが全校5つのクラスではどのような評価位置にあるか、良いクラスに入れるかどうかと尋ねたのです。[21]

　しかし、地元の学生の親達の一部には、農民工子女と自分の子どもが一緒に同じクラスで勉強すれば、悪い生活習慣が持ち込まれ、クラス全体の競争力を下げて、それによって自分の子どもの勉強へ積極性に影響が出るのではないかとの心配があった。滬城中学校の一部の上海の親達は、学校が農民工の子女を募集したことで、子どもを転校させた者もいる。

第三章　下層と学校：階級再生産影響下の政治的社会化

　滬城中学校の副校長は、"もし農民工子女を直接既存のクラスに編入させれば、彼らの基礎が割合に低く、学習の進度に追いつけないため、何も習得できないかもしれない。しかし、もし単独にクラスを編成すれば、先生が学生の個性や能力に適した教育を行うことができ、そして全員の基礎も大体同じであるため、卑屈にもならない。私たちとしてはこのような施策が教育の規則を尊重すると言える[22]。"と語っていた。

　農民工子女の教育を担当する教育局の魯先生は、それぞれにメリットとデメリットがあると思っている。"もし独立クラスを編成すれば、なかなか上達しないし、逆に独立クラスを編成しなければ、地元の親達に意見があって、自分の子どもの勉強に影響が出ることを心配するのだ。反響が比較的大きかったのは地元の親達であった。何といっても家庭教育が比べものにならないのであり、親はアルバイトに精一杯で、子どもの面倒を見る時間が少ないし、親の文化レベルも低い。しがたって、これらの子ども達の具体的な情況を見て、教育したほうがよいのではないかと思っている[23]"。

　外地生徒の独立クラス編成に対する問題について、農民工の子女に最も多く選択されたのは"学校側が何を目的としているかを見てから決定したい"（40.2%）で、その次は"誰でも平等であるべき、差別に反対する（33%）"であった。一方、地元の生徒は"反対、誰でも平等だから。これは地方の生徒に対する差別である"を第一位に選択し、その割合が53.8%にも達していた。その次は"学校側の目的により判断する"（26.9%）であった。公立学校の農民工子女（当該学校では独立クラス編成を実施）の中で、独立クラス編成に反対する意見の割合は、農民工子弟学校より約8%低く、"学校側の目的により判断する"を選択する回答の割合は後者より13%高い。つまり、農民工子女が"独立クラス編成"に反対する姿勢では、地元の生徒までの強さには及ばず、独立クラス編成の状態にある公立学校の生徒は、独立クラス編成への姿勢が比較的温和であることが示された。それも、独立クラス編成と混合クラス編成について、単純に隔離と融合に関連していないことを説明している。教師と学生へのインタビューを通じて、私たちは次のことがわかった。

　一方では、混合クラス編成は確かに農民工子女の学業成績を高めることに役に立っている。学校側は、分類授業、独立クラス編成が教育の規則に基づいた施策だと強調し、つまり学習能力と出身背景が類似している生徒を同じクラスに編成し授業を実施することは、教師がクラスでの生徒たちの進捗状況を把握しやすく、より

よく生徒の要望を満たすことができると強調しているにもかかわらず、実際には、分類授業では半永久的に生徒を優等生と劣等生に分ける傾向を招いていたため、一部の農民工子女は学校と教師からの差別を感じ、ますます勉強への積極性を失ってしまったのである。

　他方では、混合クラス編成は、農民工子女と都市児童の対話を強化したが、それと同時に摩擦が生じる確率も増やした。独立クラス編成の状態では、双方が隔離されているため互いにもめ事もなく平穏無事であるが、混合クラス編成ではかえって双方の違いをより顕著化させるため、衝突しやすい。子どもの間での人間的な衝突は実際に非常に普通なことであるが、身分の要素が介入されると、このような衝突を往々にしてある種の差別として解されるため、双方の対立を一層激化させるのである。混合クラス編成は一定の程度で学生の成績を向上させることができるが、グループ間のわだかまりをうまく解消し、社会融合を促進させることはできないのである。

　アメリカの学者は白人と黒人に対する研究の中でも次のようなことを発見した。つまり、社会的な接触については関係の深まり、偏見や差別の軽減も可能であるが、その効果は具体的な状況によるものである。もし、1つのグループが別のグループを支配したりコントロールしたりして、しかも彼らの間には普段あまり接触がなく、その願いもないない場合、接触時の雰囲気は大変緊張したものになり、このような社会的な接触はかえって偏見や差別を深めるに違いない。逆に、互いの文化程度、社会的地位や職業状況が大体同じであれば、頻繁な社会的な接触と緩やかな雰囲気で偏見や差別を軽減することは可能である[24]。

　独立クラス編成がどういう考えに基づいたものかにかかわらず、このようなクラス編成の形は事実上、農民工子女の機会に影響を及ぼした。滬城小学校の秦小瑚は"彼ら（上海の学生を指す）には私たちより競争の機会が多くて、絵画コンクールにも私たちより多く参加していました。でも、私達は農民工だから、このような活動には誰も参加しません。"と、不平を語っていた。滬城中学校に通う兄の秦小武も同様の状況にぶつかった。彼らは色々な理由から、いろいろな課外活動へ参加する機会を失った。"私たちのクラスにおいては二人の同級生が学校の合唱チームに選ばれたけれど、でも入ったばかりで、さえぎって止められていました。私たちのクラスは数学の補講を受けなければならないからです。普段いつも数学の先生から宿題をやらせられているため、合唱練習の時間がとれません。そこで、その二人は除名

第三章　下層と学校：階級再生産影響下の政治的社会化

表3-1　もし学校があなたを含めた地方の生徒を上海の地元の生徒と分けて単独にクラス編成を行う場合、あなたはどうしますか／もしあなた達の学校が地方の生徒を単独のクラスに編成し、あなた達と分ける場合、あなたはどうしますか。

子どもタイプ	選択項目	回答数	パセンテージ(%)	累積パセンテージ(%)
農民工子女	1. 反対、誰もが平等だから、これは私たちに対する差別である。	74	33.0	33.0
	2. 反対、こうしたら、私たちの勉強に役に立たないから。	7	3.1	36.1
	3. 賛成、私は地方の生徒と一緒に勉強するのがより好きだから。	17	7.6	43.7
	4. 賛成、こうしたら、一層私たちの勉強に役に立つから。	17	7.6	51.3
	5. 学校側が何を目的としているかを見てから決定したい。	90	40.2	91.5
	6. 分からない	19	8.5	100.0
	合計	224	100.0	

子どもタイプ	選択項目	回答数	パセンテージ(%)	累積パセンテージ(%)
上海地元子供	1. 反対、誰もが平等だから、これは地方の生徒に対する差別である。	14	53.8	53.8
	2. 反対、こうしたら、私たちが共に進歩するのに役に立たないから。	3	11.5	65.3
	3. 賛成、私は地方の生徒と一緒に勉強するのが嫌だから。	0	0	65.3
	4. 賛成、こうしたら、一層私たちの勉強に役に立つから。	1	3.8	69.1
	5. 学校側が何を目的としているかを見てから決定したい。	7	26.9	96.0
	6. 分からない	1	3.8	100
	合計	26	100.0	

表3-2　異なるタイプの学校における農民工子女の独立クラス編成への態度

	1. 反対、誰もが平等だから、これは私たちに対する差別である。	2. 反対、こうしたら、私たちの勉強には役に立たないから。	3. 賛成、私は地方の生徒と一緒に勉強するのがより好きだから。	4. 賛成、こうしたら、一層私たちの勉強に役に立つから。	5. 学校側が何を目的としているかを見てから決定したい。	6. 分からない	合計
公立学校	20人 (29.0%)	1人 (1.4%)	2人 (2.9%)	6人 (8.7%)	34人 (49.3%)	6人 (8.7%)	69人 (100%)
農民工子弟学校	54人 (34.8%)	6人 (3.9%)	15 (9.7%)	11人 (7.1%)	56人 (36.1%)	13人 (8.4%)	155人 (100%)

されました。この合唱団は学校のものです。バスケットボールチームとかラグビーチームとか、私たちのクラスには一人もいませんでした[25]。"

2007年後半、滬城小学校は、独立クラス編成の硬直的なやり方を破るため、一つの新しい措置を打ち出した。農民工子女クラスの生徒で、成績がクラスでトップ9位までに入ることができれば、「平行クラス」(兄弟クラスの意味で、つまり上海の生徒のクラス)で勉強ができる、と。こうして、牛飼い班の秦小瑚と佟海文は共に平行クラスに入る。滬城小学校のこのやり方に対して、滬城中学校の武校長は次のように評価を語った。

これも一つの試みといえるでしょうが、私たちの学校ではこういうことはしません。というのは、第一に、本校の中学三年5組には十何人の生徒がおり、もし混入させれば、彼らはまったく何も学べないのです。第二に、もともと農民工子女のクラスには、まだ何人か成績のいい学生がいて、今あなたがその数人を抜き取れば、残るのは全て落ちこぼれとなるのではないでしょうか？もし成績のいい学生が平行クラスに入っていけば、このクラスの競争力が失われることになるのです。成績の良い学生は、しばしば文芸活動のエリートでもあるから、このようなクラスにとっては他のクラスとの競争ができなくなり、勉強への積極性も一層低下していきます。本校の状況からすると、スポーツを除いて、農民工子女は各方面において劣っている状態にあるのです。[26]

三、天井効果：社会流動予期と自己放棄

女性が個人の成長で直面する「ガラスの天井」(Glass Ceiling)[27]に比べれば、農民工子女が遭遇するのは「見える天井」(Visible Ceiling)である。このような天井は現実的な生活の中で個人の発展のボトルネックを意味するのみならず、個人が自分自身の見通しについて低レベルを予期することも意味する。本文では、いわゆる「天井効果」とは、農民工子女が外部とのコミュニケーションの過程の中で、自分の見通しに対して低レベルの予期(まるで天井板に自分の上に向けた発展空間が封じられたようである)を生み出し、それにより自発的に学業への努力を放棄してしまうことを指している。

瀘城中学教師へのインタビューの中で、"頭がいい"、"活発"、"利口"／"遊び好

き"、"傲慢"といった形容詞は惜しみなく都市部の子どもに与えられているが、"勤勉"、"辛抱強い"、"苦労に耐える" / "気が小さい"、"鈍い"といった形容詞は多くの場合、"農民工子女"のラベルとなっていることに私は気が付いた。ブルデューはとっくに、教師のコメントの中で使われる形容詞は実は差異体系を構成し、言葉のレベルは往々にして生徒の出身と対応し、"それは社会の関係で覇権者が持つ社会品行を傑出した品行とし、彼らの存在方式とその身分を神格化する[28]"と鋭く指摘していた。ちょうどある教師が"上海の子どもは反応が速いが、農民工の子どもは苦労を耐え忍ぶことができ、比較的勉強に努力する"と評価した後で、すぐ口ぶりが変わり"これら（農民工）の子どもは上海の子どもより努力しているが、努力して何になるのか？[29]"と述べた。賛美の言葉（苦労に耐えて、勉強に努力する）がこのように自己否定（無駄、無用）に向かってしまった。これは、彼が賛美していると同時に、またその意味を"平凡"、"些細なこと"などの品質のほうへ導くことができるからであり、これらの品質の言葉はいつも人々に一つの表示レベルの付加語（例えば「優秀」）に欠けることを感じさせた[30]。彼にしてみれば、それら都市部の子どもの生まれつき或は楽に備えた資質は、農民工子女が皆の共同努力を通じていなければ得られないものである。クラス担任の牛先生は次のように述べた。

> （私達のクラスの農民工子女は）元々は人づきあいはが少なかったけれど、今は、ここの教育を通じて、生徒が大胆で、気前が良くて、自信をもつようになっています。彼らがこの町に溶け込んでいくには、言動、ふるまいを変えなければならないし、教養ある人に学んで身につけなければなりません。[31]

この都市本位の物事を述べる中で、農民工子女は学業および素質の面において"下層"として構築されている。だが、実際には、農民工子女の学業成績は決して彼が言った通りそんなにひどいものではない。濾城中学校から"落ちてきた"生徒のうち1人はかつて班長を担当し、成績も特に優れていた。楊洋も、所属していたクラスの平均成績で一度トップになったことがある。2004年の秋、"牛飼いクラス"合唱団の創業者である張軼超の推薦により、ある公立学校が前例のない3名もの農民工子女を受け入れたが、入学試験の成績があまり理想的でないため、学校側が親に、この3名の子どもの1学期の期末試験の成績があいかわらず学校の要求に達することができなければ、自主的に退学しなければならない、との声明の協議書

へサインを求めていた。結果は、この3人の子どもはすぐに同一クラスの上海の生徒に追いつくことができ、その内の1人はさらに、2学期に学年トップクラスにも入ったのである。従って、張軼超は"もし農民工子弟に同等な学習環境を与えていれば、彼らは決して同年の都市部の子どもに劣ることはない。"と信じている[32]。

もし、農民工子女と上海の子どもとの間で、学業においてまだ一定の格差が存在していると言えるならば、それはまず、家庭文化の資本の欠如であり、次は、制度的な自己放棄（Self-disqualification）によるものである。前者の原因は大変解釈しやすい。即ち、多くの農民工子女の両親は良質な教育を受けておらず、それに現代の素質教育はますます"全方位"と"立体式"に傾いている。学校教育のほかに、両親、家庭教師、専門のトレーニング機関もその中に参加し、子どもの間の学業競争も更に繰り上げられるため、"幼稚園大戦"が現れるほどである。これは、教育投資の時間増加と投入増大に伴い、多くの農民工家庭にとっては明らかに無力で、これほど高価な教育コストを負担することはできないのである。また、現行の国民教育カリュラム設計も都市の学生に対しては有利になっている。各種の課程の中に浸透している大規模な政治教育は国家体制内の生活と、広範な自然科学教育と精神的な国語の知識教育は都市と工業体係における生活と密に関連している[33]。このすべては、農民工子女とその家庭にとってはいずれも相対的によく知らないものである。

家庭文化の資本の欠如も一部の農民工子女の言語表現と言語技能における劣勢をもたらしてきた。バジル・バーンステインは、異なる家庭背景をもつ子どもが早期の生活の中で異なるコード（Codes）を生み出すことができること、即ち異なる話し方をすること、このコードは直接に彼らのその後の学校経験に影響を与える可能性があることを指摘していた。彼は次のように考えている。労働者階級子弟が通常使っているのは、一種の「限定コード」と呼ばれる言葉だ。限定コードは、話し手自分自身の文化背景と密接に関連している言葉のタイプだ。労働者階級子弟の多くは、親密な家庭と近所の文化の中で暮らしている。このような文化の雰囲気の中における価値観と規範は、当たり前のことで、言葉を通して表現する必要がないとされる。したがって、限定コードは実際の経験の交流には適しているが、抽象的な概念、プロセスおよび関係性の検討には不適当である。なお、中産階級子女は、「精密コード」を持っている。精密コードは即ち、"言葉の意味を個別化させ、それにより、特定状況に求められる話のスタイルに適応させる"ことで、これは中産階級家庭からの子ども達がより簡単に抽象的な観念を要約したり表現したりすることを可能にす

る[34]。調査研究の中で、私たちには、"限定コード"と"精密コード"の分野が同様に農民工子女と都市部児童の間にも存在することが分かった。学校の教育システムが——教材の書面表現も教師の授業言語も——使っている言葉の多くは農民工家庭での日常用語とは大きく異なる。これは、彼らの文化復号化（Decode）の能力を明らかに都市部の同じ年齢の子どもより弱くした。一部の農民工子女の学校教育における劣勢については、一つの大きな要因として彼らが使用している限定コードと学術文化との間に明らかに衝突が存在しているからである。

　私は調査過程の中でかつて親と教師が文化の違いにより衝突を引き起こしたことを見かけた。濾城小学校に通っている1年生の呉子玉は、これまで農村で幼稚園には通ったことがなく、上海に来てから直接1年生のクラスに入った。だが、基礎があまりしっかりしておらず、それに幼稚園の経験もないため、周囲のすべてに対し非常な好奇心をもち、授業の時はいつもきょろきょろと見回して、多くの科目が不合格となっていた。教師が親に子どもをよく教育・指導してほしいことを求めていたが、その母親の文化レベルは大変低く、とても子どもを指導できる状況ではなかった。長い時間がたつと、双方の間に矛盾が生じてきた。呉子玉の母親は教師が自分を軽蔑していると思っていたが、一方、教師もとてもつらい思いを感じていた。

　第二の原因はより重要になるかもしれないが、私が調査した農民工子弟学校の5、6、9年生の生徒で、中学卒業後「故郷に帰り高等学校に進学する」と選択した割合が著しく低下していた（表3-4参照）。これは、農民工子女にとって、低学年より高学年のほうがいっそう勉強への積極性が欠けることであり、前途に対してもさらに悲観していることが窺われる。また、公立学校の農民工子女で、卒業後、直接仕事に就くつもりの割合は、農民工子弟学校の生徒よりはるかに低いが、故郷に帰り高等学校に進学するつもりの生徒の割合は後者よりもちょうど10%高い（表3-3参照）。このような違いが存在している1つの重要な原因としては、子ども達の進学や成功への予期の問題が挙げられる。高学年にとっては、低学年より進学上の制度的なボトルネックをいっそう感じやすい。一面では、上海に居ても高等学校への受験も大学への受験もできないことがあり、別の面では、こちらの教科書がセットになっておらず、教育管理も厳しさがない。また、故郷に戻り高校受験をするにも、競争力に欠けるということがある。楊洋のクラスはその明らかな例である。彼らは現地での進学への希望がないと感じた時、多くの人が努力をあきらめることになった。

表 3-3 異なるタイプの学校における農民工子女の中学校卒業後の予定

学校タイプ	1. 直接に仕事を探す	2. 一つの手芸を身に着ける	3. 上海で職業高等学校か技術専門学校に進学する	4. 故郷に帰り高等学校に進学する	5. その他	合計
公立学校	1人 (1.4%)	16人 (23.2%)	24人 (34.8%)	27人 (39.1%)	1人 (1.4%)	69人 (100%)
農民工学校	12人 (7.7%)	38人 (24.5%)	55人 (34.5%)	45人 (29.0%)	5人 (3.2%)	155人 (100%)
合計	13人 (5.8%)	54人 (24.1%)	79人 (35.3%)	72人 (32.1%)	6人 (2.7%)	224人 (100%)

表 3-4 異なる学年における農民工子女の中学校卒業後の予定

学級	1. 直接に仕事を探す	2. 一つの手芸を身に着ける	3. 上海で職業高等学校か技術専門学校に進学する	4. 故郷に帰り高等学校に進学する	5. その他	合計
五年生（農）	2人 (4.0%)	14人 (28.0%)	13人 (26.0%)	19人 (38.0%)	2人 (4.0%)	50人 (100%)
六年生（農）	8人 (16.0%)	7人 (14.0%)	11人 (22.0%)	23人 (46.0%)	1人 (2.0%)	50人 (100%)
七年生（公立）	1人 (2.9%)	7人 (20.6%)	11人 (32.4%)	14人 (41.2%)	1人 (2.9%)	34人 (100%)
八年生（公立）	0人 (0)	9人 (25.7%)	13人 (37.1%)	13人 (37.1%)	0人 (0)	35人 (100%)
九年生（農）	2人 (3.6%)	17人 (30.9%)	31人 (56.4%)	3人 (5.5%)	2人 (3.6%)	55人 (100%)
合計	13人 (5.8%)	54人 (24.1%)	79人 (35.3%)	72人 (32.1%)	6人 (2.7%)	224人 (100%)

出典：筆者による「農民工子女の社会心理と政治意識アンケート調査」(2008年4～5月)

　私たちのアンケートには、「もしあなた達のクラスのクラスメートの一人が、理想は上海市の市長になりたい場合、あなたは彼／彼女をどう思いますか」という問題があった。三つの選択肢がそれぞれに三種類の態度を表した。即ち、1. 社会で

の流動チャンスが大きいと思い、心理状態が楽観的；2.社会での流動性のチャンスはあまり大きくないと思うが、心理状態が前向き；3.社会での流動性のチャンスの見通しがつかないと思い、心理状態が悲観的、の三種類である。調査結果は以下の通りである。

（1）上海の地元の子どもは、社会の流動的なチャンスへの見方は割合に楽観的であり、6割以上の生徒は志ある者は事遂に成ると思い、残りの4割近くの生徒は2番を選択し、3番を選択する人がいなかった．なお、農民工子女のほうでは半数以上の人が2番を選択し、志ある者は事遂に成る、と思う者の割合は上海の地元の子どもより20％少なかった。また6.7％の人は社会での流動性のチャンスについて全く絶望していた。

（2）インタビューを受けた農民工子女は、学年が上がれば上がるほど、生徒は社会での流動性のチャンスへの見方が悲観的になる傾向が見られる。学年／年齢が上がるにつれ、選択項目の一番を選択する生徒の割合は次第に低下し、選択項目2番と3番を選択する割合が次第に上昇しているが、唯一の例外は8学年と9学年の生徒だった。私たちは、これは「学校のタイプの障害による虚像だと推測している。つまり、研究条件の制限のため、8学年の学生は全て公立学校の生徒で、9学年の学生は全て農民工子弟学校の生徒だった[35]。

（3）公立学校に通う何人かの農民工子女は農民工子弟学校の生徒よりいっそう悲観し、前者が項目1番を選択した割合は後者より20％低く、項目2番を選択した割合は後者より15％高く、項目3番を選択した割合は後者より倍以上高かった。

表3-5　もしあなた達のクラスでのクラスメートの一人が、理想は上海市の市長になりたい場合、あなたは彼／彼女をどう思いますか。

子どもタイプ	1.志ある者は事遂に成る	2.理想があり、実現されなくても、この考え方もよい	3.非現実的な空想家、必ず失敗する	合計
農民工子女	93人 (41.5%)	116人 (51.8%)	15人 (6.7%)	224人 (100%)
上海地元子ども	17人 (63.0%)	10人 (37.0%)	0人 (0%)	27人 (100%)

表 3-6　異なる学級における農民工子女の表 3-5 質問への回答

学級	1. 志ある者は事遂に成る	2. 理想があり、実現されなくても、この考え方もよい	3. 非現実的な空想家、必ず失敗する	合計
五年生	32 人 (64.0%)	18 人 (36.0%)	0 人 (0)	50 人 (100%)
六年生	26 人 (52.0%)	21 人 (42.0%)	3 人 (6.0%)	50 人 (100%)
七年生	13 人 (38.2%)	19 人 (55.9%)	2 人 (5.9%)	34 人 (100%)
八年生	6 人 (17.1%)	24 人 (68.6%)	5 人 (14.3%)	35 人 (100%)
九年生	16 人 (29.1%)	34 人 (61.8%)	5 人 (9.1%)	55 人 (100%)

表 3-7　異なるタイプの学校における農民工子女の表 3-5 質問への回答

学校タイプ	1. 志ある者は事遂に成る	2. 理想があり、実現されなくても、この考え方もよい	3. 非現実的な空想家、必ず失敗する	合計
公立学校	19 人 (27.5%)	43 人 (62.3%)	7 人 (10.1%)	69 人 (100%)
農民工子弟学校	74 人 (47.7%)	73 人 (47.1%)	8 人 (5.2%)	155 人 (100%)

出典：筆者による「農民工子女の社会心理と政治意識アンケート調査」(2008 年 4～5 月)

第二節　反学校文化：農民工子弟学校の社会化と反社会化

一、同じ異郷人：流動における教師と生徒の関係

　かつて私が短期的に教鞭を取ったことがある錦繍民工子弟学校は、1995 年に設立され、プログラムは、江蘇省にある県(創業者の黎校長の故郷)の教育局から派遣

第三章　下層と学校：階級再生産影響下の政治的社会化

し、上海市Y区教育局が受け入れるという「双方管理」の学校であり、Y区における規模も最大で、条件もわりに良い学校の一つでもある。錦繍民工子弟学校は、旧式の公営アパートの団地内にあり、約1500名の生徒と43名の教師がいて、現地の十数年前に廃校になった公立小学校の校舎を借りている。Y区における農民工子弟学校の中では、同校のハードウェアの施設は最も整っているが、それでも初めて来た教育支援ボランティアを驚かせた。

> 学校の占有面積は極めて狭く、ただの1軒の四階建て小型連体型の校舎だけがある。ぼろぼろのバスケットボール場と隣の土砂でできたサッカー場が子ども達の唯一の活動場所であり、通路も狭く、耐え難いほどきたない。トイレに掛かった標識は早くなくなり、その後行方が知れない。初めて訪れた者も、この強烈な臭さに従い場所を辿ってしか……教室に入ることができない。狭い空間には40〜50名の子どもが押し込められ、旧式の黒板のペンキもぽろぽろとはげ落ち、勉強机と椅子はまるで小さな体が及ぼす力に耐えられないように、時々「ギシギシ」と音を出していた。[36]

公立学校と比べ、農民工子弟学校はハード面の差が大きい。多くの子弟学校には、マルチメディア教室はいうまでもなく、標準的なグラウンドも、実験室も、図書館も、コンピューター室もない。この学校にはNBA（アメリカプロバスケットボール試合）「無境界バスケットボール」活動により寄付されたコンピューター室が一部屋あるが、長い間飾りものとして使われずに置かれていた。学校が取り締まりを受けた前の年に募集拡大のため、このコンピューター室は一年生の教室として改造された。

1.「ボス」と呼ばれる校長
インタビューの中で私は次のことに気付いた。何人かの大学生教育支援ボランティアの学生と教育部門の役人は、農民工子弟学校の校長を「ボス」と呼ぶことにより慣れていて、さらには、何人かの高学年の学生がプライベートでもそのように校長を呼んでいるのである。だが、話し合い上では尊敬の念が薄くなっているようである。
農民工子弟学校の創設者は、故郷で教鞭をとったことがある少数の一部の人を除

いて、大部分の人は工事請負人、小商人、建築労働者、清掃員、家政婦などの職業から「転属」してきたものであり、その大部分は教員資格もなく、授業経歴も不足しており、一部には小学校の教養程度の者さえも授業の教壇に立った。農民工の中では「屠畜用の刃物を下せば、たちまち校長になる」という言葉が流行している。それは、ブタを殺しその豚肉を売る人も学校さえ創設すれば、すぐに変身して校長になれることを意味している。「中途からその道に入る」人が学校を創設し、教育資質もなく、さらに"充電"により深く勉強しようと思う人も少ない。なお、その中で、故郷の子どものため"将来"を求めようとする努力者がないわけではないが、学校創設を自分の金儲けの"近道"の一つとする人も少なくない[37]。ある調査によると、300人ぐらいの中規模の学校ならば毎学期で3.5万元の利益が得られるが、600人以上の学校ならばその利益はさらに価値がある。たとえ100～200人規模の学校でも、学生の学費と雑費により基本的には学校運営費の支出と創設者の給料の支給を維持することができる[38]。

あるボランティアは、農民工子弟学校のこのような利益追求の性質こそが、学校のハードウェア面への投資に重大な不足をもたらしたと指摘している。

> （農民工子弟）学校は民間投資によって建設されるため、利益を求めるのがほとんどの創設者の初志でもある。彼らは多くのお金を学校のインフラ建設に投じたくないから、学校の校舎も古く、オフィス施設も遅れ、教具も簡単で、授業の役に立てることができない。ある農民工子弟学校（引用者注：即ち錦綉民工子弟学校）では、教室の中に電子機器が何もなく、英語の授業に必要とされるテープレコーダーさえも先生が自分で買わなければならない。さらには、数学の授業で使われる定規、コンパスなどの教具もかわいそうなほど少なく、学年の異なる数学の先生がお互いに借り入れたり貸し出したりせざるを得ない。[39]

農民工子弟学校の利益追求の性質については政府の懸念も抱かれた。1997年10月1日から実施した≪民間力による学校運営の条例≫の第1章第6条には"民間力によって教育機関を創設するのであれば、利益追求を目的としてはいけない。"と明記されている。また、2004年6月に発表した≪上海市教育委員会の本市の出稼ぎ就業農民子女を受け入れる主な学校の管理を一層強化するための意見≫（上海市教委による[2004]44号文書）にも同様の規定が定められている。農民工子弟学校は一

種の市場運営の方法として一定の利益を追求することは非難すべきものではない。民営学校、特に「貴族学校」のような利益追求の特性は一定の利益追求どころか、ますます甚だしくなっている。問題は、農民工子弟学校をしばしば家族商売としていたものである。校長(ボス)が一人で物事を決定し、学校の管理者の多くは校長の親戚でもある。内部的には厳格な財務管理制度に欠け、無断で費用を取ることも時々発生していた。さらに酷い場合には、校長が授業料を徴収した後にお金を持って逃げてしまい、その混乱した事態を政府部門に残し片付けさせるというケースもあった[40]。これらの規範に合わない現象の存在は学校創設者集団に極めて大きな名誉損害を与えた。正直に言えば、農民工子弟学校は決して暴利業界ではない。なお、学校側が利益を得る対象は、都市社会において最も貧しく、無力な集団のため、校長たちはその行為が道徳上いくらか不審を与える。Y区教育局の農民工子女の教育を担当する魯先生(退職後元の職場に復帰)は、校長になっている人たちに以下のように話していた。

> 正直に言えば、私は上海で20年の教鞭を取り、また教育局にも長年勤めてきたが、私は農民工子弟学校を一校創設するほどの力もないだろうか？私は先生を招へいすることができないだろうか。運営上では私は、あなた達よりもう少し良くするはずである。しかし、私はこのお金を儲けたくないし、歳も取っている。それに、このお金は何の意味もない……私はあなた達に言いたい。収入は、やはり事業の前提の下に合法的に収益を得て、その位置を正しく置かなければならないのです。[41]

かつて多くの農民工子弟学校で教育支援ボランティアを担当していた巍文が、"錦繡学校には多くの問題が存在しているが、私が担当したことのある数ヵ所の学校の中では、錦繡学校の黎校長が一番責任感の強いほうである"と評価していた[42]。なお、この学校においても、生徒達がよく口にするのは、"校長が金儲けしか知らない"との言葉である。更には、何人かの生徒は、校長の乗用車は"私たちの授業料と外からの寄付金で買ったものだ"とさえ思っているのであり、これによりある程度(校長への)不信感が窺われる。

2．教師：もう一種類の弱者

教師は学生が学校の政治社会化の過程における重要な他者であり、その人格の特質、価値観、教学方法や政治的態度は全て学生に影響を与えることができる。多くの農民工子弟学校はどこも、上海で退職教師を大量に採用していると宣伝しているが、実態としては、相対的に優遇された退職の待遇と豊富な報酬をもらえる家庭教師市場が存在するため、1000元程度のわずかな月給は地元の人にとって魅力的なことだと全く言えない。従って、出稼ぎで上海に来ている青年、中年の教師が（農民工子弟学校）教師の人的資源を構成する主体となった。彼らの多くは、故郷で代講教員として勤めるが、国からの教師資格証明書もなく、学歴は多くが、高卒か中等専門学校卒であり、大学卒業以上の専任教師はめったにいない。また別の一部の教師は、周辺から来ていた大学のボランティアである。Y区の農民工子弟学校の発展がピーク時に到達したころは、ちょうど大学生の教育支援活動が最も盛んな時期でもあり、ボランティアは、一度は各学校の生徒募集のための主な宣伝手段となった。劉偉偉の参画の観察によると、次のようである。

> *仕事態度の面から見れば、農民工子弟学校の教師のほとんどは場当たり的に仕事を運んでいるような態度で、授業をいい加減に済ませる。毎日仕事が始まると、その終わりが早く来るのを待ち望んでいる。午後、学校放課のベルが鳴ると、教師はまるで解放されたようにすぐに学校を離れる。宿題添削の面からも、手間を省くため生徒に添削してもらい、多くの添削の不当や誤りを招いた。更には一部の教師の素質が極めて低く、生徒に対してよく汚い言葉を吐き出したりして、言葉使いを全然注意せず、話す言葉がとても下品で聞くに耐えない。これが学生を傷つけることになった。*[43]

一部の親は農民子弟学校の教育の質と教師の授業態度に対して、よく遠回しに批判した。秦愛国は以下のように回想している。

> *農民工子弟学校の教育の質があまりにも悪かった。彼らは純粋に金を儲けるためであり、どのようによりよく子どもに教えるかをまったく考えていない。ある日、私の下の子どもが家に戻ると、国語の中間テストで百点を取ったと話してくれた。この話を聞いた途端に私は心の中で大変に腹を立てていた。とい*

うのは、国語でどうして百点も取れるのか？！作文って、すくなくともマイナス２点の点数引きがなされるだろう。国語でさえ百点を取れるということは、あそこの先生が学生に全く責任感がなくて、勝手に点数をあげていただけだと思った。後になって、私はやっと分かったのだが、あそこの先生はしっかりテストを実施したいなどちっとも考えず、却ってテストの時は、意外にも生徒にお互いにカンニングさせるのだ。こんなことをして授業をよりよくできるわけがないだろう。したがって、農民工学校で勉強させてはいけない。勉強すればするほど落ちこぼれることになるからだ。[44]

　もう一人の親は次のように言った。学校はちっとも子どもへの教育面での面倒を見てくれない。「テストは全て百点で、先生が答えを黒板に書いておくんです」「私たちの故郷では、子どもがもし言うことを聞かなかったり、テストの結果が悪ければ、親が学校に呼ばれることになります。ここでは、子どもがよく勉強しているよ、といい加減に言うしかなく、宿題さえも出さないのです！[45]」
　教育の質の低下、教師の責任感が不十分なため、学生の成績があまねくよくなく、勉強嫌いも深刻で、教室の規律もきわめて悪い。授業をサボったり、喧嘩をしたりするような現象も見慣れている。錦繍学校の二年生のあるクラスの中間テストでは、各科目の平均点がどれも合格に至らなかった。その内、英語の平均点数は 45 点、数学の平均点数はわずか 39 点であった。あるボランティア者は次のような情景を記録していた。

　　混雑した廊下を歩くと、子ども達のはしゃぐ声があちこちから聞こえて、先生たちは秩序を維持するため、体罰措置を取らざるを得ない。ところで、体罰を受けた子どもはちっとも恥ずかしいはずの感じを見せなかったのだ。教室の外に呼ばれ、罰として立たされている子どもが私に向かっていたずらのような顔をした。人事異動のため、私は毎回教鞭を執るクラスが違う。いつも授業の後で、子ども達に聞かれた最も多い言葉の一つは、「先生、次また来るの？私たちの先生はいつも違う！」
　　確かに、教師不足でボランティアに副教科を教えてもらうしかない。教師の流動性は生徒が教育を受けるための安定性から見れば大変不利なことだ。別れる時に、彼らの期待の目に直面して、私はどうしようもない笑いを示すしかな

かった。[46]

　国の統計データでは、これらの教師は同様に流動人口に属している。彼らは農民工子女の親達と同様に、この都市の出稼ぎ労働者である。その違いは、農民工子女の親の多くは都市の社会サービス向け業界の仕事に従事するが、彼らの仕事は農民工子女のために教育サービスを提供することである。これは、農民が大規模に都市に進出することによって派生した産業であり、都市の主流社会とは直接何の関係もない。これこそが、この集団の周縁地位を定めているのである。政府の取締りの後、生徒は一括して公立学校に編入させられたが、教師達は失業した後、どうすればよいだろうか。それを考慮する人があまりに少なく、失業した教師は何の補償ももらえない。

　教師の給与水準は割合に低く、およそ毎月800～1200元の間にあり、校長や教務員も教師に対してあまり尊敬しておらず、多くの教師は農民工子弟学校を臨時の宿、踏み板として、一旦別の仕事を見つけたら、すぐに転職することになる。時には、一つの授業が半年のうちに何人もの教師に交代された。ここでは、変動は運命であり、かえって安定は意外なものである。本書の第1章で言及した桐郷のある農民工子弟学校にいた江南のような、全国の重点大学を卒業した教師は唯一無二のことである。もう一人、四川省のある師範学院から卒業したばかりの女子がいるが、まだ現地の公立学校に入る手続きが完了していないため、とりあえず農民工子弟学校を一つの過渡期に考えている。江南は面白い見方をする。"学校の状況をまとめると、低学年は特に汚い。彼らはいつも地面にうつぶせになり遊んでいたりして教室に戻ったら手洗いもしないからだ。高学年は特に乱れて、規律がとても悪い。先生は特によく動いて、つまり流動することが非常に頻繁だ[47]。"上海市閔行区のある農民工子弟学校に対する調査によると、インタビューを受けた323名の教師の内、66.6％の教師が2回以上の"転職"を経験し、転職の主な原因は引っ越しと待遇問題によるものであった[48]。

　関係部門が流動児童教育に関する調査報告書の中で次のようにまとめている。

　　出稼ぎ労働者子弟学校の教師の中には多くの門外漢が存在している。教育の質がいうまでもなく影響されることになる。割合に高い素質をもつ人材を募集し、かつ留めるには、教師の給料を上げなければならない。そして教師の給料

を上げると、学校設立者の利益が減少する。学校設立者にとっては利益が第一であり、教師の良さはどうでもいい。どのみち小学生向けの教育だから。ここでは、経済的な動機が教育の要求を圧倒しているのだ。[49]

　待遇方面の他に、学校全体の雰囲気も教師の積極性に影響を与える。ボランティアの魏文は多くの先生がいい加減に毎日を過ごしているようだが、そのすべてが先生のせいだと言えないという。"一部には、先生が来たとき、私と同じように情熱をもっているが、2～3週間と教えてから、学生が先生の言うことを聞かないし、勉強もしたくないことに気づくため、諦めていった"[50]。錦綉学校においては、クラスがあまりにも乱れていて、とても"管理"できる状態ではないため、学校から離れてしまったのだ。

3. 学校の権力構造
　これまでの研究から、学校の構造と組織が、例えば、公立かそれとも私立か、学術志向かそれとも職業志向か、大規模かそれとも小規模か、権威コントロールかそれとも民主管理かなど、学生の政治的態度と行為に大きな影響を与えていることがすでに指摘されていた。
　農民工子弟学校の権力は往々にして校長／ボスの手に集中し、行政、総務の人員の多くは校長の親戚でもあり、かなりの部分の教師は校長と同郷であり、或いは知り合いからの紹介で来た人である。普通の教師は学校における発言権がほとんどなく、学校の実務的な話をしたら、すぐ、自分は校長／ボスのためにアルバイトをする人間だと言い、安易に自分の意見を表すことはしない。また一方で、何事も自分とは無関係で、あまり口に出さないほうが無難だと思われている。他方で、話をしても聞いてくれないことがある。魏文が兼職として錦綉学校に入ったばかりの時、ある教師が彼に好意的に「この学校では、事務室ですこしでも学校や校長の悪口を言ってはいけない。じゃないと、すぐ学校を首になるよ。以前そのようなことがあったんです。どんなささやかなことを言っても、すぐに校長の耳に流れてしまうのです」[51]と注意してあげたことがある。学校の権力構造の影響を受け、生徒はいつも用事がある時、直接校長を探して話し合い、一般の授業担当の先生を恐れない。ただし、クラスの担任を怖がっている。担任は生徒を退学させる権力を持っているからだ。かつて農民工子弟学校において社会的な関与を試みたことがある劉偉偉は

このことについて非常に深い体験を持っている。

　ある農民工子弟学校の六年2組の都市部生徒が普段よくやんちゃをしたりして正常な授業の秩序を混乱させていた。クラスの担任がいる時はすこしは控えめにするが、担任が離れると、すぐその正体を現してくる。ソーシャルワーカーが彼と話し合いをしたり、一緒にその他の同級生も含めて彼と遊ぶことを試みたが、最初のうちはまだ付き合いがよかったが、話題が彼の授業時の行為になると、彼はすぐに強い自己防衛の姿勢を見せてきた。ソーシャルワーカーからの質問に対しては、肝心なことに触れず周辺的なことに終始するし、更にはソーシャルワーカーを相手にさえもしない。その人が単なる大学生だから、彼を指導する権利と資格は何もないと思われている。一方、彼は自分が何の問題もなく、ソーシャルワーカーが余計な世話をしていると思っているのだ。最終的には、二人でのコミュニケーションは失敗に終わった。
　失敗の原因は、ソーシャルワーカーが介入する際に、当事者に自分を受け入れさせることができず、当事者の中では、当該ソーシャルワーカーが単なる遊びの友達であり、いてもいなくてもどうでもいいとされている。そして、彼は先生でもないし、更にはクラスの担任でもないから、自分に対していかなる措置もとることができないと思っているので、後ろ盾があるから怖いものなしだ。このことについては、長い間農民工子弟学校においての実践を通じて深く体験させられた。私の多くの失敗事例の原因は、ほとんど彼らから見れば私が部外者であったり、私と付き合いをしなくても彼らにとっては何の影響も受けないことにあった。なお、私は彼らのクラスの担任になった後、彼らはすぐに随分控え目になった。このことより、権力は社会的な関与の仕事にとっては非常に重要なことがわかった。[52]

現在把握している資料からは、学校の権力構造が農民工子弟学校に与える影響については、一時的にまだ判断しくい。"久牽"の学生会の幹部、もしくは当番の生徒が命令口調で他人に指図をしている時、張鉄生は次のように多少怒り、嘆いて言った。"これらの子どもは皆皇帝になりたくて、学生会の幹部になった後、すぐに自分が役人になっていると思い込んで、人に対して身振り手振りで話をしたりする。どうして他人に'どうぞ'という言葉が言えないのだろうか？[53]"なお、この

非難されていた子どもは、雰囲気がわりあいよい公立学校に通う生徒たちである。2008年7月に、張鉄生は学生会を再編し、李榴が敬老院サービス班の班長から社会サービス所の所長になり、"今昇格した気分だ"と喜んで話していた[54]。目下我々は、一部の農民工子女が権威主義の人格をもっているとしか言えないが、我々はこれが農民工子女の特徴であるかどうか(都市部の子どももそうであるかどうか)をまだ評定できない。また、この権威主義はどこから出てきたかも確定できない――父親からの遺伝か、学校からの影響か、それとも社会全体という環境が原因なのか？

二、安全第一：国家の関与と不関与

　公立学校と比べ、農民工子弟学校は通常、安全をすべての仕事の第一に置く。というのは、この種の学校の多くは、明確な法人の地位もなく、非常に立場の悪い状況にあり、一旦、学生が想定外の事故を起こせば、学校側は学校の運営業務を停止させられる運命に直面する。したがって毎週、教職員定例会ではいつも安全問題が強調されていたが、教育品質の向上に関する話題については、かえってあまり検討されていなかった。学校での時間を短縮し、学校側の安全事故責任へのリスクを低減させるため、農民工子弟学校では一般的に、放課時間を午後3時半に設定しており、これは公立学校より丸々1時間も早い。安全問題について、あまりにも配慮しすぎるため、教育への品質向上についてはあまり求めていないのだ。

　このような情勢は、国家政策や政府行為と大変密接な関係がある。Y区教育局の魯先生へのインタビューから、政府が農民工子弟学校に対する監督管理として、主に安全と衛生の二つの方面(実際には衛生も安全の内容の一つ)に集中していることがわかった。

> 　我々は、安全を重点に置くしかできない。というのは、彼らの授業の質を評価するには、我々の人手がこんなにも少なくて、評価できないからだ。それに、全体にわたってよくないことは、評価しなくてもわかることだ。安全の問題については、相対的にすこし評価しやすいが、本音を言うと、それでも重要視しなくてはいけない。子どものことだから、何か起きたら大事となり、われわれも罰を受けなければならない。我々上海市教育委員会は、去年何千万元も出して農民工子弟学校の黒板、勉強机、トイレ、食堂などのハード設備を改善し、

> 学校をすこし建て直した。費用については、我々は一部を補助し、彼ら自身も一部を出すことになった。我々がこれまでこれほど多くの学校を閉鎖したのも、安全への配慮にあるわけだ。[55]

　上海市教育員会が公布した一連の規範公文書からも、"安全性"が重要な位置にあることを容易に見いだせる。7件の公文書の内、5件が安全を主題としている。≪本市農民工同居子女の義務教育における仕事をよりよくすることに関する若干の意見≫（2008-01-17）、≪農民工子女の義務教育を担う農民工子女学校に一律学校責任保険をかけることおよび関連仕事をよりよくすることに関する通知≫（2007-09-29）、≪本市農民工子女学校の衛生と安全など学校設立の条件を改善することに関する意見≫（2007-01-04）、≪本市の部分区において〈出稼ぎ労働就業農民子女の学校安全規範（試行）〉を試験的に実施することに関する通知≫（2005-07-19）、≪出稼ぎ労働就業農民子女の学校安全管理の仕事に関する緊急通知≫（2005-01-19）、≪本市の主に出稼ぎ労働就業農民子女の受け入れ学校の管理を強化することに関する意見≫（2004-06-22）。

　こうした農民工子弟学校のような社会空間において、国家がその空間に関与しているかどうかは、どちらとも言える。農民工子弟学校を「自助救済」に属すと見れば、国家が存在していないことになる。つまりこれは、国家権力の周辺地帯で生長した"草の根"の社会空間で、国家の公的体制から遊離しているものだ。そして、国の安全に対する高い関心から見れば、国家が存在していることになる。つまり、国が終始この種の学校の発展に積極的に関与しているのだ。これは間違いなく悪循環である。一方で、これらの学校は、ハード設備などがあまりにも粗末で、安全上の問題から都市政府に強制的に取り締まられる。他方で、政府の取り締まりによって、これらの学校は情勢の緊迫性を感じ、あちこちに移動するようになり、ハード設備への投資をますます望まぬようになる。

　2007年8月末、私が上海市Y区教育局と連絡が取れた時、この区の農民工子弟学校はすでに最初の三十数ヵ所から4ヵ所にまで激減していた。農民工子弟教育を担う基礎教育科の魯先生が、次のことを教えてくれた。

> 我々の区が都市中心区に分割、繰り入れられました。上海市の政策によれば、都市中心区では、原則的に農民工子弟学校の経営をしてはならないとされてい

ますから、次の1年の間に、これらの学校は民工学校に転嫁するのか、閉鎖するしかありません。勿論、もし"ボス"(校長を指す)が郊外で学校を経営したいのならば、それは本人自身の問題で、我々とは無関係です。郊外の公立学校では、おそらく一時的にもすべての農民工子女を受け入れることはできないでしょう。我々の区は現在、(農民工子弟学校を取り締まる)条件が基本的に揃っています。全区において、公立学校には2万人の農民工子弟がいますが、民工子弟学校には5000人ぐらいしかいません。[56]

　Y区全体では、政府も農民工子女の教育問題に十分関心を持っています。これは教育の平等に関わる問題であり、上海戸籍の子どもかよその子どもかにかかわりなく、誰もが共に平等に教育を受ける権利があるはずです。これはY区の事情で決定されたものですが、我々の教育資源も新入生の獲得先の違いにより変えるのか、調整が必要です。義務教育は主に政府が投資し、生徒の供給源としては質の高いものもあるし低いものもあります。今、本市戸籍(の生徒)が減少しつつあり、2006年(生まれ)の小さなピークは、早くても6年後になります。つまり、学校、幼稚園に入るまであと5、6年待っていなけれならないのです。2008年になると、基本的にはすべての民工子弟学校の子どもが(公立学校に)受け入れられることになります。その理由は2つです。一つ目は教育の規定で、農民工子弟教育は主に現地化、公立学校を中心にすべきとあり、今都市中心区では民工子弟学校の設立はすでにできません。P区にはまだ2ヵ所、Y区にはまだ4ヵ所まだありますが、市教育委員会の基礎教育課は、3年以内に都市部、郊外を問わず、農民工子弟学校は共に教育の質を向上しなければならないと言っています。そのため、≪義務教育法≫と≪民間教育促進法≫の関連規定に従って、民間学校に転換するのです。勿論、民間学校への転換には条件があります。楊浦では、2008年すべての民工子弟学校が閉鎖されます。ここの4ヵ所の学校に保留の可能性があるかどうかは、90に及ぶ標準評価の結果によりますが、目標に到達していれば民間学校へ転換しますし、目標に到達していなければ閉鎖されることになります。もし閉鎖されたら、生徒は全員、政府に全面的に受け入れられ、義務教育の機会を享受できるので、条件は元よりよくなります。(2007年)12月31日までに、民間学校への転換を希望する民工子弟学校は(今から)申し出を出してもよいです。[57]

Y区の4ヵ所の農民工子弟学校はどこも、民間学校への転換申請を提出したが、最終的にはどの学校も成功できなかった。2008年5月に区教育局は当該区の最後の4ヵ所の農民工子弟学校の経営資格を停止すると宣言した。したがって、そのすべての生徒が公立学校に配置された。

　2007年、上海市のP区では、農民工子弟学校の閉鎖による事件が起きた。取り締まられた建英学校は、主に農民工子女を受け入れる簡易学校である。その学校は、1996年に設立され、安徽S県教育局から派遣されたもので、上海のある技術学校の建物を借りて校舎としていた。P区教育局の2006年12月の内情統計によると、当該学校では、計10学年（予備班から三学年）、38のクラスがあり、60名余りの教職員と1995名の学生がいる。2007年1月5日に、P区教育局が建英学校の運営を停止させたため、教育局と学校側、および親達との間で衝突が起きた。今日に至るまで、部外者としての我々はその良し悪しについて、とても判断できるものではなく、なぜなら、その真相を明らかにすることができないからである。我々が知ることができるのはただ、別の真実にすぎない。つまり、当事者の発言から、彼ら各自の立場と利益の所在を発掘することである。

　　1. 安徽省マスコミの報道
　　建英希望学校は安徽省S県の教師姚偉健氏が1990年に創設したものである。当時、全国各地の民工が次々と上海へ殺到し、その子どもも一緒に上海にやってきた。しかし、当時の上海市の学校では、これらの子どもを決して受け入れないため、多くの子どもにとっては勉強するところもなく、町でぶらぶらするか、家にこもるかしかできなかった。その時、まだS県で教鞭を取っていた姚偉健氏がこの情報を聞き、居てもたってもいられなくなり、上海へ向かい、これら農民工子女のために学校を創設する考えを起こした。やろうと言い出すとすぐ行動に移した。彼は同じ教師である妻張玲と一緒に上海にやってきた。

　　当時の「流出地管理」に基づき、学校はS県教育局の審査を経て、P区教育局の認可を受けた。学校創設当初は非常に困難が多く、学生はたったの五十数名しかいなくて、時々検査に来る人もいた。姚偉健は、「一学期だけでも3回ほど校内の捜査を受けました。黒板を壊されたし、勉強机も持っていかれました」と語っていた。2002年、P区は、全区13ヵ所の民工子弟学校に対して整頓を実施した。多くの学校は学校運営の要求に合わないため、その年に共に閉

鎖された。しかし、姚偉健は絶えずハード設備および教師の質を改善し、そして本省の関係部門が上海市との話し合いを通じて、最後まで堅持してきた。建英学校はますます大きく発展してきて、名声も遠くまで伝わっていた。安徽の民工が自分の子どもを送ってくるばかりではなく、江西省、江蘇省などの民工も自分の子どもを送ってきていた。姚偉健も 2004 年に中国教育家協会の審査により「優秀な教育家」に選ばれた。

建英学校の校舎は上海のある化学工場技術学校の建物を借りたものであり、契約期限は 2006 年 6 月までである。化学工場技術学校は、P区が企画している移転地域に属するので、学校側が工場との間で契約更新をしなかった。しかし、姚偉健は一時的に新しい校舎が見つかっていないし、それに化学工場のほうも移転は急いでいないので、双方が協議した上、引き続き建英学校にここで一学期を延長させることとした。姚偉健はなるべく早く新校舎を見つけ出し、来学期には学校はここを出ていくことになる。

2006 年 12 月 19 日の午後、6、7 人の正体不明の人物が建英学校の入り口にやってきて、学校が放課になっているうちにビラ配りをし、学校がまもなく移転になり、一部の親達や生徒との衝突が起きたと言った。2006 年 12 月 28 日午後 3 時ごろ、また約 60 人が手に鉄の棒やスライサーをもって学校の入り口にやってきて、再び生徒、親達向けにビラ配りをした。学校の教頭である甄茂輝が出てそれを阻止しようとしたら、それらの人に殴られて、頭、首、胸に多数、外傷、内出血を負わされた。

さらに思いもよらない事件が起きた。2007 年 1 月 5 日の午後、約 300 人が突然学校に突入してきて、目撃者の話によれば、その中には、警察や保安や都市管理協力者および区教育局の人がいたという。これらの人は、ある者はグラウンドで親達を中に入らせないようにしたり、ある者は授業中の教室に割り込み、教師を別の教室に連れて集合させた。なお、生徒達は教室の中に閉じ込められ、出てはいけないとされていた。数学を教える王教師は、区教育局の範副局長がその場で建英学校の運営を停止し、生徒はすべて、新設の曹楊小学校に移すと宣言したと語っていた。この時、校長の姚偉健は、まだ長風派出所にいた。彼は午前 10 時ごろ事情聴取のためここに連れられてきていた。当日の夜 7 時になって、やっと派出所から出てきた。

生徒と自分の子どもを迎えに来た親は、どういうことか全くわからない

め、皆驚いていた。翌日、彼らは学校に来て状況を知ろうとした時、3台の巨大な掘削機が威風堂々と校庭にやってきた。中学二年生の女子の秀秀は「非常に怖かった。教室を解体するため教科書も地面一杯に散らかっていたそうだ」と記者に語った。一年生の毛毛(仮名)は、初めてこんなに多くの警察を見かけ、「事前に何も知らなかったので、一部の低学年の生徒が恐くて泣いていた。」と言った。それと同時に、学校の向かい側の工事現場の労働者も学校に入ってきて、教壇、勉強机をグラウンドの一角に運んで教室を仮設住宅として入居した。ある親は、「教室が一瞬に台所や労働者達のトランプ遊びの場所になり、本当にひどくがっかりした」と語っていた。[58]

2. 上海市マスコミの報道

記者がP区教育局からよい知らせを入手した。建英学校の生徒は今日、すでに全員が曹楊小学校分校(公立学校)に移ったという。また、これまで生徒や親が心配していた教材や費用などの問題も、P区教育局によると、「彼らが上海の生徒と同様の待遇を受けることを保証する」とのことである。新しい学校では、今学期、生徒から一切費用を徴収せず、スクールバスの送迎も昼食も無料で提供する。新学期からは、国家が規定する公立学校の費用徴収の基準にしたがって徴収を行う。P区教育局の関係責任者は、「我々はすべての生徒が全員学校にあがれることを保証する」と表明した。

「学校創設の許可がなく、校舎が粗末でかつ違法(建築)であることや、運営上の費用徴収の規則に違反するなど、これらのことが、我々が直ちに建英学校を取り締まった理由だ」と、P区教育局の関係責任者は東方ネットの記者に建英学校における運営上の種々の問題を挙げた。建英学校の校舎は、P区のある化学工場技術学校の移転計画中の建物を借りたものであるが、その賃貸契約の期限はすでに半年前に終わっていた。学校は、学校運営においても、区の管轄を超えて生徒を募集し、クラス規模の基準値を大幅に超過させ、更に、32％以上の教師が資格証書を持っておらず、学校も費用徴収の資格証書を持っていない、といった違反行為の問題が多数存在していた。

東方ネットの記者は、写真から建英学校の校舎の粗末さを見ることができた。その校舎のうち、24の「教室」がどれもカラーコーティング鋼板で建てられた違法建築であって、避雷装置もなく、消防安全検査も不合格であり、安全上で

隠された大きな危険性が存在していた。記者はまた、次のことを聞いた。2千名に近い学校として、建英学校には男女のトイレがそれぞれ2つしかなく、またトイレの中は汚水であふれていて、親も子どものズボンのすそがいつも汚れていたという。要するに、衛生条件が非常に悪かった。さらに学校に通う学生を送迎するバスも長らく深刻なオーバーフローの状態にあった。

　建英学校の生徒の多くの親達から質疑があった閉鎖時期の問題について、P区教育局の関係責任者は記者に次のように語った。期末が近づいた時期にこのような迅速な行動を取ったのは、主として生徒の安全のための配慮によるものであり、一部の生徒は間もなく帰郷し正月を過ごすし、もし今から公立学校が彼らを受け入れることができれば、新学期への仕事の引継ぎもスムーズにできると考えたからです。それに、建英学校では、いつも学期末の前に来学期の学費と雑費を徴収する必要がありましたから、もし徴収してから学校を閉鎖するのであれば、親達の利益が損なわれることになるからです。

　建英学校の生徒によりよい環境をあてがい、彼らの学習に影響を与えないために、教育局はわざわざ公共建設で建てた新校舎を初めて採用し、それを公立曹楊小学校の分校として、元の建英学校のすべての生徒をここに移らせた。当面、建英学校の生徒はすでに斬新な教室で授業を受けている。昨日の朝、教育局の一部の教師も18輛のスクールバスの後について、2回に分け学生の送迎を行っていた。統計によると、学校に来ている生徒は計1852人いる。教育局はまた、生徒の国語、数学、外国語の三つの主要科目の期末時の復習、及び冬休み時の生活などについて、心を込めた手配を行っていた。彼らが使用している教材も引き続き人教版の統一編集教材が使用されることになる。P区教育局が状況について、根気よく詳細に説明を行ったことを通し、当面は大半の親は新校舎及び教育局側の手配などについて満足の意を表している。[59]

3. 大学時代建英学校で兼職の経験を持つメール友達如是の話

　私達は、学校が正規の手続きをしていなくて、安徽省の教学証明書さえも偽物であることを知っていました。そのために2002年に一度、取り締まられましたが、その後、校長の手腕が優れていたため、学校は徐々に回復してきました。それに現在では、安徽省の証明書も本物になったそうです。しかし、これまでは確かに、P区への届出は出されていませんでした。

学校の所在区域は、上海のわりに辺鄙のところにあり、賃貸で借りていた建物もある化学工場の廃棄校舎ですから、わりに危険性があります。姚校長も、さらに多くの規則に違反する建物を建て増しして、正規の校舎の約4倍にもなるでしょう。これらの建物は目に見えない多くの安全上の弊害が潜んでいます。以前、それが原因で生徒がけがをしたことがあります。学生は約2000人で、学校側は毎年生徒一人ずつ2500元の学費、800元のスクールバス代とその他の雑費を徴収します。不確かながら統計の情報では、校長の年間収益額は約800万元で、校長らの家族もほとんど学校で仕事をして、副校長は彼の妻ですし、教務主任は彼の親戚で、普段はみんなとても得意げな調子です。校長は安徽省の政協委員でもありますが、ここでは、正真正銘の商売人にすぎません。今でも当時の学校給食を思い出すことができますが、あの時の我達ははっきりと形容する言葉を持っていました。それは"ブタの餌！"と呼ばれていました。

　教育局が建英学校を取り締まる理由としては、(1) 違法に学校を経営したため取り締まらなくてはいけない、(2) 化学工場との賃貸契約がすでに期限になり、かつ安全面でも重大な弊害が潜んでいるので、来年にも民工子弟が引き続き勉強を継続していくことができるように移転しなければならない、との二つが挙げられます。後になって分かったことですが、実は、教育局はすでに何回も書面や口頭で、姚校長に授業を停止しなければならないと伝えていたのですが、姚校長がずっとこのことを親や生徒に隠していたということです。彼は多方面のチャンネルを通じて関係者と連絡していましたが、結局はやはり見当違いとなったのです。

　校長はまた、給料減額の名分で教師達を脅迫し、本当にやさしい教師たちなのですが、生徒に電話をかけさせて、教育局が学校を取り締まることは違法なことで、教育局はすでにその誤りを認めたと伝え、また、1月8日より引き続き建英学校に来てくださいと呼び掛けていました。その結果、あの日の朝は、確かに何百人かの真相を知らない生徒が学校に来ました。教育局と公安の関係者は知らせを聞くと、現場に駆けつけ姚校長の行為を阻止し続けていました。勿論、姚校長は終始顔を出さなかったです。その場は混乱していました。校長の親戚達は、教師や学生の親のふりをして記者達からのインタビューを受けたりしていました。幸いに彼らを私が知っていたのです。同僚にも何人か尋ねた

のですが、彼らも事態の展開にどうしようもないとの意見でした。「今は暫く校長と一緒にハンドルをとるしかできない」、というのは、「私たちの給料をまだ支払ってくれないから。」ということです。

　全体の事件はまだ引き続き展開していくかもしれませんが、これが大人のゲームです。政府であろうと、商売人であろうと、それとも利益であろうと、可愛そうなのはあれらの子ども達です。ただ、今回の苦しみを通じて、彼らがよりよい教育を受けられるように、また、上海の人々も本当に平等に民工子弟の子どもと接するようにしてほしいだけです。[60]

　上記の三つの「物語」のバージョンから見れば、安徽省マスコミの報道は、明らかに学校側の利益を代表しているが、上海市マスコミの報道は、政府の観点を代表していることがわかる。そして代講教師の見方は「雇用側」（校長）と対立する「労働者側」の立場を代表している。第１の物語の中で、建英学校の校長が農民工子女教育事業に従事している教育家として描かれているが、上海市Ｐ区教育局の取り締まりの行為は、学校の実際的な運営困難と学生の利益を無視した争議が続いているように見える。第２の物語の中で、Ｐ区教育局は他人の身になって農民工子女のことを一生懸命に考慮しているが、建英学校は非合法で財貨を奪い取り、学生の安否を顧みない、陰湿で残忍な心を持つ学校となり、そして学生と親は取り締まり行為の受益者となっている。第３の物語の中では、校長が学生と教職員を陥れ、かつ学生と親達を利用して政府と対立させる、良心のない商売人として描かれている。なお、この政府と学校との格闘の中で、農民工子女と教職員が最大の受難者である。

　確かに上記の報道から、われわれは農民工子女の本当の気持ちや心理状況、例えば結局のところは冷淡な態度で傍観するのか、または非常に腹を立てているか、それでも喜んで受け取るかを判断できないが、この種の取り締まりの行為は、子ども達に対して影響を与えることは間違いない。特に法律を執行する過程における暴力——学校側から先に手を出すか、それとも警察側から先に手を出すかにかかわらず——子ども達の心の中の政府へのイメージが損なわれるかもしれない。

三、反学校文化：子ども達の叛逆と反抗

　　新学期が始まったころ、初めて長江農民工子弟学校の三学年の教室に入った

時、目の前の光景にびっくりさせられたことを今も覚えている。男子生徒達は堂々と教室の中でトランプをして、さらにお金も賭けている！それに彼らのヘアスタイル、服装を見れば、社会の青年の悪い習慣が濃厚ににじみ出ている。一方、女子生徒は男子生徒より少しましだが、自分とは関係がないようなどうでもいいといった表情をしており、これも私にとってはどうしたらよいかわらないことだった。事実としてはっきりしたことは、一組の極めて反抗的な生徒がいたことで、私の仕事にとって大きな挑戦ともいえるだろうと心の中で、思わずつぶやいていた。[61]

　私は初めから情熱と希望をいっぱい持っていたが、学生は私に、「先生、私たちのことをあまり管理しないほうがいいよ。私たち、元々勉強のために来ているわけではなくて、いいかげんに過ごして中学校の卒業証書さえもらえればいいと思ってるから」と言った。したがって、彼らはいつも、誰もが場当たり的に事を運び、自分に対して責任を負わない。私は、今彼らに接する際に、魯迅先生がおっしゃった言葉のように、人が不幸な境遇にあることに悲しみを覚え、人が戦わず頑張ろうとしないことに怒りを覚える（「哀其不幸、怒其不争」）。[62]

　ボランティアの劉偉偉が述べたこの状況については、私もフィールド調査において何度も経験したことがある。公立学校の農民工子女と比べ、農民工子弟学校の最大の違いは、後者では、ポール・ウィリス（Paul F. Willis）が述べた「反学校文化」（Counter school Culture）[63]が流行していることにある。高学年の多くの生徒は、教師の権威を認めておらず、校長もただ、金儲けのことばかりを考えているボスにすぎないと思っている。したがって、一部の生徒は自主的に学校を中退し、アルバイトをしたり、さらに別の生徒は「ストリート・ユース（街角青年）」にさえなる者もいる。彼らにすれば、学校が伝授する知識の多くはほとんど役に立たないものであり、彼らの運命や立場を変えることはできないと思っている。また、学校が宣伝する「出稼ぎ労働者の子女に、二度と出稼ぎをさせない」というスローガンは、まったく何の根拠もないでたらめの話だと思っているため、毎日のいいかげんな過ごし方、学生恋愛、殴り合いのけんかがいずれも「クール」な表現として認められている。まさに、ウィリスの記す労働者階級の子弟が「男らしい気概」（Masculinity）を追求しているのと同じことである。公立学校と農民工弟学校の教室に入ると、最大の区

別として、前者は秩序が整然としているが、後者は明らかに規律に欠けていることが挙げられる。

　私はボランティアとして、ある農民工子弟学校で教師を兼職したことがある。毎回の授業では、規律性を維持するために3％或いはそれ以上の精力を費やさざるを得なく、声がかすれるまで叫ぶほどのやり方で、学生達のこそこそ話を抑止しようとしていた。長い間、農民工子弟学校でボランティアとして教師を兼職している大学生の魏文が多少悲しみと憤りの口調で次のように語った。

> 私が今、教師として兼職しているあの民工学校は、外観はわりによかったし、ハード条件もまずまずだが、ソフトウェアや教師、クラスの雰囲気については、すべてがめちゃくちゃで手に負えない。あそこの子どもが16歳になったら、犯罪の主力軍となるかもしれないと思っている。それに、将来、私のクラスの80％の人は犯罪を起こす可能性があると感じていた。[64]

これは過激な話ではあるが、教師の学生の反逆行為に対する一種の反応に違いない。比べてみれば、公立学校のほうは、ある種、学業第一という雰囲気が存在しているので、これは大いに、農民工子女が高校に進んで勉強しつづけることを選ぶ可能性を押し上げた。農民工子弟学校の同級生の話に触れると、陽洋は次のように語っていた。

> 彼らの一部の人は、世の中の人達と一緒にいい加減に過ごしたりして、親分とか何だとか、このような過ごし方がとてもクールだと思っている。これは外から来ている生徒の中に割と多かった。長江学校（農民工子弟学校）にいた時、クラスには50人の学生がいた。その後、その内の14人が滬城中学に入り、その他の人は錦綉学校（もう一つの農民工子弟学校）に入った。錦綉学校に入った人の多くは、世の青年が持つ悪い習慣を身に付けていた。（男子生徒も女子生徒も同じですか？）男子も女子も同じです。このような環境の中で、自分をコントロールする力をどんなに強く持っていても、悪習に影響されることになるんです。女子生徒は恋愛をしたりして、男子生徒と一緒に出かけて遊んで、一晩中帰らず、見た目も非常におしゃれにしている。一方、男子生徒は、他に車を盗んだり、けんかをしたりして、それに鉄を盗むようなこともする。（女

子生徒は）化粧でも、大人の服装の面でも、私たちとの違いがはっきりと現れてきて、会うたびに何を話せばよいかさえわからなくなってくる。[65]

かつて、魏文が錦綉学校で担当していた中学二年生のクラスでは、一つの小「派閥」が存在していた。メンバーは5、6人、「親分」は当時17歳で、彼の親が浙江省の金持商人だった。話によると、元々彼は故郷のある貴族学校に通っていたが、厄介事をしでかしたので、転学せざるを得なかったそうである。親の溺愛で小遣いも多いので、そこで、彼が何人かの同級生と学校外の無職の青年を自分の味方にまるめこんで、彼について「いい加減に日々を過ごす」ことになった。魏文に心を痛めさせるのが、「今の学生は皆このような人をうらやましがっている。クラスでも何人かの女子がこの生徒に特別な好感をもっている」ことだ。

私の調べたところでは、ほとんどの農民工子弟学校の中学校には、どこも類似の小「派閥」（メンバーには少数、小学校の高学年生からさえ来ている）が存在している。興味深いのは、これらの「派閥」メンバーを有するクラスでは、かえって名誉感が強く持たれていたことだ。通常、自分のクラスの同級生をいじめたりすることはしないが、気に入らない他のクラスの生徒を見かけた場合は、手を出して相手を「こらしめる」のである。もしほかのクラスの生徒が自分のクラスの生徒をいじめるなら、彼らは往々にして名誉のために「助太刀」もする。農民工子弟学校の子どもが校内か校外でいじめられた場合も、多くが「派閥」のメンバーに表に立って交渉してもらうが、そのことで、けんかやもめごとなどをどうしても避けられないので、学校の管理層にも頭の痛い問題を抱えさせている。これらの「派閥」メンバーはまた、ぺらぺらしゃべって教師の権威を挑発したりするのが好きである。例えば、彼らは教師の弱点あるいはある特徴を見つけて、裏でその教師にあだ名をつけるとか、または、教師が授業中に真面目にある事柄を述べているとき、彼らはその教師の話の中の言い間違いを選んで、"笑い"を作り出そうとするのである。更には、ごく個人的な生徒が教師の処分を受けると、公然と報復を宣言することさえある。魏文の話によると、次のようであった。

> 彼らはクラスの担任に対しては、やはり幾分恐れているが、その他の教師に対してもそうかはわからない。一部の教師は権力を好む傾向があるが、生徒はクラス担任なら彼らを退学処分にする権力を持っているが、その他の教師はこ

第三章　下層と学校：階級再生産影響下の政治的社会化

のような権力を持っていないことを知っているので、彼らは私を恐れているのが、それは私が彼らによくしているからではなく、私が彼らを退学処分にする権力をもっているからである。彼らの例の親分は、私に対して持っている意見は依然として大きいが、というのは、他の教師は彼らに対して指導を行う勇気がなく、私しか彼らを指導することができないので、私に意見をもっているわけである。なお、彼も、私を怒らせたら彼にとっては何のいいこともないことを知っていて、退学処分を恐れるので、普段はお互いにもめ事もなく学校の生活を送ってきた。[66]

楊洋は、滬城中学においても、たまにはこのような状況が起きていたと話している。かつて一緒に"牛飼い班"合唱団に参加していた常力は「悪習」を身につけた。「ろくでなしと一緒にいい加減に日々を送っていて、クラスの中では悪習で有名人となったものである。よくインターネットカフェに行って一晩中帰らず、QQ上で女の子と世間話をしたりして時間をつぶしていた。また、あろうことかタバコを吸えるようになり、それに出かけてけんかもしたりしていた。」

マスコミの報道によると、2000年には、上海市における当地とよその戸籍の未成年犯罪者の人数比が6:4で、この比率は2002年まで維持されていたが、2003年には、その比率が逆転し始め4:6となり、更に2005年になると、その比率が3:7となった。そして、これらのよそからの戸籍の未成年犯罪者の多くが、外から来た農民工子女であった[67]。

これは張軟超が最も危惧しているところである。彼は、肝心な問題は、子ども達の生きる道の問題だが、これは彼とその他のボランティアにとってはどうしようもないことだと述べていた。中学校を卒業した後、農民工子女は三つの選択肢に直面することになる。一つ目は、上海で中等専門学校、技術学校或いは職業高等学校に進学する。二つ目は、故郷に戻り高等学校の入試を受ける。三つ目は、アルバイトをするものである。共青団（中国共産主義青年団）上海市委員会と上海社区（地域社会）青少年事務弁公室のある調査結果によると、中学校を卒業した後、約半分の農民工子女は上海に残り、親について一緒に商売の手伝いをするか成人中等専門学校、技術学校或いはその他の中等学校に進学するという。また、残りの半分の出稼ぎ労働者の子女は、社会に散らばっており、就学と就職のいずれを選んでも難しい状態に陥っている[68]。

即ち、技術学校とアルバイトを選択した人は割合に多かったが、ほんの一部の成績の良い学生（主に男子学生）だけは故郷に戻って（高等学校に進学し）勉強しつづけている。魏文は、「彼らは故郷に対して特に深い思いを持っているわけでもない。彼らは、故郷側の人間でもないし、上海側の人でもないのだ。彼らはこの中間に挟まれている人間だ。もちろん、個別には故郷に帰る人もいるが、極少ない。一クラスにほんの数名しか成績の良い人はいなかったし、90％以上の人は故郷に帰らないのだ。」[69]と説明していた。高等学校に進学したこれらの学生のうち、更に極少数が大学に進学できる（それにより戸籍身分の変更も、上流社会への流動も実現できる）。何といっても、都市部と農村部の間には、大学教育を獲得するチャンスに5.8倍もの差がある[70]。また、こうも言える。農民工子女にとって最も接しやすい教育資源(中等専門学校、職業高等学校、技術)が、未だ彼らの社会流動に役立っていないと。中学校を卒業すると、多くの子どもが直接世の中に投げ込まれるが、彼らを待っているのは輝かしい前途ではなく、親達に近い"3D"職業である。つまり、難しさ(Difficult)、汚れ(Dirty)、危険(Dangerous)のある仕事である。実際には、一部の学生は、中学校を卒業した後、すぐには仕事を見つけることができないか、或いは暫くは仕事をしたくないかの理由で、楊洋が話していた「世の中の人」になってしまうのである。かなりの程度で、反学校文化は農民工子女が直面する共同生活のチャンス（Common Life Chance）が促し形成したものであり、将来に対する期待の低さが子ども達に学校教育への興味を失わせたのである。

　もう一つの重要な原因は、公立学校が進学のプレッシャーに直面しているので、教育の質が第一だということである。そのために、学生の心身に対して一層の制御と規制をしなければならない。滬城中学の牛先生の言葉を借りれば、これが"身を持して世に処する方法の浸透"ということである。そして、確かにこの種の浸透は心から湧いてきた誠実性である。李榴は「私たちの担任は、人間らしくあるための道理をよく教えてくれるし、今まで乱暴でいいかげんな事をしたこともない。毎回、話してくれるうちに、自分でも涙を流していた。」と話していた。農民工子弟学校にとっては、生徒の人身の安全が第一である（教育部門の学校に対する評価も安全と衛生を主にしている）ため、学生が授業時間さえ"事故が発生しない"ということであれば、よいわけである。したがって、学校の学生に対する管理は、主に体に重点を置いて制御を行うのであり、精神的に教え導くようなものではない。また、"教員陣"の流動性も、教師の責任感が相対的に足りないことを招いた。更に、教師と

学生の感情的なコミュニケーションが割合に少ない。例えば、公立学校でよく見られる家庭訪問は、農民工子弟学校ではほとんど実施しない。後者の環境においては、農民工子女が学校と自分自身の利益に関して容易に衝突が起こる。錦繍学校の生徒は、こっそりと校長をボスと呼んでいる。そして校長の車は「我々の学費と外からの寄付金で買った」ものだと思っているため、学校のすべてに対し疑いを持つ態度でいる。公立学校の農民工子女と異なり、農民工子弟学校の生徒は、成績が悪いことや中途退学が人生の失敗だとは思っていない。更に、高学年の生徒は、一日も早く社会に入り、仕事によってもたらされる成人の地位を楽しみにしていた。

　ウィリスは、反学校文化への分析を通じて、労働者階級子弟の文化上の能動性と創造性を強調していた。しかしながら、反学校文化は、独立した一つの文化ではなく、まさに我々がある物事をひっくり返しても、その物事の本質は変わらないのと同じようである。学校イデオロギーへの「反逆心理」は、既存のイデオロギーに対して農民工子女が安易に否定する傾向をもたらした。彼らが学校のイデロオロギーから独立した下層文化を創出したというよりも、彼らが学校イデオロギーへの簡単な対立物を創出したといったほうがいい。つまり、学校側が提供している符号の前に"負号"をつけるのである。したがって、反学校文化は「階級再生産」への挑戦にほかならず、むしろ、反学校文化は農民工子女のそれに対する一種の反応だといったほうがいい。一方では、反学校文化を通じて子ども達が（思わず）自分の不満を吐き出した。これは彼らの反抗と自主の側面である。他方では、反学校文化は彼らが個別的に流動するチャンスを失わせ、より早く社会に入らせることになり、これはその皮肉と不合理の側面である。

　しかしながら、決して農民工子女が前途に対して悲観的な心理状態をもっているため、彼らの生活が物寂しい情況に陥っていると思ってはいけない。逆に、農民工子女は、他の子ども達より何の心配も憂いもなく、より自ら楽しく過ごしている。これは、一生懸命に子ども達に発奮して強くなろうと元気を出して頑張らせようとする劉偉偉に大きな苦しみを感じさせていた。

　　6年2組の学生に数学を補講していた時、前で声がかすれるまで叫んで、ある問題について繰り返し説明を行っていたのに、下の方の学生が自分の世界の中に遊離していたんです。問題を解けと呼びかけても彼らはそんなだから、どうしたらよいかわからないわけです。あの時、本当に彼らを激しく殴りたいと

思いました。私は、彼らがあまりにも物事がわかっていないこと、そして長くは続かない今のような楽しみへ執着すること、そして彼らの堕落への自己満足に恨みを抱いたわけです。しかしながら、私はまた、どんなことをやってあげられるのでしょう。彼らを叱ったり殴ったりするのだろうか、もし、このようなことが本当に効くのであれば、私は喜んで試みてみるが、彼はもう救いようがなくなっているのだと私にはわかるのです。

　私は楽しいことにあこがれています。だから、私はこの学校を選んで、このような苦しみをなめ尽くしてなお、今も笑顔を欠かさない子ども達との付き合いを選んだんです。私は、こうすれば、楽しくなるのではないかと思っていたのですが、それは間違いでした。私がより深くこの学校での仕事を進め、彼らの世界に入ろうとした時初めて、私は彼らの多くの点に賛同できないことに気が付いた。更に、私は自分がなんと非力なのか、例え一つの小さなことさえも、私は何も対応できないことに気が付いた。私は、彼らに、授業中の教室での規則を遵守させられないのです。分からないことがあればすぐ質問するようにさせられないのです。盲目的に楽しさを追求することが将来の苦しみだけを招くことを意識させられないのです。私の話を聞かせられないのです。しかしながら、まさか私はこれを口実にして彼らを助け進歩させる責任から逃げるのではないだろう。私が実はやれないかもしれないが、私がやるべきことで、こうすると少なくとも、まだ1％の見込みがあるのです。[71]

　ここまでで、農民工子女が、すでに主流のイデオロギーから独立した価値体系を形成している証拠は何もない。私の農民工子女へのアンケート調査結果からみれば、農民工子女でも、公立学校へ通う者でも、農民工子弟学校へ通う者でも、また年齢と性別を問わず、彼らは、都市部の子どもの価値観との差異が非常に小さく（金銭、平等、正義、個人／集団、権力／権利への見方を含め）、価値の傾向はほぼ一致している。ただ、都市部の子どもの態度はより政治的な正確性に欠いており、主流価値観を肯定する観点では、都市部の子どもがより強い支持を示し、主流価値観を否定する観点では、都市部の子どもがより強固に反対を示す（調査結果は本書の第六章で詳細に分析）。農民工子女へのインタビューからも、この結論への支持の結果を得ている。「チンピラ」と呼ばれる生徒でも、公然と社会の基本的な価値や規範を否定することは極めて少ない。

ブリュデューは、学校は、社会的文化規範を維持、伝播、教化のために特別に発明された一つの機構であり、学校が行うのは、文化再生産の働きだと指摘している[72]。もし、単なる価値観から見れば、このような観点は成立できるだろう。即ち、教育体系はシンボリカルバイオレンス(Symbolical Violence)の運用を通じ、文化再生産の実現に成功した。しかしながら、文化は単なる価値規範だけでなく、知識のストックも含められている。

　もし、価値観が我々の情緒と体験の昇華であるとすれば、知識ストックは我々の日常生活経験の沈殿である。価値観は明確なものであり、体系化されたものであるが、知識ストックは非自覚的、無意識的なものである。価値観は組織化された社会化の媒体(家庭、学校、マスコミ)を通じて伝播されるのであるが、知識ストックの形成は個人的なものであり、個人の生活経歴に関わっている。私は研究を通し、農民工子女と都市部の子どもとの最大の文化的差異は価値観にあるのではなく、知識ストックにあることがわかった。即ち、本書の第二章で述べた事件駆動の政治的社会化がもたらす知識ストックの差異である。

第三節　情報の不一致性：政治思想教育の難局

一、思想政治課

　今日の世界では、ほぼどの国でも未成年者に対するイデオロギーの教化が存在しているが、違いがあるのは名称だけだ。例えば、政治思想教育、公民教育、品質教育或いは道徳教育などである[73]。各国の学校教育にも、正式な政治授業の科目がある。このような授業科目の設置は、政治的社会化の重要な方法の一つに違いない。

　学校の公民教育の授業科目では、通常、国家が系統的に政治制度の運用に関する知識、価値および規範などを学生に教え込む。アルモンドとウェーバーは、欧米5ヶ国(米、英、独、伊、メキシコ)で行った調査研究の結果に基づき、学校教育は公民の政治知識の学習と政治への参与の重要なチャンネルであることを示している[74]。ニーミーらは、米国の学生の経験研究の結果に基づき、学校の公民授業の科目は高校生の政治参画、政治的関心および政治行為へは特に顕著な影響を与えていないが、公民授業の科目の数と高校生の政治知識との間には、顕著な相関関係があることを示している[75]。

我々の調査によると、公立学校では通常、専任の政治授業の担当教師がいる。具体的な授業科目の名称としては、「品徳と生活」(小学校低学年)、「品徳と社会」(小学校高学年)、「思想品徳」(中学校)が含まれている。授業の方法としてはほとんどマニュアル通りに読み上げるが、マルチメディアを駆使して授業する学校もあり、担当教師が心を込めて授業用PPTコンテンツを作成し、その上で生き生きと分かりやすく説明しながら授業を進める。ところが、農民工子弟学校のほとんどには、専任の政治授業の担当教師がいない。政治授業は非主要授業として、通常、主要授業の担当教師、行政職員或いはボランティアによって兼任されることとなり、授業の形式も割合に自由で、時には主要授業の担当教師が宿題の添削或いはテスト回答用紙のチェックに忙しい場合、政治の授業は学生の自習授業となる。ここ数年、Y区の農民工子弟学校が大幅に減らされ、周辺大学の多くのボランティア団体は突然、サービス先を失ったため、残されている4ヵ所の農民工子弟学校に次々入っていった。これらの農民工子弟学校にとっては断りにくいため、いっそのこと政治思想の授業、体育の授業など、「痛くもかゆくもない」差し障りない授業を大学のボランティアに譲り、彼らに「やらせた」。ある時、錦秀学校では一日で何ヵ所ものボランティア団体を応接しなければならなかった。志願する人は多く、授業は少ないので、教務は何人かのボランティアを一つの授業に配置させるしかなかった。なお、これらのボランティア(多くが大学一年生)にとっては授業に対しては何の経験もなく、いたずら好きな生徒に向き合って、彼らはいつも手をこまねくしかできなかった。いわゆる政治思想の授業は、実際は自己紹介やゲーム、パフォーマンスの演出といった場となり、ワイワイキャーキャーの中で終わらせることになった。

　教科書の内容からは、主に政権党の意志および社会主義の主旋律を発揚する必要が示されている。例えば、2007年中国共産党第十七回大会が閉会した後、教育部が《中学校思想品徳と高等学校政治思想科目で党の十七大精神を徹底する指導意見》を印刷して配布した。その中で、「2008年の秋学期が始まった後、十七大精神にしたがって改訂できなかった教材については、継続使用してはいけない」と強調された。人民教育出版社はすぐに、"意見"の精神にしたがい、中学校思想品徳と高等学校政治思想を一揃えに、教材の改訂を行った[76]。ここ数年、政治思想授業の重要な変化の一つとしては、伝統的な愛国主義教育と革命後継者教育の他に、大幅に公民教育の内容が増えてきたことがある。以下は、中学校『思想品徳』の中で、公民教育にかかわる一部の内容を示しているものである。

七学年第七課第一節《法律に近づく》
七学年第八課第二節《法律を有効に使って自分を守る》
八学年第一課《国の主人、広範な権利》
八学年第一課第一節《人民が国の主人公になる》
八学年第二課第一節《公民の義務》
八学年第二課第二節《忠実に義務を履行する》
八学年第四課第二節《誰でも人格の尊厳を有する》
八学年第七課第二節《財産は誰に残すか》
八下第九課第一節《公平性は社会安定の天秤》
九学年第一課第一節《私が誰に責任を持つか、誰が私に責任を持つか》
九学年第一課第二節《代価とリターンを求めない》
九学年第二節《責任を担う中で成長する》
九学年第二課第一節《集団を愛顧する責任を担う》
九学年第四課《基本的な国策と発展戦略を知る》
九学年第六課《政治生活に参画する》
九学年第六課第一節《人民が法治国家の主人公になる》
九学年第六課第二節《憲法は国の根本的な法令》
九学年第六課第三節《法律に基づき政治生活に参画する》
九学年第三単元《社会に溶け込み、使命を担う》

しかしながら、社会と政治背景が切り離された公民身分の教育は存在し得ない[77]。アーモンドとパウエルは、社会化の結果がすべての情報と条件の相互作用によって決まり、特に関連情報内容の一貫性にかかっていると指摘する。政府は往々にして、学校の授業を通じて学生向けに特定の政治態度と価値傾向を教え込むが、これらの努力が成功できるかどうかは、最も理想的な状況下であっても、社会環境によって決まるのだと指摘している[78]。農民工子女にとっては、授業で受けとるのは平等、自由、参画、権利といった公民社会の言葉のセットであるが、彼らが置かれている社会環境は、時に不平等、暴力と機会の制限に満ちみちていた。現実と書物の深い溝は彼らに「社会」をはっきり見せることになる。張軼超は次のように語っている。

これらの子どもは、一つの共通点として、この社会に対してある種のことに欠けていることがあげられる。どう言ったらいいでしょうか、共にこの社会が一つの素晴らしい社会だと思わないのです。教材の中での教育内容をよしとしないで、汚職、賄賂、離婚、犯罪といったことを、彼らは全部はっきり自分の目で見ているのです。だから、彼らは、学校が宣伝している精神文明のことを信じないし、徳育のことに対してもあまり信頼しないのです。[79]

次の段落の内容は、あるボランティアが思想品徳の授業を終えた後の感想である。

　今日授業をした思想品徳の授業は非常に特別だ。そのタイトルは≪如何なる職業にも名人が出る≫となっていた。この言葉について、私は賛同するが、次のテキストを読んでください：劉少奇同志が便所汲取人とがっしり握手をした時、伝祥の手をきつく握って、「私は国家主席で、人々のために奉仕している。貴方は便所汲取人で、貴方も人々のために奉仕している。したがって、私たちは同じだ。ただ、職業が違うだけのことだ。」と話していた。国家主席が便所汲取人と本当に「同じ」かどうかは、これは一つの検討できる問題だが、子ども達は明らかに、さまざまな職業の社会的名声をよく知っている。今日では、将来自分は司会者や記者、科学者、裁判官になりたいと言う人はいるが、今後、お手伝いや、清掃員、郵便配達人、運転手、肉体労働者などになりたいと言う人はいない。それに伴い、現在彼らが受けている教育に対して、ある種の不信感が生じている。[80]

二、業間体操の訓示

　学校で毎日行われている国旗掲揚の儀式、業間体操、および始業式、卒業式、重大な祝日或いは記念行事では、必ず国旗を揚げながら国歌を歌う。政治的な雰囲気が非常に濃厚である。学校側は、これらの儀式を通じて学生の愛国の豊かな心を育み、国家や民族への認識を強化することを望んでいる。また、学校側は政治指導者、英雄の肖像を掲げたり、スローガンを貼るなどの政治的なシンボルを通じて学生に政治情報を伝えようとしている。

　シンボル体系については、通常、公立学校のほうが農民工子弟学校より相当発達

している。滬城中学校においては、壁の上のいたるところに各種の図案、スローガンが掲げられている。その中には、有名人の肖像や名言もあるし、当中学校の学生の座右の銘もある。そのほか、先進的な人物の写真と業績紹介および各種コンテストのポスターもある。これら全ては共に、先駆者を見習い、高い目標を目指すという主流の価値観をはっきり示している。ところで、錦秀農民工子弟学校においては、粗末な壁新聞には、ただ学費や食事代、バス代の公示に、教師の当番表および各機能部門の学生安全問題に関する規定しかない。学生の作文と写真を主たる内容としたキャンパス傑作集は、とっくに色つやが失われていた。

　錦秀農民工子弟学校にいた時、私にとって最も印象深かったのが、毎日午前9時半からの業間体操である。校長、教務主任と当番教師は、グラウンドに向いたベランダに立ち、高音のラッパで学生の入場を指揮し、国旗を掲げた後、学生はラジオ体操を始めるが、教師は列の後ろで監督している。あるクラスの行動がよくない時やわざと嫌がらせをする生徒がいる時、当番の教師が高音ラッパを使って大声で叫んだりする。何人かのわんぱく生徒が、その後校長事務室で戒めを受けるため呼ばれることになる。体操が終わったら、校長か教務主任が訓示を始めるが、通常、主な内容としては、①皆の前で指名し、最近行動のよい／よくないクラスを褒める／批判する。②立派な人と立派な行い（ほとんどは少額のお金を拾っても着服しない行為）に対し一人一人名前を呼んで褒める。もし政府機能部門が検査に来ることになれば、必ず規則やしきたりを守り、教室やトイレを綺麗にするよう、時間をかけて学生を戒める。場合によっては、トイレの清潔を保つために、学生に指導部門の検査を受ける時間帯はトイレに行かないように要求することもある。

　比較すると、公立学校のシンボル体系および儀式のほうが比較的生徒の自主性、自律性を強調しているが、農民工子弟学校のほうは、より生徒に学校権威への服従を強調する。これも間接的に、農民工子弟学校の「反学校文化」の大流行を反映しており、そのため学校側が絶えず自分の権威を守るために強化し続けなければならない。

三、クラス会（班会）

　公立学校でも農民工子弟学校でも、毎週一回、クラス会が開かれることになっている。クラス会は往々にして、教師が政治思想教育や規律の教化を行う重要な手段

である。クラス会では、クラス担任の教師が、過去一週間のクラスの行動について大まかな評価を行い、関連の生徒に対して褒めたり叱ったりする。違うのは、公立学校の教師は特に自分のクラスと他のクラスとの競争に着目し、主に成績、クラスの風紀および各種のコンテストの中でのランキングなどであるが、農民工子弟学校の教師は主に規律を強調し、クラスにおける行動のよくない生徒をしばしば戒める。錦秀学校においては、クラス会の日になると、いつも何人かの学生が教室の後ろ側か或いは入り口の廊下に立っているのを見かけるが、教師達にやるせなさを感じさせているのが、これらの"罰として立たせる"子どもが何の恥ずかしさも持っておらず、却ってにやにやした顔をしていることである。

四、各種コンテスト

公立学校においては、さまざまなコンテストが存在している。例えば歌の大会、運動会、校内文化祭、作文のコンテストなどである。表面上は、これらのコンテストはいずれも技能的に見えるが、実際にはこれらのコンテストは、ある程度政治教化の機能を持っている。コンテストの内容が相対的に多様化するため、成績があまりよくない一部の子どもも体育、音楽、工作方面での優れた活躍で表彰を受けることができ、それによってより自信を持ち、より積極的な心理状態で生活と勉強に向き合うようになる。滬城中学校一学年五組の牛教師の紹介によると、次のようである。

> 彼ら(当中学校の農民工子女を指す)はすべてのコンテスト、すべての表彰項目に参加します。現在、一人の生徒の工作が区レベルのコンテストで選ばれ合格したため、これからは市レベルのコンテストに行くことになりました。私のクラスのある生徒は、体育が割合によく、潜在能力もあるため、バスケットボールのトレーニングに選ばれ、さらに労働技能、ダンスにも参加し、昨夜の保護者会では、彼らは嬉しさを表に出していました。これらの子どもは現在勉強にも熱心になり、主体性も積極性も増してきています。[81]

なお、農民工子弟学校においては、このようなコンテストはあまりない。そこで、華東師範大学の郷土建設学社が考慮し、上海の外来出稼ぎ労働者子弟学校を対象に

した作文コンテストを企画し実施した。

> 我々が驚いたことは、これまで、民工子弟学校では、作文コンテスト、英語コンテスト、知識コンテストなどのいかなる活動も行われたことがないことである。実際、学校の内部でも類似のコンテストは大変少なかった。これらの小さなコンテストの活動が一人の子どもにどのような影響をもたらすことができるのか、我々は誰もわからなかった。だが、次のような多くの事実を教えてくれた。他人から見れば、ごく小さな励みが、往々にして一人の子どもの一生を変えることができるかもしれない！それからすれば、授業条件の優劣はその次のことにすぎない。そこで、それらの子どものために、自分たちの力を尽くして第一回の立派な作文コンテストを開催することにした！我々にはただ一つの願いがあり、それは、これらの子どもに一回でも（生れて初めてのことかもしれない）今まで自分が他人の誰より少しも劣っていないという誇りを体験させたいということだった！[82]

主催側に喜びと安堵を感じさせたのは、作文コンテストに参加した学生が自分の作文の中で次のような内容を書いていたからだ。

> 以前、いろんなコンテストは、公立学校だけに手を振っていました。だから、多くの人が埋もれたままでした。今回、華東師範大学が主催した「外来の出稼ぎ労働者子弟作文コンテスト」は、私たちが大いに腕前を発揮することができます。私たちは、大勢の上海の人に私たちが決して上海の子どもに負けていないことを証明しなければなりません。
> ——PWT：≪上海市民へ、私はあなたたちに話したい≫

> 今回、私は幸運にも、華東師範大学のお兄さん、お姉さんが主催した"同じ青空の下で"の小学生の作文コンテストに参加することができた。これは、さらに私たちに自分も他の人と同じで、つまり同じ青空の下で四方八方からの愛の潮のように囲まれていることを感じさせた。
> ——WT：≪温かい大家庭≫[83]

第四節　まとめ：階級再生産と政治的社会化

　本章の第一節、第二節の中から、我々は、農民工子女の政治的社会化が終始"階級再生産"の陰の下で覆われていることを知った。"一方では、彼らは共に両親にとても尽くしているし、両親のことを大切にしている。自分の両親こそが一番信頼できる人だと思っている。他方では、彼らは両親の職業に対しては否定しているのである[84]。"

　彼らは父親達の人生の軌跡を重複することを怖がっているし、上を向いて移動できることを希望している。また、彼らも、勉強が殆ど自分で"立身出世"する唯一のチャンスであることを知っている。しかしながら、彼らにとって取り巻く社会環境、及び直面している機会の構造では、彼らの大半がより多く努力しても都市部の同じ年齢の子と同等の成果を取得できるとは限らないことは運命で予め定められている。これは、多くの学生に未来への低い期待を生み出させ、自分で学業への追求を放棄せざるをえないことになった。このような天井板効果は公立学校における農民工子女の行動からよく目に見えて表れている。彼らは、農民工子弟学校の学生よりは多くの主流価値観の薫陶を受けていると同時に、前途に対してはより多くの悲願を表している。これに比べて、農民工子弟学校の子ども達は、より反逆行為をもっているし、それにより学校当局に反発する"反学校文化"を形成している。公立学校の農民工子女と違って、彼らは成績が悪いことや低収入の職業を恥としなくて、却って自分の叛逆行為に誇りをもっている（公立学校の農民工子女はこのような"いい加減に過ごす行為"を一種の堕落だと認識している）。なお、このような"反学校文化"が主流価値観に強い衝撃を与えることはできていない。

　公立学校が農民工子女に開放することは人を中心にした、深遠な意味をもつ施策であるに間違いない。なお、この施策が社会の融合と社会の公平という期待する目標の達成を促進することができるかどうかは他の関連制度や政策との組み立てによって決まるものであり、特に"中等学校後"教育における問題のネックを解決しなければならない。もし、農民工子女が都市部で九年間義務教育を受けてから現地で進学することができなければ、このような施策としては社会の融合と社会の公平を促進する役割が非常に小さいといえる。これに対して、張軼超は次のように非常によく分析している。

第三章　下層と学校：階級再生産影響下の政治的社会化

　制度面から言えば、今の上海では、出稼ぎ労働者子弟はすでに3、4年前と比べてより多くの待遇を獲得している。例えば、多くの子どもが公立学校に入ったし、依然として農民工子弟学校に残っている子どもも多くが政府からの補助を享受している…。ただ、それと同時に問題となるのは、公立学校での教師陣の質、ハード設備も年々向上し、特にそれらの重点学校では、室内プールや体育館や先進的なコンピュータルームと実験室、及び最も優秀な教師陣（月給は少なくとも5、6千元）を持つことができるが、普通の学校では、それほど大きな変化もなく、都市部と郊外に接している区域にあるそれらの普通の学校は、徐々に農民工子弟を収容する学校に変わりつつある。そのため、元々現地で優秀な学生も次々と教育条件が割と良い公立学校へ逃げて行った。ある意味からすれば、もし農民工子女が得ている教学条件の上から下までの縦方向の改善を考慮せずに、単にそれを上海市の中上級レベルの学校との横からの相対的差異の比較に着目してみれば、われわれを非常に悲しく感じさせたのは、何年も経ているがこの二極分化の状況改善ができてなくて、却って更に深刻化していることである。なお、このような差異も農民工子女達が社会に入った後の運命を決めている。彼らの大半は依然として彼らの父親達の社会的な地位レベルで生活するしかできず、彼らはこのグループ全体の運命から抜け出すことができない。[85]

　本章第三節では学校が政治的社会化の重要な形式の一つであり、即ち思想政治教育或いは公民教育の農民工子女に対する影響を検討していた。学校は思想政治授業、業間体操訓示、クラス会、コンテストなどの形式を通じて学生に対して政治的な教訓話を行う。農民工子弟学校と比べて、公立学校の思想政治授業の教師陣はより体制的となっているし、シンボルシステムもより発達しており、コンテストの活動もより頻繁、かつ多様化されている。われわれは、この過程において、公立学校では割合に学生の自主性や自律性を強調するのに対して、農民工子弟学校ではより学生の学校への服従を強調するのを知ることができた。これもある側面から、農民子弟学校においては"反学校文化"が広く流行することを証明しているのである。全体から見れば、農民工子女への政治思想教育の効果はあまりなく、その最大の原因としては情報の不一致にある。即ち、農民工子女が授業の中で受け取っているのは、平等、自由、参与、権利などの公民社会としてのセット語句であるが、彼らを取り巻

く社会環境では、不平等、暴力と機会制限があたりにあふれている。残酷な社会現実の前で温情な政治説教はどうしても軟弱無気力になるしかない。

　私の学校という個別案件に対する研究から見れば、グラムシの覇権理論とウィリスの文化生産理論もまったく農民工子女階層の再生産を解釈できない。しかしながら、もし文化を価値規範と知識の在庫に分解していれば、この二つの矛盾に見える理論は、ある程度その整合性を取ることができる。即ち、農民工子女の価値観から見れば、上層の精鋭文化では、確かに最下層文化に対して覇権を得ているが、農民工の知識在庫から見れば、低層文化では、相対的に独立しており、心で悟ることができるだけで、言葉では伝えられない"枠組み"（Framing）システムをもっていて、農民工子女の行動のために文化の脚本を提供している。

　そのため、われわれは、この章において単なる学校類型に着目して検討を行うのではなく、家庭の社会的経済的地位、文化資本ストックを学校教育と結合して検討を行うのである。われわれの研究結果はブルデューの有名な論断である"学校は生産と再生産社会、並びに文化不平等の主要な場の一つである"[86]と大体一致している。農民工子女が都市部だけで九年、義務教育と中等職業教育を受けることができるため、学校教育は彼らの社会流動を促進する役割が小さい。というのは、故郷に戻って学業を継続しようとすれば、農民工子女及びその家庭が払った経済的なコストが高いだけではなく、別れることによりもたらされる感情的な代価も引き受けなければならない。これらのことは、彼らに直接現地で就職するか或いは中等職業教育を受けるかを促進させている。私の推測によれば、都市部に入っている農民工子女が大学教育を受ける比率は、都市部の青少年より遥かに少ないだけでなく、農村部の一般の青少年より低いかもしれない。これは農民工が中国の都市化と近代化のために払った隠された代価の一つであるかもしれない。

注
[1] ［豪］マルコム・ウォーター『現代社会学理論』楊善華等訳、華夏出版社2000年版、129-130頁。
[2] ［米］ガブリエル・A・アーモンド、『比較政治学：体系、過程和政策』曹沛霖等訳、上海訳文出版社1987年版、108-109頁。
[3] 陳陸輝『政治文化与政治社会化』、載冷則剛等著『政治学』（下）（台北）五南図書出版公司2006年版、3-33頁。

第三章　下層と学校：階級再生産影響下の政治的社会化

[4] 『濾加大投入引導農民工子女学校向民辦学校発展』東方網2008年4月7日。
[5] 韓嘉玲「北京市流動児童義務教育状況調査報告」『青年研究』2001年第8期；陳水生『責任政府的両難──以民工指定学校取締政策為例』(未刊行)。
[6] 流出先が発行する証明書の資質についても不正規のものがある。あるものは「社会力量管理班」が同意したものであり、あるものは郷と鎮の義務教育班が批准したものであり、あるものは外地政府在上海駐在班の印章が押されている。繆毅容、薫寧「上海規範民工指定学校辦学」2001年9月10日『解放日報』。
[7] 農民工子女の義務教育政策における問題を整理するには、易承志「進城務工農民子女教育問題的政府治理──以上海為個案」『華中師範大学学報』(人民社会科学版)2007年第6期。
[8] 『上海市人民政府辦公厅転発市教委等七部門関于切実作好進城務工就業農民子女義務教育工作意見的通知』濾府辦発[2004]12号。
[9] 「久牽」のボランティアが農民工子女の公立学校修学のための申請手続きを手伝った経験からすると、その修学条件はだいたい7点が含まれる。1：上海市臨時居住証2：上海就業証明3：子女学籍証明(すなわち学籍カード)4：総合保険処理証明5：一人っ子証明書(注：2002年9月2日以降「一人っ子父母光栄証」と名称を替える)もしくは準生証(注：計画生育服務証が相当)6：子女の免疫参加の証明(すなわち防疫カード)7：子女戸籍証明(すなわち戸籍簿)である。参照『新公民計画牽手音楽回郷之旅』(宣伝手冊)2007年。
[10] 2007年6月25日周沐君による劉偉偉へのインタビュー記録。
[11] 易承志「進城務工農民子女教育問題的政府治理──以上海為個案」『華中師範大学学報』(人民社会科学版)2007年第6期、陳水生「責任政府的両難──以民工指定学校取締政策為例」(未刊稿)。
[12] 華平生『再都市化：農民工子女教育問題研究──対上海市閔行区的案例調査』華東師範大学教育管理コース2005年博士論文。
[13] Y区教育局における農民工子女教育の責任者魯先生は次のように話をしてくれた。「政府の原則では、これら取り締まりを受けた学校からの全ての生徒をうまく配置するはずです。しかし、これらの生徒の家長はやはり、一定の証明書を提出しなければなりません。最低でも子どもの戸籍は必要になります。そうでなければ、公立学校に受け入れてもらえないのです。そして農民工子女の一部には、戸籍登記がなされていない「黒人(注：戸籍に載っていない人物を言う)」(通常は制限数以上の子どもである)がいて、彼らはおそらく学びの機会を失うか、故郷に戻り勉強をするかになります」。
[14] [英]デリック・シーター『何謂公民身分』郭忠華訳、吉林出版集団有限責任公司2007年版、179頁。
[15] 『新公民計画牽手音楽回郷之旅』(宣伝ハンドブック)2007年。
[16] 2008年4月29日濾城中学インタビュー記録。
[17] 2008年3月30日久牽青少年活動センターインタビュー記録。
[18] [19]2008年7月16日楊洋インタビュー記録。
[20] 曹林「独立編班"隔離且平等"的公平幻覚」2006年6月8日『南方週末』。
[21] 周沐君による秦愛国へのインタビュー記録2007年5月28日。
[22] 2008年4月29日濾城中学インタビュー記録。
[23] 2007年12月19日Y区教育局インタビュー記録。
[24] [美]ジョン・シェパード、ハーウェン・ウォース『美国社会問題』橋寿寧、劉雲霞訳　山西

人民出版社 1987 年版、79 頁。
[25] 2007 年 6 月 12 日周沐君による万蓓蕾、秦愛国へのインタビュー記録。
[26] 2008 年 5 月 9 日濾城中学武校長へのインタビュー記録。
[27] ［英］ジェシー・ロペス［米］ジョン・スコット『社会結構』允春喜訳　吉林人民出版社 2007 年版、66 頁。
[28] ［仏］ピエール・ブルデュー『国家精英——名牌大学与群体精神』楊亜平訳　商務印書館 2004 年版、63 頁。
[29] 2008 年 4 月 29 日濾城中学インタビュー記録。
[30] ［仏］ピエール・ブルデュー『国家精英——名牌大学与群体精神』楊亜平訳　商務印書館 2004 年版、69 頁。
[31] 2008 年 4 月 29 日濾城中学インタビュー記録。
[32] 張軼超『我輩的傲慢、我輩的責任』2007 年 11 月 25 日復旦大学にて講演。
[33] 李春磊『村落中的"国家"——文化変遷中的郷村学校』浙江人民出版社 1999 年版、120 頁。
[34] B. Bernstein: Class, Codes and Control(Volime1), London: Routledge & Kegan Paul, 1971. 孫引き先：朱偉珏「一種掲示教育不平等的社会学分析框架——布廸厄廸文化再生産理論」『社会科学』2006 年第 5 期。
[35] 私たちが抽出した錦繡学校は、2007-08 年、Y 区において、中学校クラスがある農民工子弟学校の最後の一校であり、その中学部でさえわずかに 9 年生一クラスに生徒がいるだけだった。したがって、公立学校と農民工子弟学校の同学年とを比較分析する方法はない。
[36] 荊磊「陽光照射不到的角落——城市農民工子女教育問題之我見」(未刊稿)。
[37] 李蓓蓓「上海外来民工子女義務教育調研」『歴史教学問題』2004 年第 6 期。
[38] 韓嘉玲「北京市流動児童義務教育状況調査報告(続)」『青年研究』2001 年第 9 期。
[39] 劉偉偉「中国社会工作之本土化探索——以農民工子弟的社会工作為例」復旦大学社会工作系 2007 年本科学位論文。
[40] 2007 年 12 月 19 日 Y 区教育局魯先生へのインタビュー記録。
[41] Y 区民工子弟学校校長例会記録 2007 年 8 月 28 日。
[42] 2008 年 7 月 31 日魏文インタビュー記録。
[43] 劉偉偉「中国社会工作之本土化探索——以農民工子弟的社会工作為例」復旦大学社会工作系 2007 年本科学位論文。
[44] 2006 年 6 月 26 日周沐君による秦愛国へのインタビュー記録。
[45] 洪泓、張暁露「留守孩子上海度夏」2006 年 7 月 14 日『人民日報』華東新聞。
[46] 荊磊「陽光照射不到的角落——城市農民工子女教育問題之我見」(未刊稿)。
[47] 2007 年 6 月 10 日江南へのインタビュー記録。
[48] 龍一芝、楊彦平「上海市閔行区農民工子女教育現状調査報告」『上海教育科研』2008 年第 3 期。
[49] 原春琳「誰在当老師——打工子弟学校生存紀実」『中国青年報』2004 年 2 月 18 日。
[50] 2007 年 6 月 17 日魏文へのインタビュー記録。
[51] 同上。
[52] 劉偉偉「中国社会工作之本土化探索——以農民工子弟的社会工作為例」復旦大学社会工作系 2007 年本科学位論文。
[53] 2008 年 3 月 19 日久牽青少年活動センター調査日誌。
[54] 2008 年 7 月 23 日久牽青少年活動センター調査日誌。

［55］2007年12月19日Y区教育局魯先生へのインタビュー記録。
［56］2007年8月28日Y区教育局魯先生へのインタビュー記録。
［57］2007年12月19日魯先生へのインタビュー記録。
［58］項磊「上海P区叫停民工子弟学校、数百人強行封校」2007年1月8日『新安晩報』。
［59］張海盈『原民工子弟学校建英学校関閉、同時新学校曹楊小学分部順利開学』東方網、〈http://www.ptq.sh.gov.cn/gb/shpt/ptxw/node49/userobjectlai21330.html〉
［60］亭亭玉立（サイト名）『建英学校街頭上演搶生大戦的内幕』、〈http://bbs2.iyaya.com/talk/t-1-705660-0.html〉
［61］劉偉偉「別了、初三的同学們──周記之四」2006年5月（未刊稿）。
［62］2007年6月17日劉偉偉へのインタビュー記録。
［63］Paul E. Willis: Learning to labor: how working class kids get working class job, New York: Columbia University Press, 1981.
［64］2007年6月25日周沐君による魏文へのインタビュー記録。
［65］2008年7月16日楊洋へのインタビュー記録。
［66］2007年6月17日魏文へのインタビュー記録。
［67］肖春飛、苑堅「農民工子女犯罪率上昇、難以融入城市致心理偏差」、〈http://nc.people.com.cn/GB/61937/4929006.html〉
［68］肖春飛、王蔚、劉丹「城市高中因戸籍難向農民工子女開放」新華網。
［69］2007年6月25日周沐君による魏文へのインタビュー記録。
［70］2004年に行われたレベルの異なる高校全国37箇所の調査で明らかになったことは、都市間における高等教育を受ける機会の開きが全体で5.8倍あり、全国の重点学校においては8.8倍になるということだった。また、この差は仮に地方の高校で見ても、3.4倍あった。李薇薇、李菲「"十一五"：社会和諧発展需要解決"四大矛盾"」http://www.mos.gov.cn/Template/article/display0.jsp? Mid＝20050914016451：張玉林「中国教育：不平等的拡張及其動力」『二十一世紀』（ネット版）2005年5月号。
［71］劉偉偉「要快楽、還是要未来？──周記之一」（未刊稿）。
［72］［米］デイヴィッド・シュウォルツ『文化与権力：布爾廸厄的社会学』陶東風訳、上海訳文出版社2006年版、219頁。
［73］陳水弟主編『借鑑与参考─部分国家和地区未成年人思想道徳建設掠影』上海三聯書店2006年版。
［74］［米］アーモンド［米］ウェーバー『公民文化：五国的政治態度与民主』馬殿君等訳、浙江人民出版社1989年版。
［75］Richard G. Niemi and Jane Junn:Civic Education,New Haven:Yale University Press, 1996. 孫引き先陳陸輝『政治文化与政治社会化』、載冷則剛等著『政治学』（下）（台湾）五南図書出版公司2006年版、3-33頁。
［76］「関于人教版思想品徳和思想政治教材貫徹覚的十七大清新的修訂的説明」、〈http://www.pep.com.cn/sxpd/jszx/kcjc/jcjs/200804/t20080411_458736.htm〉
［77］Orit Ichilov(ed): Citizenship and citizenship education in a changing world, Portland, OR: Woburn Press, 1998, p.80.
［78］［米］ガブリエル・A. アーモンド、ブリングハム・パーウェル『比較政治学：体系・過程・政策』曹沛霖等訳、上海訳文出版社1987年版、109頁。

[79] 2007年10月3日張軼超へのインタビュー記録。
[80] 周沐君のブログ『今天闖禍了』、〈http://ourchildren.ycool.com〉
[81] 2008年4月29日濾城中学牛先生へのインタビュー記録。
[82] 「華東師範大学首届上海市外来務工人員子弟学校作文競賽活動計画書」(内部文集)。
[83] 華東師範大学郷土建設学社編「漫歩苹果園——"同在藍天下"・上海市外来務工人員子弟学校作文競賽紀念冊」(内部資料)。
[84] 2007年6月17日魏文へのインタビュー記録。
[85] 張軼超「写給大家看的一点東西」。
参考 http://jiuqian.5d6d.com/thread-101-1-1.html(久牽志願者服務社論壇)。
[86] [仏]ピエール・ブルデュー、ジャン・クロード・パスロン『再生産 一種教育系統理論的要点』邢克超訳 商務印書館2002年版、12-79頁。

第四章　模範の政治：国家イデオロギーの社会化メカニズム

　本書の第二章、第三章においては、我々は家庭と学校の農民工子女の政治的社会化に対する影響を検討する際に、実際にはすでに国家の役割に言及していた。それは二つの側面からの意味合いをもっている。前文で述べていたのが都市現場の政府であり、即ち、農民工子女が"管理される者"としての身分と対応している政府であり、これは最も具体的に農民工子女と近距離で接触する国家である。本章では、我々は抽象的に、農民工子女の日常生活から遠く離れている国家を検討する。それは政策や行動によるものではなく、イデオロギーを通じて農民工子女に影響を与える。その主な方式には二つがあり、その一つは政治思想教育の授業科目の設置と教科書を通じて農民工子女の価値観を育てるものである。もう一つは模範を示すことを通じて国家イデオロギーの社会化を実現するものである。第三章では、すでに第一種の方式について検討していたが、本章では重点的に第二種のイデオロギー教化方式について詳しく説明する。

第一節　模範の政治社会学

　"模範の力は尽きることがないのだ"。この言葉はレーニンの名言より出たそうであり、女性と子どもにさえもよく知られているといえる[1]。このことから、国家機構と社会世論の模範に対する重要視の様がよくわかる。中国共産党及びその指導者の政権は、これまで一貫して"典型事例の発掘に力を入れ"、"模範を打ち立てる"ことを政治思想教育の一つの重要な形式としてきた。劉胡蘭、劉文学、雷鋒、草原英雄小姉妹、張海迪、陳景潤、張華……このような長い列のリストは共に且て中国政府が青少年のため打ち立てた模範である。

政治学の角度から見れば、模範というのは、勿論、その内在的な精神特質（例えば、犠牲を恐れない、奉仕を楽しむ、集団を熱愛する）と関係するが、それと同時に国家の需要と訴求も深刻に反映されている。即ち、国家は、組織的に模範人物を学ぶことを通じて民衆の人格と精神を育てることを望んでいる。したがって、各々の模範人物では、共に表には出たり出なかったりするが、ある種の政治的な信号を伝えている。或いは言い換えれば、往々にして模範の背後には特定の政治的な符号を隠している。例えば、劉胡蘭は、革命と生命に対してどちらが重要かということに関する叙事であり、劉文学の死は人々に階層闘争を忘れてはいけないことを教えている。草原英雄小姉妹は、集団の利益が個人より高いことを表明しているが、陳景潤の先進的な事例は、知識分子の"春"がやってきたことを示している。こういった意味から、模範というのは国家イデオロギーの人格化だともいえる。

　上記により、模範が自発的に"大量に現れる"ものだけではなく、真心込めて作った産物である。即ち、このようなことがあるから、"典型事例の発掘に力を入れよ"、"模範を打ち立てよ"といった言葉があるわけで、これまで模範の誕生がすべて一つの政治的な過程である。馮仕政氏は次のように考えている。即ち、中国においては"典型事例の発掘に力を入れよ"ということは昔からあったもの[2]とは言えるが、ある種自覚的に、広く使われ、かつ適用される政治的な方式としてはやはりここ何十年かで現れたものである。現在、通常よく見られている、或いは言われている"典型事例の発掘に力を入れよ"は、毛沢東が創出し、且つ中国共産党が長期的に使っている仕事の方式である。大量の"典型"の誕生がこのような仕事の方式による直接の結果である[3]。厳密に言えば、模範と典型には多少の区別がある。前者は後者の一種の類型である。というのは、模範は模範人物だけではなく、地方色のある経験や制度も含められている。例えば、鞍鋼憲法、小崗村、華西村、張家港などである[4]。

　ある学者は、模範を立てることを中国社会の"徳治政体"（Virtuocracy）[5]、或いは"新徳治"と関係付けて、それを、中国が"新人"を育て、そして政治管理を実現し権力の合法性再生産を行うメカニズムだと考えている。即ち、"典型というものはいずれも細かな選択、誇張の力量と大げさな言葉を通じて"打ち立てられた"ものであるが、これは展示を通じて政党の倫理を日常化することを目的としている。'典型を立てる'ことは徳治社会における一つの重要な権力技術ともいえる[6]。"国家は、模範を立て宣伝することで自分自身のイデオロギーを"人格化"の方法で民衆に教え

込む。従って、模範に対する宣伝や学びに関しては、政治社会の一種の特殊な形式として見なしてもよい。

"模範教育"は青少年の政治社会科の過程において特に重要視されている。まさに現在、共青団中央書記長を務めている李源潮氏が語っていたようである。

> 模範教育は思想品徳教育の人格化のための手段であり、社会主義の人材育成の目標は"四有（理想、道徳、文化、規律をもつこと）"をもつ次世代を育てることであるが、もし単なる"理想あり、道徳あり、文化あり、規律あり"と４つのことを安易に少先隊員に教え込むのならば、彼らに完全に理解させるのはほぼ不可能だ。これらの４つのことについて詳しい注釈を付け、厳密なロジックの検証があっても、イメージ思考に慣れている子どもにとっては彼らに深い印象を残すのは依然として困難なことである。未成年の子どもにとっては、一番生き生きとした教育がイメージ教育であり、イメージ教育はその他の思想教育の基礎である。
>
> 子どもに対してイメージ教育を実施するに際して、最も重要なのは模範教育である。模範は"典型"の真正面のイメージである。模範人物には、往々にして我々の社会が希望しているある思想品徳や能力素質が割と集中的に反映されている。そのため、模範教育では、あのような我々の社会が希望している思想品徳を示すことができる典型人物を選び、宣伝と教育の手段を通じて、子どもの中で模範を尊重し模範をまね、範を学ぶ心理を形成させる。それにより、我々が希望している思想品徳の目標を人格化させると共に、このような担体を通じて子ども達に思想品徳の教え込みと啓発を行う。従って、模範教育は独立した教育内容ではなく、ある目標の達成のために行われたイメージ教育の有効な形式だ。

類別というのは現代中国の政治生活の中で特別な重要性をもっており[7]、模範を立てる過程も同様である。解放軍、身体障碍者、科学研究員、労働者、販売員、政府官僚、医者、大学生、小学生、あらゆる業種、あらゆる身分のグループは共に各領域の模範をもっている。従って、模範という言葉は必ず"典型"と関連してしまうのである。《現代漢語辞典》においては、"典型"に対する解釈は、「①代表性をもつ人物或いは出来事：典型示範の方法で先進的な経験を普及させる。②代表性をも

もの：このことは非常に代表性のあることで、これを利用して民衆を教育することができる。③文学芸術作品の中で芸術総括の手法を利用して人のもつある種の社会特徴の芸術イメージを演出し、そのイメージが人の一定の階層特徴を表現していると同時に、鮮明に個性的特徴ももっている。」[8]とある。

　国家が"典型事例の発掘に力を入れよ"、"模範を打ち立てよ"を実施するに当たって、一つの重要な政治的な考慮がその代表性ということである。即ち、少なくとも一つの重要な社会グループを代表しなければならない。例えば、1982年、お年寄りの男性を救おうとして犠牲を払った張華については、その代表性は、"彼は単なる大学生だけでなく、更に重要なのは彼がまた共産党員でもあり、そして解放軍の一員でもある"ことにある。同じ陝西で発生し、河に落ちた子どもを救おうとして張華より先に犠牲を払った女子大学生である邵小利がどうして張華のような高い基準の宣伝と表彰が得られなかったかというと、それは典型性が足りなかったからである。

　しかしながら、当時、どうして特別に大学生グループ向けに一つの模範を立てたのであろうか？

　張華の大学の同級生は次のように解釈していた。当時"文化大革命"はすでに終わり、改革開放は始まったばかりで、"毛主席に対しての全般的な迷信が動揺し始め……人々の自我価値観念も頭をもたげたばかりで、当時の人々は本当に何を信じるべきか全然わからなくなった"。"VOA、BBCでは中国のこの世代の青年を'倒れた世代'として論評しているが、張華の犠牲は一つの新時代における大学生と軍人のイメージをよく樹立していた。これは一種のよい反撃だった"。このような考えこそ、張華が所在していた第四軍医大学が彼を模範として樹立することを決めた理由である[9]。その後、陝西省委員会が全省の人々に張華に学ぼうと呼びかけ、また全国学連も張華に学ぼうとの呼びかけを発表した。1988年11月25日、中央軍事委員会が張華に"理想に富む、勇敢に献身する優秀大学生"の名誉称号を授けるという命令を出した。≪人民日報≫の張華に対する次のような報道もこの解釈を証明した。

　　張華が大学に入った*1979*年は、ちょうど我党が混乱をしずめて正常な状態にもどす、人々の思想が非常に活発化していた歴史的な転換ポイントにあった。そのころ、大きなうねりは滔々と、激しい闘争の中人々はふるいにかけられた。

> ある人は進んで困難に立ち向かい、ある人は迷って決断できず、ある人は時代遅れになり苦痛の境遇に身を落とした。張華は党の十一回三中全会路線の指示の下、小川が奔走の大海に合流し新しい生命が注ぎ込まれてるように、彼には迷いもなく動揺もなかった。彼は時代の激流と共に前進していた。[10]

従って、模範の確立は国家の政治需要に服従するためのものであり、一定の程度からいえば、これは国家の当時における顕著な社会問題（主に信仰、道徳レベルの問題）に対する一種の回答でもある。

農民工子女は中国に特色的な"半都市化"[11]に伴い現れてきた社会類別である。急速で大規模な都市化の進展においては、ますます多くの農民工子女が親達と共に都市に入ってきて毎日の生活、勉強、仕事を送ることになり、彼らの新入については、一方では親たちの家庭内の心配事を解決し、流動人口の"沈殿"を促進したとはいえるが、他方では都市政府の公共サービス体系（特に義務教育）に圧力をもたらしてきており[12]、更には一連の社会問題も引き起こし、特に青少年の犯罪問題が注目を集めていた。報道によると、2000年には上海市の現地とよその戸籍をもつ未成年犯罪者数の比率は大体6:4であり、この比例は2002年まで継続していたが、2003年にはその比率が逆転し始め4:6となり、2005年にはその比は更に悪化して3:7となってしまった。なお、これらのよその戸籍をもつ未成年犯罪者はほとんどよそから来た農民工子女であった[13]。

都市部に入った農民工子女がこのような背景下で徐々に"問題化"されているのである。例えば、公平な教育の問題、社会安定の問題、心理健康の問題、社会排斥／社会溶け込みの問題等々である。これらの新しい問題の山に直面し都市部の社会では懸念が起き始めた。なお、国家もこのような新しい社会グループを直視し重要視せざるを得なくなった。そこで、模範政治と類別政治のロジックがその役割を果たし始めた。

2005年度全国少年先鋒隊員十傑である舒航涯は、国家が農民工子女のために真心をこめて選んだ模範の一人である。この点については、マスコミがその"農民工子女"の身分に対する強調からわかる（表4-1参照）。

舒航涯はほとんどちょうど上述の"農民工子女問題"の対立面に立っているようである。即ち、彼女は自分を"新成都人"と思い込み、都市部が自分の新しい家だと思っている。彼女は公立学校で勉強するかそれとも農民工子女学校で勉強するかを

表 4-1　新聞媒体の舒航涯に対する報道一覧

タイトル	報道機関
教育の公平性を具体的に表し、農民工の子どもが全国少年先鋒隊員十傑に当選	新華網
農家少女が都市部で"十傑の少年"へと成長	≪成都晩報≫
成都の一人の農民工の子どもが全国の少年先鋒隊員十傑に当選	新華網
≪人民日報≫が特集で我省の農民工子女舒航涯を報道	四川省共青団サイト
農民工の子どもである舒航涯が"全国少年先鋒隊員十傑"に当選	≪楚天金報≫

気にしておらず、自分さえ努力すれば、どの学校で勉強しても同じだと思っている。彼女は未来に対して自信に満ちて積極的かつ自発的に都市部の社会に溶け込み、自覚して都市文化の改造を引き受ける。彼女は一つの感謝の心をもって、助けを受けると同時に自発的に身の回りのより困難の人を援助する。彼女はちっとも自分の身分について困惑したり或いは心配で気が休まなかったりすることを感じない。彼女から見れば、我が家は"緑深くつややかな田畑"にもあるし"風景の素晴らしい都市部"にもあるのである。

　我々は舒航涯を国家が設定した"模範農民工子女"と見なすことができる。彼女は国家の農民工子女に対する期待を集中的に表している。次節では、我々は舒航涯を個別案件としてその個人の特徴が載せている政治的な符号の意義を分析する。

第二節　模範背後の国家：舒航涯の政治符号意義

　舒航涯は1995年7月に四川省彭州市丹景鎮石牛村で生まれ、2歳の時、都市部への出稼ぎの両親に連れられ成都にやってきて、成都市錦江区紅区小学校に入った。何度も区の"優秀学生幹部"、"三好学生"、"紅花少年"、"文明小公民"として表彰され、そして何度も省、市、区の青少年絵画コンクール、弁論大会、科学普及知識コンテストで入賞した。2005年4月に"第一回成都市ベストテン希望之星"として表彰され、また同年10月に共青団中央、教育部、全国青少年工作委員会などの部門により共同で第十回"全国小先隊員十傑"として表彰された。

第四章　模範の政治：国家イデオロギーの社会化メカニズム

　筆者は《人民日報》、《成都日報》などマスコミからの舒航涯に対する報道[14]を収集し、それらの内容について整理と分類を行った。その結果から、我々には五つの舒航涯が見えてくる。即ち、まずは、勤勉でかつ勉強が好きだという舒航涯。

　　学校に入ったばかりの舒航涯は一般の農村の子どもと同じで、内向的で、人見知りをしたりするが、彼女はとても負けず嫌いな娘だった。
　　"本当を言えば、私は都市部の子どもを羨ましいと思っている。彼らの明るさと活発性、彼らの清潔さと衛生に気を配ること、彼らの知識の広さ、更に彼らの自信など……を羨ましがっているのです。私にとっては彼らと一緒に同じ教室で勉強するのは本当にプレッシャーが大きいですよ！"舒航涯は志をもつ娘で、彼女が自分のため密かにあるリストを作成し、心の中で都市部の子どものもつ"長所"を全て記入してきた。その上、一つ一つに照らして自己改善を行っている。(《人民日報》からのインタビューを受ける時に、舒航涯はそれを否定していた。"私は記入しておくことをやっておらず、単にそれを心中に覚えさせていました。私は彼らの生活、条件と比べることができませんが、勉強なら可能だと思っています。確かに私の生活条件はよくないですが、より多くの人が私より困難に直面しています。先生は1部の耕耘で1部の収穫だと教えてくださり、自分が誰よりも頭の悪い人ではないし、私はきっと彼らと同じように素晴らしい人間になれると信じている、と語った。")
　　その後、間もなく先生と同級生達の誰もが舒航涯の驚くほど迅速な進歩に気づいた。クラスの中で、彼女は最も苦労をいとわない生徒で、各学期の各科目の成績表にはすべて真っ赤な"優"が記載されている。
　　"都市部の子どもを見習う"ため、舒航涯は教科書上の知識を精一杯に勉強する以外に、非常に熱心に各種の関心ある課外クラブにも参加した。
　　"私は、貧困が自爆自棄の理由にはならないし、また小ささも自我を閉鎖する口実としてはいけないと考えています。""貧困であるからこそ、私は上を向いて努力すべく、小さいことこそ、私は胸を張って身を正しく持つべきだ思っています。"舒航涯は、真面目にこのように話していた。

　主流社会の"素質"という言葉がここに充分に表れていた。即ち、一般的に言えば、農村の子どもは内向的で、人見知りする（自信なし、自己閉鎖、資質一般といった

言外の意も含められている）ほうであるが、都市部の子どもは明るく活発的で、経験も豊かだし、自信にも満ちていて、何でも余裕を持っているほうである。"私はきっと、彼らと同じように素晴らしい人間になれると信じている"、このような立派な言葉の背後で、実際には都市部の子どもはすでに農村部の子どもより優れた一つのグループとして見なされているわけである。なお、農村部の子どもにとっては遅れまいとあとを追う、「馬鹿な鳥は先に飛ぶ」のが彼らの唯一の出口であろう。これと、我々が第三章で検討していた状況は非常によく似ている。教師達はいつもより積極的な言葉で都市部の子どもを形容するが、農民工子女に対しては、褒めることであっても言葉上ではすこし控えるという傾向が見られる。

　農民工子女は彼らの父親と同世代の人達と同じで、現代性の主体（都市精鋭）への模倣を通じてはじめて、"自己発展"を獲得し"素質"を向上させることができ、それにより現代社会に溶け込んでいくことができる。この意味から言えば、舒航涯は一人のこのような、絶えず"自己発展"を実行している模範である。これもすべてのマスコミの報道が人々にこのような印象、即ち、舒航涯の立派なところは彼女が農村の子どもだからではなく、都市部の子どものように見せることに根拠を求める理由でもある。

　　　舒航涯と面談すると、彼女が農村からやってきた子どもだとは信じられないかもしれない。彼女のような気楽で気取らず堂々とした態度、彼女のような自立しており、機敏な思考能力、彼女のような積極的に公共事務に参画する主人公意識、彼女のような明るい笑みと健康な心理状態は、一般の都市部の子どもと比べ、まったく勝るとも劣らない。
　　　この子どもの家庭は貧困だが、勉強はとても優秀だ。彼女は都市部の子どもに勝てる粘り強い意志を、農村部の子どもに勝てる見識を持っている。

　一方、"私は彼らの生活、条件と比べることができないが、勉強なら可能だと思っている"という表現は、"春節の夕べ"における≪本音≫の中の"他人は私と両親を比べ、私は他人と明日を比べる"の表現とは場面が異なるが、模範の宣伝効果から見ればまったく同じである。主流マスコミの個人の奮闘への強調は次のような価値観を公表するに違いない。

第四章　模範の政治：国家イデオロギーの社会化メカニズム

　　個が生活している社会では弾力性も有しているし、浸透することも可能なのだ。従って、如何なる原因であっても、彼らにとっては自分が所属している社会グループと社会範疇におけるメンバーの身分が自分の生活状況に不満をもたらしてはじめて、彼らも個により自分に相応しいグループに移転していく可能性があり、それは天から授かるものか自己努力か運命かそれともその他の方式を通じるかを問わない。[15]

第二は、都市部の主人公意識をもち、積極的に都市社会に溶け込んでいく舒航涯。

　　"毎日戸を押し開けると、まず見かけたのは、一台一台のトラックがごろごろと前の道路を走っていて、空一面に埃を巻き上げて本当に死ぬほどむせていました。舒航涯が微笑みを浮かべながらちょっと眉をしかめていた。"
　　"ある日、私は新聞で市政府がわれわれのところを'改造'"しようとする計画を策定中だということを知り、非常に喜びました。そこで、すぐその情報を父母と隣のオートバイ修理の蘭おじさん、それに写真屋さんをやっている張おばさんに教えたのですが、彼らの反応は非常に冷静で、私のように大喜びするほどではなかったのです。"
　　"彼らのこの都市に対する態度は私とは全然違います。"舒航涯の声が段々と小さくなっていって、彼女の顔には深く考え込んでいるような表情が示されている。"父母は、自分の生活習慣、思考習慣は共に都市部の人とは相容れないと思っているのです。ただ、私は違います。この都市の一つ一つの変化、一つ一つの発展に対して私は共に関心を持っています。というのは、これらの変化と発展は共に私に影響を与え、利益をもたらす可能性があるからです。"
　　私と都市部の子どもは平等な勉強の機会と生活の権利を持っています。私は、父親と母親、私の身の回りの子ども達が私と同じような考え方をもつことを望んでいます。実際には、私たちがこの都市に溶け込んではじめて、彼らも同様に尊厳と愛を見つけ出すことができると感じられるのです。
　　文明都市を創設する活動においては、彼女は自発的に父親と母親を招き"小さい手に大きい手を取る"団地活動、即ち都市精神の宣伝活動に参加させる……これまで出稼ぎで金を儲けるしか知らない両親も彼女の影響の下、積極的に文明都市を建設する活動の中に入らせていく。

隣の子どもに対しては、舒航涯は"指導官"を担当すると思い通りになる。"ある日、呉紅という妹の手にはナイフによるかすり傷を負っていて、彼女が土をつかんでそれを傷口のところに塗りこんでいました。私はすぐ彼女に、このような対応の仕方は非科学的で、傷口が感染してしまうのだと教えました。この後、私は家からゲンチアナ水を探し出して彼女の傷口のところに塗ってあげました……"
　　舒航涯は彼女の身の回りの、農村から出てきたが都市の辺縁を行ったり来たりする人々に、文明、衛生、公徳に向かう一つの小さな橋を架けている。

　主流社会では、一方で農民工とその子女を"流動人口"として定義し、他方で彼らに都市を自分の"家"としてほしいと要求している。舒航涯の口を通して、その問題が農民達の遅れた観念(現代の都市精神とは相容れない)に罪をきせ、一言でいえば、やはりそれは素質の問題(公徳)である。マスコミの報道によれば、舒航涯は改造される者である(先生と同級生達の援助の下、先進者となった)と同時に、改造者でもある(父母やその他の人々を助けて彼らに都市部の規範と価値観を受け入れさせる)。それにより、"先進者"と"遅れている者"の間に一つの橋が構築されることができた。
　舒航涯と父親と同世代の人々との違いは、第二代移民と第一代移民との差異を反映している。第二代移民には小さい頃から父親母親に連れられて都市部にやってきた人もいるし、更には都市部で生まれた人もいる。それは戸籍簿上の"農村"との二文字とは全然何の関係もないのである。父親と同世代の人々との違いで、彼らは農業をやった経歴も全くなく、農村の土地を最後の退路或いは"社会保障"とすることもできない。

　　本分として父母はいつも自分が農村の人だと自覚していて、生活習慣、思考習慣がこの都市とは相容れませんが、航涯ちゃんはそのように思わないの。"わが家は成都にあると思っているんです。私は農村の子どもだけど、毎日ここで生活しているし、私は成都人だと！"

　第三は、少年隊幹部を担当し、先鋒模範の役割を発揮する舒航涯。

　　2002 年に区教育局が主催した"新世紀、よい娘"の活動においては、舒航涯

の活躍が非常に目立ちました。中隊長としての彼女は、自らの行動で模範を示すだけではなく、クラスの真ん中で、"どのように新世紀のよい娘になるか"の大討論を繰り広げ、クラスメートに自分の実際的な行動で"家にいるのならば、よい子に、学校にいるのならばよい学生に、社会にいるのならばよい公民になる"ことを呼び掛けていました。この活動で、彼女は錦江区の"文明小公民"、"よい子"と"親世紀よい娘"として表彰されました。

紅専小学校五年生（1）クラスの子ども達の前で、舒航涯の話に触れると、皆が喜んで"ああ、舒隊長のこと！"と叫びました。その口ぶりには親しみと敬意が満ちています。

舒航涯さんは学校の紅領巾監督守衛の隊員で、毎日朝早く学校に来て先生と当番の学生と協力して教室内や校園内の秩序維持に参加します。どこかでごみが見つかったら、彼女はいつも誰よりも素早くそれを掃除してきれいにします。同級生が誤りを起こしたら、彼女もいつも丁寧に助言したりそれを改めてあげたりします。真面目で責任感ある仕事の態度こそ、彼女が先生と同級生達から好評を得たものです。彼女が紅領巾監督守衛の仕事の中で、非常に活躍しているため、毎学期とも学校大隊部から紅領巾監督守衛の栄光の称号を得ていた。

中国共産党でも、共青団でも少先隊でもそれらを問わず、昔から特に幹部の模範的な役割が強調されてきた。舒航涯に対する宣伝も同様に彼女の少先隊幹部の身分が強調されていたのである。

第四は、恩返し、社会奉仕をわきまえる舒航涯。

愛の中で、舒航涯は愛を習得した。経済上にゆとりがないにも拘らず、しかしながら、学校が毎回に寄付金募集の活動を行うたびに、舒航涯はどれも積極的に最初に参加した。

しばらく前は、舒航涯は自分がまた獲得した"第一回成都市ベストテン希望之星"の奨励金を全て寄付した。小さな女の子がとても嬉しそうに笑いながら"人を助けることができれば、わたしにとっては非常に嬉しいこと"と語った。

彼女の最大の願望はこのような愛を継続させていくことだ。大人になってからも希望工程の中に参加し、彼女を気遣い、愛顧し、援助するおじさんやおばさんのように、これらの彼女と同じような、援助を必要としている農民工子女

を援助したい。より多くの援助を必要としている子どもを援助し、彼らにも彼女のようによい教育を受けさせ、社会という大家庭の温かさを感じさせ、大都市の美しさを感じさせたい。大人になってからは、彼女は、また一人の素晴らしい都市建設者になりたく、多くの草花を植えて、人々に平和の環境の中で楽しく仕事しながら暮らしを送らせていきたく、そして彼女が深く愛している成都をより美しくするようにしたいと考えている。

中国の慈善事業のブームが盛んになるに伴い、"恩返し"という言葉もますます頻繁にマスコミの報道と社会世論の中で現れることになった。寄付援助側と受け手側の関係もますます微妙になり、更には所謂"恩返し門"[16]という事件も現れていた。農民工子女が辺縁グループとして、近年、社会各業界から幅広い注目を集め、多くの企業、NGO組織、慈善機構と個人が皆このグループに援助の手を差し伸べている。このような状況の下、"恩返しを習う"ことも農民工子女の"必修科目"となっているのである。

上海市Y区民工子弟学校校長の定例会の中で、ある校長が次のように語っていた。

> 現在、我々の管理負担が軽減されたため、より多くの精力を出して学生の思想素質の教育に取り組んでいかなければならない。現在では多くの子どもがあっけにとられて動かないようで、今までなら恩返しをよくわかっていたが、現在は当たり前だと思っているようだ。彼らが新しい世代の上海人になりたければ、主人公意識を持たなければならない。こうしてこそ上海に溶け込むことができる。従って、我々は教育を強化しなければならず、彼らに恩返しを習わせて、そうしないと、立派な人間にはなれない。社会に感謝し、上海が自分を大目に見てくれる度量や受け入れに感謝し、自分で自分を排除してはいけないのだ。

この観点はすぐ他の校長達からの迎合を得た。もう一人の校長は次のように不平を語っていた。

> 今までは奨学金が設けられており、何百元かを与えたなら、親と学生が共に感激して熱い涙が目にあふれだしたものだった。現在は、与える奨学金も多く

なり、却って気にかけなく、これが当たり前だと思われている。我々は学生に恩返しを習わせるべきだ、というのは、援助に対して何も感じないことはしていけないからだ。[17]

　舒航涯にとっての恩返しの対象は、これらの援助や助けをしてくれる人々だけではなく、成都この都市そのものである。これは最も主流社会の期待に即しているに違いない。なお、我々も、≪恩返しの心≫は"牛飼い班の子ども"合唱団がいつも歌う曲目の一つであり、これ自体、非常に象徴意義をもつものだと感じている。
　最後は、都市と農村への二重認識をもつ舒航涯。

　　私の家はどこにある？私の家は緑つややかな田畑にある。
　　私の家はどこにある？私の家は風景の素晴らしい都市にある。
　　私の家はどこにある？私の家は金色に輝いている太陽の下にある。
　　　　　　——舒航涯が三年生の時に書いた詩≪私の家はどこにある？≫

　私は農民工の子女だし、通っている小学校も農民工子女の小学校ですが、私は今までずっと私の家が成都にあり私は成都人だと思っています。成都が試験区となり、私たちも非常にこれを誇りとしています。新学期から私は中学校に進学しますが、現在2ヵ所の中学校から選択しようとしているところで、この2ヵ所の中学校は共に成都市のいい学校だし、この都市が私たち農村の子どものために都市部の子どもと同じような学習条件を用意することに感謝しています。小さいころ、私の願いは都市部の子どもと"対等にふるまう"ようにすることで、この願いはすでに大体実現したと思います。今、私の最大の願いとしてはよく勉強して将来有名な大学に進学し、卒業してから成都に戻って自分の発展を求めていくことです。

　"私は農民工の子ですが、しかし……"マスコミの農民工子女に関する報道の中で、我々はいつもこのような定型的な書き方を見ることができる。農民工子女が社会から援助を受ける時、講壇に登り発言する学生代表もしばしばこのような控え目な表現を使う。この表現に対応するのは、何人かの政府官僚、学校教師、慈善機構、更にはボランティアがよく口にする、"貴方たちは農民工子女だが、しかしながら社会は貴方達に対して非常に心をよせ、すこしも差別することがないのだ。"ということである。一方は農民工子女の控え目な表現であり、他方はお高くとまって民衆を

俯瞰するような姿勢である。

　長い間、都市社会では、一方は都市化の進展のために欣喜雀躍していたが、都市化の主な指標としては都市における農村の人口比例の上昇である。一方では、いつもこのような心配が存在している。即ち、これらの都市に入った農民工／農民工子女は自分の故郷を否定したり、都市部に"図々しく居すわる"ことになり離れようとしなかったりするかどうか、また、誰が"彼ら"の故郷を建設するか、"我々"の都市はこのような巨大な人口と公共物品のプレッシャーに耐えることができるかということである。双方向流動と二重認識は特に重要視されてきた。2008年の上海大学試験満点作文では次のように書かれていた。

　　　ある記者が出稼ぎ労働者子弟学校の一人の子どもに、卒業してから故郷に戻りたいかと聞いたことを覚えている。その時、その娘が何の躊躇もなく「勿論きっと帰る」と言っていた。これを聞いた途端、彼らの成長のために涙がこぼれるほど感心していた。[18]

　筆者の筆の下で、大都市に未練を残し、農村のことをちっとも思わないことが未熟な表現だとされているが、本当の成熟とは常に準備があり、都市で習った一芸を農村まで持って帰り自分の故郷を建設することである。この種の表現は実を言えばやはり中国農村の流動が季節性或いは循環的だと仮説したもので、即ち農民工及びその子女は相変わらず自分の"家"を農村として見なして、彼らがその"家"を離れて、何度も繰り返すにもかかわらず、よそで滞在している期間が短い[19]という仮説である。なお、このことも国家が農民工及びその子女を流動人口として扱う主な根拠でもある。ある出稼ぎ女性労働者が研究者の訪問を受けた時、怒りを抑えきれない様子で次のように指摘していた。

　　　どうして我々(農民工)が故郷に戻らなければならないのだろうか。もし農村にとって発展の必要性があるのならば、彼ら自分自身はどうしてあそこへ行かないの？どうして彼らは自分の子どもを農村へ送らず、アメリカへ送るの？……"文化大革命"の時期、都市部の人は農村に送還されるのを一種の下放だと思っているが、でも、農村の人はどうするだろう？もしかしてこのような下放を一生我慢しなければならないのか？一代また一代と？[20]

このような見えずに燻る公民権を求める批判的な立場に対して、舒航涯のような都市と農村の二重認識は国家が提唱と宣伝を行うに値すべきものである。即ち、これは現状に対する一種の無害の立場であり、既有の構造に衝撃を与えることもないし、国家が提唱している積極的に向上しようとの人生態度にも一致している。

以上に述べた五つの"舒航涯"は国家からするとの農民工子女の理想的なイメージであり、国家は模範のメカニズムを通じて、より多くの農民工子女にこの五つの品質或いは特長を持たせようとしている。

第三節　模範がアイドルに遭遇：倫理国家と世俗社会とのインタラクション

グラムシは"各々の国はみな倫理国家で、彼らの最も重要な役割が多くの国民の道徳文化を一定のレベルまで向上させ、生産力の発展要求に適応させることだ[21]。"と考えている。倫理国家と対応するのは世俗化の社会である。倫理国家はいつも国民性を改造しようと試み、自分の好みと需要に基づき公民の精神状態を創り出そうとしているが、世俗化の社会は往々にしてより実際の目標を持ち、人々が生計に忙しいか、安楽をむさぼるかという状態にある。従って、倫理国家と世俗化社会の間には一種の永久の張力が存在している。中国社会は市場の洗礼を経てから"政治優先"の意識形態の退潮、個人主義と消費文化の勃興など、これらのすべては共に模範政治に挑戦をもたらしてきた。

2005年"全国少先隊員十傑"選出の仕事が終わったばかりで、共青団中央、教育部、全国青少年工作委員会、中央テレビは共同で決定を発表し、「多くの少年児童に'全国少先隊員十傑'に学ぼう。そして党の要求に従って小さいころから中華民族の偉大な復興を実現するために奮闘する夢と抱負を確立し、それを毎日の具体的な行動の中で徹底しよう。故郷、両親、先生、同級生を愛することからスタートし、祖国のために励もう。社会のために貢献し、人民のために奉仕するという優れた品徳を育成し労働を愛し、よく頭を動かせ、勤勉に手を動かそう。毎回の授業を習得し、毎回の宿題を完成させることからスタートさせ、知識、実践力をもつ、創出に必要な実際の腕前を育成しよう。考えを守り、体育に参加すること、良好な生活習慣を育てること、各々の困難に打ち勝つことからスタートし、健康的な体と心の素質を育て、夢、道徳、文化、規律を有した徳、智、体、美全面的に発展する中国の特色

ある社会主義事業の建設者と後継者になるよう努力しようと呼びかけた。」その決定ではまた、各レベル共青団、少先隊組織、教育行政部門とテレビに対して、≪中共中央国務院が未成年思想道徳建設への更なる改善と強化に関する若干の意見≫を真剣に徹底的に執行しなければならず、密接に協力し合いながら、よりよく典型となる宣伝の仕事をし、幅広く"全国少先隊員十傑"の先進的な業績を宣伝し、多くの少年児童を激励し、彼らに先進人物を学ばせ、物事に積極的に取り組み、中華民族の偉大な復興のために全面的な準備をさせておくよう要求している[22]。

筆者がインターネット上で"舒航涯に学ぶ"をキーワードとして関連情報を検索したところ、舒航涯の母校である紅専小学校を除けば、成都市の龍王廟小学校、東光実験小学校、祝国寺小学校、龍王廟正街小学校、嬌子小学校、錦官駅小学校など少数の幾つかの小学校が関連の活動を行ったことがあることがわかった。学校の分布から見れば、主に成都市の錦江区に集中しており、即ち舒航涯の居住地である。活動の内容から見れば、すでに大分学校の日常事務の中に吸収されてきて、例えば、紅専小学校の新学期始業式では"舒航涯同級生に学び、錦江新三好のために頑張ろう"という主題が冠され、それを同小学校が"舒航涯同級生に学ぼう"との第四回主題活動としていた。また、東光実験小学校では優秀な学生の選出活動が"舒航涯同級生に学び、明るい少年のためにがんばろう"と命名されていた[23]。筆者が上海農民工子女との交流の中でわかったことだが、彼らは舒航涯のことについて全然知らないということだ。

種々の兆候から示されているように、舒航涯が"全国少先隊員十傑"に当選した意義は主に象徴的なものであり、即ち、国家が農民工子女というグループを高度に重要視しており、地方政府や団組織にとっては舒航涯の当選は一つの目立った業績にもなるのだ。

我々がすでに知っているように、舒航涯は国家が農民工子女のために創り出した模範である。それでは、現実の生活の中で、農民工子女が崇拝している、或いはまねをしている人は一体どのような姿の人なのか？2007年6月に、筆者はD民工子弟学校で調査を行っていた時、同学校七年生の学生の作文≪私もスターを追いかける≫について統計を行ったことがある（表4-2参照）。

60％を超える子どもが芸能、スポーツのスターを自分の憧れの対象として選択している。これは国家が期待していることと比較的大きな差が存在しているに違いなく、また、学校教育が提唱している傾向とも非常に離れている。ある中学校の先

表 4-2　学生が憧れている対象のリスト

文学家、科学家、芸術家	アンデルセン、李白と杜甫、エジソン(2)、童第周、キュリー夫人、冼新海、豊子愷、ベートーベン、科学家	10人 (23.3%)
芸能、スポーツスター	成龍(5)、李宇春(3)、姚明(3)、宋暁波(2)、劉徳華、マグレディ、劉翔、陳浩明、周星馳、周傑倫、賈静雯、劉亦菲、王力宏、張含韵、歌手(3)、司会者、有名人	27人 (62.8%)
英雄人物 (架空人物を含む)	夏明翰、魯賓孫、黄飛鴻	3人 (7.0%)
その他	教師、星星、あるクラスメート	3人 (7.0%)
合計		43人 (100%)

注：(　)は出現回数を表し、(　)なしは１回しか出現しないことを表す。

生が次のように書いていた。

>　新編中学政治教材だが、テキストにはほとんどの課にもすべて何人かの典型的な人物や典型的な事例が記載されている。例えば、革命家、英雄の模範と各業界の先進的代表者などだ。これらの典型的で模範的な行為と崇高な情操を学ぶことの、学生に対する思想品徳教育の役割は軽視できない。それは、学生の思想品徳の境界を大いに進歩させるだけではなく、学生に、人間は自分のために生きているのではなく、正しい人生観と世界観を確立しなければならないと認識させることにもなる。[24]

　それでは、学校の政治思想教育で宣伝されている模範人物にはどのような人がいるのかをみてみよう。表4-3には小学校思想品徳教科書で言及されている模範人物のリスト、類別、出現頻度とパーセンテージを示している。
　表4-2と表4-3を対比すると、両者の重複度が非常に低いことがわかる。これは何を意味を示しているのか？国家の模範教育は失敗しているのか？模範達は完全に、輝いているアイドルに取って代わられたか？
　桂林市も本市の未成年者に対して思想品徳状況についてアンケート調査を行っ

表4-3　小学思想道徳教科書で言及されている模範人物のリスト[25]

政治人物	マルクス、エンゲルス(2)、レーニン、スターリン、毛沢東(5)、孫中山、周恩来、劉少奇、朱徳(2)、彭徳懐、劉伯承(2)、陳毅(2)、葉剣英、宋慶齢、鄧穎超、徐特立	27人 (38.0%)
英雄模範人物	雷鋒(3)、張海迪(3)、吉鴻昌、瞿秋白、鄧中夏、楊懐遠、許海峰	11人 (15.5%)
文学家、芸術家	魯迅(2)、高士其(2)、徐悲鴻、梅蘭芳、巴金	7人 (9.9%)
科学家	アインシュタイン、ダーウィン、ファラデー、ロモノーソフ、エジソン、アリストテレス、ガリレオ、ガウス、コペルニクス、ブルーノ、キュリー夫人、ノーベル、李四光、華羅庚、童第周、鄭作新、顧懴林	17人 (23.9%)
古代歴史人物	孔融、匡衡、車胤、孫康、蘇武、鄭成功、包拯、陳寿、李自成	9人 (12.7%)
合計		71人 (100.0%)

注1：( )は出現回数を表し、( )なしは1回しか出現しないことを表す。
注2：マルクス、エンゲルスは本当は哲学者、思想家の行列に分類すべきだが、中国の思想政治教育においては、彼らは主に革命指導者の身分で現れ、レーニン、スターリン、毛沢東などの革命家と政治家と並べられているため、彼らを政治人物に分類した。

たことがある。700名以上の小学生の回答者の中で、雷鋒と毛沢東を自分の心中の模範或いはアイドルとして選択した割合はそれぞれ73％と56.5％を占めているが、周傑倫と李宇春を選択した割合は55.75％を、姚明、ビル・ゲーツを選択した割合はそれぞれに25.95％と37.45％を占めている[26]。このような"アイドルが模範を駆逐する"状況は各レベルの共青団組織、父親母親と先生達の心配を起こした。

　人々は伝統の模範教育の弊害のもとを反省し、今まであのような"高大全"の模範イメージが模範と学生の間の距離を拡大させたと認識し始めた。従って、上海市各レベル共青団組織は、青少年の身の回りの品徳も勉強も共によい典型に着目し選択して、模範教育を展開し、学生に真実でかつ信用でき、また目の前のことで学びやすいとを感じさせた[27]。全国少先隊員十傑の評価活動通知の中でも特に"少年児童のために、親しくでき、信頼でき、尊敬できる模範を立てる"ことが強調されてい

た[28]。

　イギリス価値観教育協会のある調査によると、小学生の善悪観念は一般に実践の中から体験するが、中学生と大学生は比較的に政治と思想方面の抽象的な価値観教育から取得しやすいとある。しかしながら、中国の状況は正反対であり、即ち"現在、大学生に公民品徳授業を、小学生に政治授業を行い、完全に逆転した"[29]。

　更にある学者が、アイドルへの憧れと模範教育の間にはある種の対立が存在しており、即ち、学生が憧れているアイドルはきっと模範教育の普及に影響を与え、学校が立てた、或いは普及させようとする模範は必ずしも学生に素直に受け入れられないと指摘した。それにより、以下のような模範教育の窮地が現れてきた。

（1）学生自身で選んだアイドルが、学校が普及させようとする模範とマッチする場面はごく少なく、更にはお互いに排除の場面となる。

（2）学生のアイドルへの憧れは教育の"三不管地帯"（社会が管理せず、学校が管理せず、親が管理しない場所）となり、学生に随意に選択してもらう次第だ。

（3）一方は学生が絶えず自分の憧れるアイドルを更新し教育模範の存在を無視しているが、他方は学校がまた模範教育に力を入れ、その強化に忙しく、模範がアイドルを駆逐することができることを期待している[30]。

第四節　まとめ：直接政治的社会化のパターン

一、模範政治の一般的なパターン

　アメリカの学者であるデイヴィッド・イーストンとデニスがアメリカの政治を原型にして児童の政治的社会化の4階段論を提出した。即ち、児童は、まず大統領或いは警察などの政治的な権威ある人物を通じて政治システムの存在を意識し、それから児童は大統領と警察を政府の象徴（人格化）と見なし、更に政治的権威のある人物を力強いもの、慈悲深いものとして想像し、最後に児童が段々と成熟していくに伴い、以前政府に対しての理想化と人格化の認知は制度に対する正面からの認識へと発展することになり、そして制度を政府の象徴（制度化）として認識する[31]。

　なお、我々も現代中国の模範政治の運用過程においては同じようにこの4つの段階を見ることができる。ただ、その主体は個人（社会化対象）ではなく、国家（社会媒介）そのものである。

まず、制度化については、模範を立てることはすでに党と政府の一種の定例任務の方式となっている。"'典型を育てることを先行して推進し、「点を面におし広める」ことを求め、秩序よく前進する'ことは一種の有効な仕事の方法である。従って、頭の良い組織者にとってはいつも他人を納得させることができる典型を持っている。"現代中国においては、雷鋒のような永遠不滅の模範が存在しているだけではなく、党と政府はまた情勢の必要性に応じて適時に新しい時代の特徴とグループの代表性をもつ模範を創り出すこともできる。

次に、人格化については、即ちある特定の模範人物を立てることである。例えば、舒航涯を選んで、彼女を農民工子女の学ぶ模範とする。

更に、理想化については、即ち模範人物に理想的な特質を与えて、或いは模範人物の特質に対して加工と美化を行う。例えば、ニュース媒体を通じて舒航涯に対して宣伝を行い、重点的にその5項目の品質と特徴を著しく示すが、なお、これらの特質はまた舒航涯の農民工子女の身分と関係しているのである。

最後には、政治化については、即ち模範人物に対して宣伝したり、目標グループに模範として学ぼうと呼びかけたりして、学ぶ活動は往々にして一つの政治的な任務となる。この段階ではリソースを最も消耗し、いつも大量の人力、財力を動員しなければならないのである。従って、ごく少数の模範しかこの段階に入らない。例えば、雷鋒、焦裕禄、頼寧、孔繁森、任長霞などである。舒航涯と比べて、これらの模範はより普遍性がある。例えば、雷鋒は中国人全体の模範で、頼寧は大勢の青少年の模範である。或いはさらに高い社会地位のグループを代表しているものでは、例えば、焦裕禄、孔繁森は地方党政府の首脳を代表し、任長霞は公安局長を代表している。

国家から見れば、都市部の子どもである農民工子女は"政治的な付加価値"或いは社会効果はそれほど高くないか、或いは農民工子女の意識形態の教化がまだコアな議事スケジュールに入っていないため、舒航涯の模範化の過程は"理想化"の段階で途切れてしまった。この点から見れば、舒航涯は完全な意義上の模範ではなく、多くは一つの政治的な象徴であり、国家はこれを利用し農民工子女を重要視している姿勢を表明した。

二、模範教育と政治詰込み

　アメリカの学者であるDawsonとPrewittは政治学習の角度から、政治的社会化の方式を間接と直接の二つのパターンに分けている。間接的な政治社会化とは、それ自体は政治的な意味を持たないが、政治的人格の発展向けの学習過程に影響を与えることができるということを指している。例えば、児童期の人間関係、感情経験、権威ある人物との交流関係は共に成年時期の政治態度に影響を与えることができる。また、人間が形成している一般的な社会価値も特殊な政治対象まで拡大することができ、一人の公民が人と自然の関係に対する態度は彼が経済成長と環境保護に対し軽く、或いは慎重に判断することで影響を与えることができるかもしれず、そして彼の党派への賛同にも影響を与えることになる。

　直接的な政治的社会化とは、社会化の媒介が直接的、明確な方式で政治価値を伝えるという過程を指している。政治システムは、各種の政治的社会化の媒介を通じて、例えば、学校、家庭、マスコミは、直接的かつ計画をもち関連の政治知識、信仰、価値と行動パターンを伝える[32]。政府もいくばくか意識して積極的に政治価値を伝える役割を果たした。政治指導者は群衆の政治教育を彼らが絶えず発展していくための主要機能の一つと見なしている。直接的な社会化は自然な社会化による家庭とは異なる。各社会の中で人々が一種の指導的な社会化と自然的な社会化の結合的なものを見つけ出すことを願っているが、その差異は単なる具体的な結合の形式にある。一つの有意義な仮説としては、安定的な政治制度においては自然的な社会化の過程が支配的地位にあり、それと同時に、不安定で変革時期の場合は指導的な社会化を前に押し出した[33]。

　改革開放以来、中国社会ではますます多元化、世俗化し、この背景下において、直接的な社会化、特に政府指導性の政治的社会化は、徐々に衰微していく。この動向は≪人民日報≫"模範"に関する報道からうかがわれる。

　農民工子女にとっては、国家による意識的な政治的社会化(教え込み型の社会化)は効率も悪く、更に言えば、効力がないが、国家による無意識的な政治的社会化(反応型社会化)、即ち、国家の農民工子女に対する政策や行為(例えば、戸籍制度、教育政策、都市管理と執法行為)は、政治授業やマスコミでの教えと比べ、より影響力をもっているのである。

表 4-4 ≪人民日報≫の"模範"に関する報道件数（タイトルには"模範"キーワードがあるかどうかにより統計）

時　　間	件数 / 時間	年平均件数
・1946-1949/09/31（解放前）	・11 件 /3 年	・3.7 件 / 年
・1949/10/31-1965/12/31（新中国成立から"文化大革命"前まで）	・377 件 /15.25 年	・24.7 件 / 年
・1966/01/01-1976/12/31（"文化大革命"期間）	・237 件 /11 年	・21.6 件 / 年
・1977/01/01-1991/12/31（改革開放前期）	・132 件 /15 年	・8.8 件 / 年
・1992/01/01-2008/6/14（市場化改革）	・112 件 /16.5 年	・6.8 件 / 年

注
[1] 張才の研究によると、レーニンは『ソビエト政権の当面の任務』の中で次のように述べている。「政権を無産階級が掌握してからというもの、無産階級の人たちを搾取してきた者達から権力を奪い取ってからというもの、状況は模範の力を根本から変えた。——著名な社会主義者が何度も指摘した通りである——初めて、自分の大いなる影響を表現したのかもしれない。」（『レーニン選集』（第 3 巻）人民出版社）、人民出版社 1960 年版、513 頁）。ここでレーニンは、「初めて、自分の大いなる影響を表現したのかもしれない」と述べたのであり、「無限に」とは言っていない。参照 2008 年 1 月 25 日『文匯読書周報』。
[2] 古代中国では道徳の教化——正統とする観念や行為を唱導すること——を統治の基本方法の一つとしていた。これを王国斌は、「意識形態による手段のコントロール」と呼んでいる。（参照［米］王国斌『轉変的中国：歴史変遷与欧州経験的局限』李伯重、連玲玲訳　江蘇人民出版社 1998 年版 94-95 頁）こうした意識形態によるコントロールは「大伝統」においては、主に儒家の君子思想として表現されているが、「小伝統」においては、民間信仰や演劇の中で表現されている。これら儒家の経典や民俗文化では、いずれも、模範の姿に欠くことがない。子どものための啓蒙書『三字経』は実に模範の人名簿となっており、孟母は父母のモデルであり、黄香は親孝行のモデル、堯舜は君主の模範であり、周公は人臣の手本である。忠義で名高い関羽はまさに歴代王朝の政治教化の需要に符合し、ついには死後、爵位を与えられ聖人となり、「関帝」や「武聖」と尊称されている。
[3] 馮仕政「典型：一个政治社会学的研究」（『学海』2003 年第 3 期）を参照。本論で馮は、以下のように指摘する。最初に「典型を樹立すること」を仕事の一方法としてはっきり述べたのは毛沢東で、1943 年に発表した「指導方法に関する若干の問題」においてである。毛沢東は文中で次のように記した。「共産党員は、いかなる仕事を進めるにあたっても二つの方法を採用する必要がある。一つ目は、一般と個別を結合させることであり、二つ目は指導者と大衆を結合させることである。」いわゆる「一般と個別の結合」は、指導者が「具体的、直接的に」いくつかの組織から手をつけ、「経験を得たのち、その経験を他の部門の指導に

活用する」ことである。いわゆる「指導者と大衆の結合」は、大衆の中の「少数の積極的分子を指導の中心人物として」養成、団結、利用し、「彼らを頼みとして中間分子へ引き上げ、落後分子を獲得する」ことである。参照『毛沢東選集』(第3巻)人民出版社1991年版、897-898頁。

[4] Sebastian Heilmann: From Local Experiments to National Policy: The Orifins of China's Distinctive Policy Process, The China Journal, January, 2008(59):1-30.
[5] Suzan L. Shirk:Competitive comrades: career incentives and student strategies in China, Berkeley: University of Cakufirnua Press, 1982.
[6] 魏沂「中国新徳治論析──改革前中国道徳化政治的歴史反思」『戦略与管理』2001年第2期。
[7] 例えば、人民代表大会代表(人大代表)の選挙や官吏任用の場面で、中央共産党(中共)の組織部門は各領域の要素を考慮することができる。そして中国人民政治協商会議(人民政協)や統一戦線における活動で各領域の重要性は一層際立つ。
[8] 中国社会科学院語言研究所詞典編輯室『現代漢語詞典』(第5版)商務印書館2005年版、304頁。
[9] 蒯楽昊「26年後尋找英雄張華」2008年4月23日『南方人物周刊』。
[10] 江林、王宗仁「当代大学生的榜様──記人民解放軍第四軍医大学学員張華」1982年11月2日『人民日報』。
[11] 王春光「農村流動人口的"半都市化"問題研究」『社会学研究』2006年第5期。
[12] 易承志「進城務工農民子女教育問題的政府治理──以上海為个案」『華中師範大学学報』(人文社会科学版)2007年第6期。
[13] 肖春飛、苑堅「農民工子女犯罪率上昇、難以融入城市致心理偏差」2006年10月19日『瞭望新聞周刊』。
[14] 鄭徳剛「舒航涯:我愿做一座橋」『人民日報』2005年11月18日;宋永坤、楊炯「成都試験区・関鍵詞解読」2007年7月30日『成都晩報』;周俏春、李欄「成都──農民工孩子当選"全国十佳少先隊員"」新華網2005年10月14日;「城里的陽光把夢照亮──記四川省成都市錦江区紅専小学少先隊員舒航涯」,〈www.61.gov.cn/gzzl/sxdfc/sxdy/2005/200707/t20070716_561514.htm〉;「第十届"全国十佳少先隊員"舒航涯事跡材料」、〈http://www.cycnet.com/cms/2004/kids/10jie10jia/grb/shijia/t20051010_35391.htm〉
[15] [英]ヘンリー・タジフェル、ジョン・ターナー『群際行為的社会認同論』載周暁主編『現代社会心理学名著菁華』社会科学文献出版社2007年版、427-455頁。
[16] 争点は以下にある。「感謝の表出」は、被援助者の道徳義務なのだろうか。「感謝の表出」の形式は何であろうか。必ず外に意志を伝えたり、はっきりと示したりしなければならないのだろうか。貧しい人を手助けすることは同時に、彼らの尊厳を損なわせていないだろうか。援助者と被援助者が反目しあうならば、前者が偽りの功利者であるのか、後者が冷淡で無情だからなのだろうか。感謝の不表出はすなわち、速やかに援助の取り消しとなるのだろうか。参考文献は、潘暁凌「"感恩の心"は什么様子?」2007年8月30日『南方周末』。
[17] "Y区民工子弟学校校長例会記録"2007年8月28日。
[18] 陳杰、王婧「上海高考満分作文──他們」2008年6月18日『新聞晨報』。
[19] [豪]杰華『城市里的農家女:性別、流動与社会変遷』呉小英訳　江蘇人民出版社2006年版、132頁。
[20] 同前、132頁。

[21] ［伊］アントニオ・グラムシ『獄中札記』曹雷雨等訳　中国社会科学出版社 2000 年版、214 頁。
[22] 「中青聯発［2005］63 号関与表彰第十届"全国十佳少先隊員"的決定」、⟨http://www.61.gov.cn/gzzl/wjk/2005/zqf/200707/t20070723_565552.htm⟩
[23] 「学習舒航涯、争做陽光少年」成都市東光実験小学網站 2006 年 4 月 7 日、⟨http://www.cdsdgsyxx.com/News.aspx? id＝17433⟩
[24] 薛鋒「也談激発学生学習政治学科的興趣」人教網、⟨http://www.pep.com.cn/sxpd/jszx/jxyj/jxlw/200710/t20071008_413917.htm⟩
[25] 基本資料を劉胜驥「大陸学校教科書中政治思想教育内容之分析」(『中国大陸研究』第 43 巻 2000 年第 9 期) によった。引用時には、虚構の人物、模範的意義を有しない人物、および反面人物や中性の人物は削除した。本文ではこれら人物について新たに分類を行っている。
[26] 陳娟、孫敏「榜様的力量是無究的、今天青少年心中榜様是誰」2009 年 10 月 25 日『桂林日報』
[27] 「劉翔比雷鋒更貼近孩子心霊、力求成経典榜様」2005 年 3 月 9 日人民網。
[28] 「中青聯発［2005］10 号関与評選第十届"全国十佳少先隊員"的通知」、2005 年 5 月 27 日、⟨http://www.61.gov.cn⟩
[29] 王俊秀「関注青少年社会教育：社会是一本無字的書」2007 年 11 月 28 日『中国青年報』。
[30] 岳暁東「論偶像——榜様教育」『中国教育学刊』2004 年第 9 期。
[31] David Easton, Jack Dennis: Children in the political system: origins of political legitimacy, Chicago: University of Chicago Press, 1980〔1969〕, pp.111-3113.
[32] Dawson R. and Prewitt K.: Political Socialization: An analytic Study, Boston: Little, Brown and Company, 1969.
[33] ［米］アレン・C・アイザック『政治学・范囲与方法』鄭永年等訳　浙江人民出版社 1987 年版、253-256 頁。

第五章　愛寄与と新市民育成：社会関与の二つのルート及びその影響

　最初に「久牽青少年活動センター」を訪れた時、「牛飼い班」の子ども達は特別だと張軼超に親切に教えてもらった。彼らに与えられた資源とチャンスは、一般の農民工子女には、到底手にできないものである。そのため、この中の一部の子ども達は未来に過大な自信を持っており、それゆえ、「牛飼い班」の子ども達が上海滞在の農民工子女の代表になれるかどうか、張は心配している。しかし、これを契機に「久牽」というケースの特殊性を考えさせられた。「特定ケースの研究は統計学における代表性という問題を考慮する必要はない。むしろ特定ケースの掛け替えのない価値は特殊性によって与えられた——上海の農民工子女全体に比べ、「牛飼い班」の子ども達は取るにも足りない極く一部でしかないが、しかし、これには一種の可能性も孕んでいる。外部世界から張軼超のようなボランティアが影響を与えると、農民工子女にはいろいろな変化が起きる可能性がある。私には、この可能性を見過ごすわけにはいかない。この 40 人の子ども達と張軼超の物語は、学術的及び実践的な価値は他の 40 万人の子どもにも負けない。

　現地調査の進行に伴い、私はさらに多くの農民工子女に寄与する組織及び個人に出会えた。例えば、「熱愛家園」のような NGO 組織、「楽群」のような社会活動機構、財力に十分力を持つ「南都」公益基金会、また、華東師範大学郷土建設学社、復旦大学 TECC などのような大学生ボランティアグループ、それに、劉偉偉、万蓓蕾のような個人ボランティアなどである。これらの社会行動者は背景も違い、活動方式や目標もそれぞれ異なるが、しかし、皆農民工子女を見守っている。彼らは一体どういう相違点を持ち、また農民工子女にとって彼らはどういう存在なのか、と考え始めた。

　農民工子女の視点から見れば、このような活動は皆社会関与と呼ばれる。本章は

このような社会関与を分類し、それぞれ農民工子女の価値観及び社会心理への影響を探求する。

第一節　社会関与活動の系譜

　前に述べた機関や個人との付き合いから、私は徐々に各種社会関与活動の中身の違いに気づいてきた。
　まず、目標から見れば、チャリティーと新市民育成の二つに分けられる。チャリティーとは、物質面と感情面に重点を置き、寄付金、物品支援及びお見舞いなどの形で農民工子女への思いやりを表す。また、多くのチャリティー活動は一回しか続かないのである。他方、新市民育成とは、価値観と理性に重点を置き、農民工子女に知識と価値観を教えることによって、彼らを現代市民の人格を持つ新しい一代に育てようとすることだ。しかし、チャリティーと新市民育成は全く相容れない両極ではない、スペクトルのような連続体であり、また、多くの社会関与が両者の間に存在する。
　次に、活動の組織化の度合から見れば、組織的社会関与と個人的社会関与に分けられる。組織的とは、専門的な機関による運営のことである。例えば、「南都」公益基金会、「楽群」社会行動者サービス機構、上海市慈善基金会などのような機関である。個人的とは、正式な組織に属しない、或いは所属する組織の組織化度合が低く、正式なルールや制度がないことである。劉偉偉、万蓓蕾などが叶氏通りで行う学習指導はその一例である。それに、組織化度合の連続性も重要である。「久牽青少年活動センター」と「熱愛家園」による「ひまわり」プロジェクトの組織化度合は中等レベルである。
　目標と組織化の二つの次元を元に、本章は社会関与行動の系譜図を作った。また、読者に象限図の内包と社会関与活動自体を詳しく知るために、図の中に具体的なケースも入れた。
　以下、図5-1に挙げたケースを簡単に紹介する。
　(1) 南都公益基金会「新市民育成計画」、その趣旨は農民工子女の成長環境を改善することである。南都公益基金会は2007年に、民政部の許可により設立した全国的な非公募基金会であり、民政部による管理を受ける。それに、上海南都集団有限公司から受け取った1億元が設立時の資本基金である。

第五章　愛寄与と新市民育成：社会関与の二つのルート及びその影響

　中国の都市化進行の加速に伴い、ますます多くの農民工が増え、農民工子女（「流動児童」と「残留児童」を含む）の教育、心の健康、道徳育成などにおいて多くの難題が生じ、このような難題をうまく解決しないと、農民工子女の成長に悪影響を与えるだけではなく、国家や社会の発展にも不利になる。農民工子女の成長環境を改善するため、南都基金会は「新市民育成計画」の実行を決め、入札を募る形で、非営利組織による農民工子女への教育展開、ボランティアサービスと公益イノベーションプロジェクトを援助し、また、民間資本による非営利農民工子女向けの学校設立に寄与する。南都基金会は社会とともに、農民工子女の成長のため、ひいては調和社会の建設のため力を尽くす[1]。

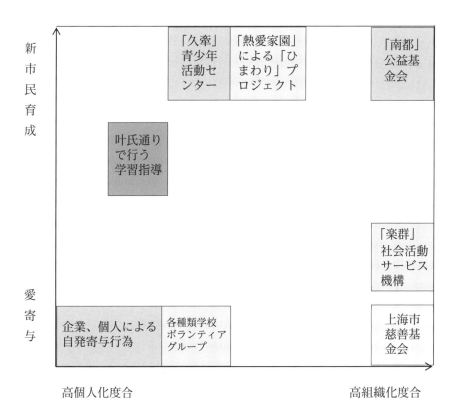

図5-1　社会関与行動の系譜

「新市民育成学校プロジェクト」は「新市民育成計画」に含まれ、南都基金会が援助する重点プロジェクトである。「流動児童」の入学難の問題を解決するために、南都基金会は5～10年の時間をかけ、100箇所の民営公益学校の設立に寄与することを決めた。これらの学校が「新市民学校」と名付けられ、この名前は子ども達がここで勉強し、志を磨き、良好な成長を遂げ、更に「理想を持ち、道徳を持ち、知識を持ち、規律正しい」社会主義新市民になることを意味する。「新市民育成学校プロジェクト」以外に、南都基金会は毎年、小さなプロジェクトにも貢献する。例えば、「久牵青少年活動センター」の「音楽とともに帰郷する旅」プロジェクト、「楽群」社会活動サービス機構の「心をまたぐ虹——流動人口子女サービス計画」などである。2007年度、初めて落札した12の「新市民育成計画」援助プロジェクトを見ると、その大部分は市民教育と能力向上に重点を置き、南都基金会が新市民育成を目標とすることが分かる。また、南都基金会は公益分野の専門家によって運営されている。例えば、実務担当者の徐永光氏は「中国青年基金会」と「希望プロジェクト」の創業者である。さらに、基金会の組織度が高く、理事会と監事会が設立されたのみならず、内部管理制度とプロジェクト管理の流れも整っている。

(2)「楽群」社会活動サービス機構。上海浦東区に位置する「楽群」社会活動サービス機構は2003年に設立した非営利的な社会サービス機構である。「楽群」の農民工子女に対する社会関与の主な形は「学校駐在社会活動」であり、即ち、浦東新区で農民工子女が多い学校にプロを派遣することによって、子ども達に専門のサービスを提供する。この活動は浦東新区社会発展局から資金が援助され、社会工作協会により管理される。「簡易小学校」プロジェクトの担当者梅舒氏の紹介によると、「楽群」の「学校駐在社会活動」の主な仕事は以下の通りである。

> 一つ目は特別ケース(関与)であり、対象は生徒、教師及び両親も含む。二つ目はグループ活動であり、人間関係を通じ、自信を培う。三つ目は外部資源を導入することによって、学校の成立に寄与することなどである。四つ目はパフォーマンスであり、社会各界に生徒及び教師のパフォーマンスを観賞させることによって、彼らから援助をもらい、資源の調和作用を働かせる。
>
> 子ども達は皆社会活動の訪れを歓迎する。これは社会活動メンバーが子ども達にお土産を持ってくるし、また、先生のように厳しく、時々怒鳴るのではなく、いつも子ども達を励すからである。子ども達も社会活動メンバーと親

第五章　愛寄与と新市民育成：社会関与の二つのルート及びその影響

しく、双方は心を通わせる関係になっている。そのため、一部の子どもが他の子どもと喧嘩した後に、先生に助けを求めるのではなく、社会活動メンバーに助けを求めてくる。これは社会活動メンバーとそのサービスを施す対象とは平等かつ尊重する関係にあるからである。多くの生徒が私たちをお姉ちゃん、お兄ちゃんと呼び、「お姉ちゃんは俺たちの父ちゃんや母ちゃんよりも優しい」と言ってくれた。これは私たちのサービスが平等で真摯なことと大きく関わっている。[2]

それ以外に、特別なプロジェクトも一部ある。例えば、上海市慈善基金会の支援で行われた「陽光童年」（注：楽しい幼年時代）作文コンクールと交流会、香港「愛心行動」基金会の援助で、農民工子女を対象に行われた無料健康診断、また、企業の支援による「花蕊」奨学金の授与などである。

専門的な社会活動サービス機構として、「楽群」の組織度合も高いが、しかし、主な社会関与の形である「学校駐在社会活動メンバー」は心のケアと交流に重点を置き、目標はチャリティーと新市民育成の間に存在する。また、交流会、ペンパルの通信、健康診断及び奨学金授与などの活動は特にチャリティーの性質が多く含まれている。

（3）上海市慈善基金会。農民工子弟学校設立者が私腹を肥やすようなことを防ぐには、上海慈善基金会が行う関連プロジェクトは主に設備の寄付に集中し、普通、お金の寄付をしない。目標から見れば、当機構の活動はどちらかというとチャリティーに偏る。

（4）「熱愛家園」による「ひまわり」プロジェクト。「熱愛家園」はボランティアが自発的に作った民間社会団体であり、正式名称は「上海市閘北区熱愛家園青年社区ボランティア協会」である。2003年から、ボランティア達は毎週日曜日の午後に、ある外来人口居住地にある「ひまわり活動室」で子ども達と活動を行っている。主な活動は「いろいろ学ぼうクラス」、「児童図書館」、「パズルゲーム」などである。当プロジェクトは「ボランティアへ」（注：中国語《致志愿者的話》）の中にこう書いてある。

　一回の活動で、私たちは平均、二十あまりの子ども達と二時間付き合える。この間に、私たちは子ども達と一緒に自然、社会、生活に対する感想を分かち合い、また、存在と発展、人と自然、現在と未来などの様々な課題を一緒に考える……幼く且つ鋭い彼らの心は私たちからの優しさ、期待及びお祝いを全

て受け取る。中国の将来に、自由な考えと社会責任感を持つ国民が一人でも多く増えるかどうかは、あなたの行動に関わっている！

担当者は「ひまわり」プロジェクトの最終目標について次のように定めた。

> 子ども達は活動に公平に参加し、互いに相談、譲歩することによって資源の配分及び社会生活での判断をうまく対処することを学び、躾がいい国民になる。また、謙遜、自信、自立、寛容、愛などの美徳を理解し、立派な人になる！[3]

「ひまわり」プロジェクトの新市民育成における意図がはっきりしているが、しかし、組織度合において、前に紹介した南都基金会と比べればかなりの差がある。また、当組織は自発性と権力のバランスを強調するため、内部の組織構造はかなり緩い[4]。

(5)「久牽」青少年活動センター。第一章で「久牽」の帰郷の旅について紹介したが、本章の第三節でもこの組織を特別ケースとして探求する。簡単に言うと、この機構は「ひまわり」プロジェクトとよく似ている。即ち、新市民育成を目標に、組織度合が低い。それに、民営の非営利組織として極く最近登録を済ませ、正社員が2名しかいない、また、内部のルールの制定もまだ検討中である。

(6) 叶氏通りで行う学習指導。この活動の先駆者は復旦大学社会工作学科2004期の学部生劉偉偉である。公立学校の授業に付いていかせるために、叶氏通りに住んでいる農民工子女に勉強の指導を行った。2008年劉偉偉が卒業した後、後輩の万蓓蕾がこの仕事を引き継いだ。万蓓蕾もまた学校のBBSを利用して12名のボランティアを募集した。これらのボランティアは国語、英語、医学、数学、政治学、社会学等の学部生と院生である。そして、農民工子女に一対一の補習を始めた。これらの活動は主に勉強の指導と生活の面倒に重点を置き[5]、もちろん価値観に対する影響もあるが、しかし、南都、久牽、熱愛家園のようにはっきりした主旨を持っていない、それに組織度合もかなり低く、相当に緩やかなボランティアネットワークである。

(7) 各種学校ボランティアグループ。上海の多くの大学には積極的なボランティアグループがある。例えば、錦繍学校は少なくとも7つの大学ボランティアグループと協力関係がある。このような組織は中国共青団委員会指導下の青年ボランティ

アサービスグループもあれば（例えば、復旦大学「遠征」青年ボランティアサービスグループ）、学生サークルもある（例えば、華東師範大学郷土建設学社、復旦大学TECC（国際科技教育交流協会）、上海海事大学「三農」サービス社）。それ以外にも、一つの学部や学科を単位とするグループもある。例えば、復旦大学社会発展と公共政策学部2004年学部生による教育支援グループ。しかし、このようなボランティア活動の大部分は「社会研修」のような活動であり、また、個別の中堅以外、多くのボランティアが行ったのは一回だけのチャリティー活動のため、農民工子女の価値観に影響を与えかねる。

（8）企業、個人による自発的チャリティー活動。例えば、ノキア協賛のNBA（米プロバスケットボール協会）「バスケットボールに境界なし」（注：中国語："篮球无疆界"）活動は錦繍学校に新しいプラスチックのバスケットボールコートとコンピューター室を寄与した。その他、錦繍学校の学生に奨学金を与える企業もある。このような活動は主な慈善的な活動であり、価値観の影響に触れない。また、有名人のお見舞いもこのような活動に属する。

これからは大学生ボランティア、「久牽」青少年活動センターと農民工子女との交流を中心的に検討する。

第二節　愛から責任へ：大学生ボランティアと農民工子女の相互社会化

一、変化を目指せ：理想主義者の情熱と困惑

2005年、上海Y区教育局が農民工子女向けの学校を大規模に整備するまで、大学生ボランティアによる教育支援活動が盛んに行われていた。一方、活気に溢れる大学生が弱者層を助けることによって、自分の社会価値を証明しようとする。それに、学校側も学生に一定の「社会研修」を通じ、それに関する単位を取ることを期待している。また、学校の共青団組織もこれを奨励する。他方、農民工子女向けの学校にとって、大学生ボランティアは無償で働くのみならず、生徒募集にも良い宣伝になる。そのため、双方に好都合で互いに協力し、教育支援活動が盛んに行われていた。往々にして、一つの大学に多くの教育支援ボランティアグループがある。また、一つの農民工子女向けの学校にもいくつの大学からのボランティアが来ている。

張軼超の「久牽青少年活動センター」も最初は教育支援として発足した。2001年、復旦大学哲学学科院生在籍の張は北京農民工子女向けの学校についての報道を偶然に見たのをきっかけに、新聞記者経験者の彼は（張はその時、復旦大学学生新聞『常識』の主要編集者であった）、上海にもこのような学校があるに決まっているとすぐに気づき、直ちに自転車に乗って、復旦大学の周辺を調査し始め、20分も立たないうちに農民工の集中地と四、五ヵ所の農民工子女向けの学校を発見した。その後、張軼超は『常識』の同僚と一緒に農民工子女向けの学校を訪問インタビュー、調査した結果、これらの学校の教育レベルが低いことに気付いた。小学五年生の子どもでさえ大半が、英語のABCDなどのアルファベットもマスターできていないし、また、学校には歴史の授業に適任な先生がいないので、子ども達は自分で勉強させられていた[6]。

　最初、張軼超らは物品支援を中心に、文房具、コンピューター、スポーツ用品、書籍、服を寄付してくれる人を探し回った。しかし、ある出来事をきっかけに、活動の中心を物品支援から教育支援へ転換させていった。

> 　当時は一人の友達が私の紹介を聞いて、子ども達を見に来た。文房具の他に、キャンディーも持ってきた。それで、文房具を各クラスの担当の先生に渡した後、キャンディーを配るのが面倒くさいと思って、校長に渡して、配るのを頼んだ。しかし、二階の校長室から降りたところで、上から「みんな、キャンディーを食べて！」と興奮した声が聞こえ、振り返って見ると、キャンディーが雨のように降り出してきた。そこで、先を争うざわめきがし、子ども達が喧嘩をしたり、泣いたりした……これに対して、長い間私はずっと理解できずにいる。

　このシーンを見て、張軼超はこのように感じた。

> 　たとえ現代的なコンピューター室があり、きちんとしたサッカーグラウンドがあっても、このような環境に置かれて、子ども達は一体何を学べるだろう。こう自分に問いかけ、答えを出した。このような環境で、彼らの生活に根本的な変化は生まれてこない、彼らが必要なのは一時的な生活改善ではなく、優秀な先生と整った教育システムだ。[7]

そこで、張軼超らはすぐにボランティアグループを作り、復旦大学周辺の農民工子女向けの学校の学生のために、英語、自然学、コンピューター、体育等の科目の知識を教え始めた。それに、復旦大学の新聞学部、社会学科、天文協会、撮影協会なども次々とボランティアグループに参加してきた。2002年5月のカリキュラムに、ボランティア達は小学校四年生と五年生、中学校一年生の国語の授業を担当し、また、すべての学級の英語と歴史の授業も引き受けた。それ以外に、公立学校さえも開講していない天文学や撮影学を設け、復旦大学の天文協会と撮影協会の会長がそれらの授業を担当した。それに、興味体験レッスンも開いた。例えば音楽の授業では胡笳（注：古く中国北方の胡人が吹いた葦の葉の笛）についての知識を教えた。また、西洋の「ボーイスカウト」（注：野外教育を通した青少年人材育成活動）を真似して、週末にはゲームを中心に野外活動を行った。学生の規範意識、チームワーク、衛生習慣と生活能力を養うためである。彼らの努力で、復旦大学の教育支援グループはあっという間に大きくなってきた。

リーダーの張軼超に比べ、劉偉偉、万蓓蕾などが教育支援グループに参加する理由は大したものではない。万蓓蕾の記憶では、

> 大学に入ったばかりの頃は彷徨いの時期で、やることもなく、ちょうどその時は馮艾[8]を宣伝する時だった。彼女は私の所属している社会学科の先輩で、それに、彼女から、教育支援が面白いと思ったので、また、先生になりたいという望みも叶うし、暇のあるとき子どもに授業をするのもなかなか面白いと思って参加してきた。[9]

しかし、子ども達は思ったより真面目ではなく、農民工子女向けの学校もなかなか協力してくれないことにボランティア達はすぐに気づいた。それに加え、ボランティア達も教育現場の経験に欠けるので、授業の効果はいまひとつであった。

> 「久牽」のボランティア達は沪皖小学校で授業し始めたが、しかし、彼らの前にあるのは現実で、映画の物語ではない。
> あなたの服の裾を引っ張って、離したくない目で見つめてくれる子どもがいない。現実は、教室がざわめいて、よほど厳しい先生でないと話を聞いてくれない子どもがいっぱいいる。

教壇に立って夢について話していて、奥深い真理を教えようとしているとき、理解してくれるような目つきが見えない。現実は、あなたが持ってきたキャンディーだけに心が奪われ、宿題をしたくない子ども達。また、全ての子どもが知識に対し情熱を持っているわけではない。現実には大部分の子どもが君のかつての同級生もしくはかつての君自身みたいに早く授業が終わってほしいと祈っているだけである。

　教育支援活動は思ったほど面白いものではなく、ロマンチックでもなく、かえって退屈で、疲れと責任感が常に付き纏うのが普通だということに、教育支援に入ったボランティアは気づき始めた。また、たとえ一人の子どもであっても、誰かを変えることはどれほど難しいかということにも彼らは気づいた。しかし、時折、映画より現実のほうが魅力的である。[10]

　農民工子女向けの学校で人手が最も不足しているのは英語の授業であるので、そこで、ボランティア達が英語を中心に授業を教えていた。張軼超をはじめとするボランティアグループは一度、一つの学校の英語授業の半分を引き受けた。最後の試験命題とフィードバックさえも含めた。しかし一学期が終わると、生徒達の親から効果があまり上がらなかったと批判の声が寄せられた。仕方なく、学校側は、発音さえきれいではない元の英語の先生をまた招請してきた。

　実は、親たちは確かに苦情を言いに来た。理由は自分の子の英語の成績はずっと良かったで、毎回90点ももらえたが、それに対し、大学生が教えにきたら、60、70点しかもらえなくなってきた。しかし、26のアルファベットでさえマスターできない小学校四年生、五年生の子ども達が本当に90点をもらえるのか？

　その事情は農民工子女向けの学校の間に存在する激しい競争にある。普通は8月中旬から、各学校は生徒募集の宣伝をし始めるが、直接の自宅訪問で宣伝する学校さえも出てきた。それに、親が学生達の成績で学校の教育レベルを判断するので、そこで、学校側は親に安心させるような成績を見せなくてはならない。また、子ども達が他の学校を選ぶことを防ぐには、成績を他の学校より低くするわけにはいかない。結局、農民工子女向けの学校の試験は形に流されてしまった。それで、英語が同じレベルの学生だとしても、農民工子女向けの学校で90点がもらえても、一般の公立学校では20点ももらえないかもしれない。これは決して教科書の違いではなく、また、教育レベルが異なるのみならず、本当の原因は学校側がわざと親達

を欺くからである。

　ボランティアは学生達の英語レベルをそのまま報告しようとするとき、すぐに学校側の反発を買ってしまい、主要な授業から外されて、一週間で１、２コマの授業だけ与えられるようになった。もちろん試験の作題、採点などのようなことは一切手を出せなくなってしまった。

　このような事情で、張軼超らは新たな道を切り開くと決め、そうして、「久牽青少年活動センター」が生まれた。その後、上海市教育部門も農民工子女向けの学校を大いに整備し、多くの学校が取り締まられ、教育支援活動がますます難しくなってきた。2004年、万蓓蕾、周沐君が動く時になると、教育支援は完全に「学校側が決める市場」になってきた。「その時は前もって学校側に接触しなければならない。それに、連絡してくる人が多すぎ、対応できなくなると学校側が言い出すとき、こちらとしては、自分達を一生懸命アピールしなければならない。まるで商売をしているかのように。」[11] 2008年５月、Y区農民工子女向けの学校の閉校が、教育支援活動の終わりを告げた。

　教育支援に対し、ボランティア達はいろいろと納得できないところもある。

　無償の教育支援活動から学校側の人件費を下げるため、学校の経営者に利用された気がする人もいる。更に、英語のヒヤリング能力向上のために、ボランティアグループが学校にテープレコーダーを買ってきたが、しかし、子どもから聞いたことでは、ある学校は生徒に一人ずつ５元の使用料を取ったそうである。また、農民工子女向けの学校同士が生徒を奪うため対立し、ボランティアまで利用する。

　万倍蕾はかつて次のように劉偉偉に聞いた。

> 「学校側はお金を稼ぐために学校を作ったが、私たちボランティアが彼らにコストを節約し、儲けさせたのではないか。」これに対し、劉はこのように言ってくれた。「君が行こうと行くまいと、彼らはそのままで、一人の教師も増やせないし、少しの予算も増やせない、しかし、君が行ったら、子ども達に何かを持っていけるのではないか。」よく考えると確かに一理あると思う。[12]

　自分には子ども達に何かを教える権利があるのか、また、自分の意思で彼らを変える正当性がどこにあるのか、と疑い始めた人が出てきたが、これに対し、張軼超は答えた。

「彼らを見込みがある道に導くのではなく、今よりもっと多くの可能性を教えるのだ。とにかく、やらないよりましだ。私たちは自分を鍛えるため、視野を広げるためにここに来たのではなく、子ども達を助けるためにやってきたのだ。」[13]

また、教育支援活動の価値を疑う人もいる。私たちは一体彼らの生活に影響を与えたのか？あるボランティアは自分のブログにこう書いた。

「三年前の私はあまりにもやりがいに拘り、絶えず物事を否定していた。真剣にやりたいかどうかも分からないボランティア達は、慈善や生活体験の名のもとで、子どもに何かを教えられるのか。なんでお金のことだけを考えている学長の機嫌を取らなければならないのか。なんでマスコミは子ども達をあまりにも可哀そうに書くことで、ボランティア達の『崇高』を浮き彫りにするのか。また、自分は二年あまりもの時間をかけて、結局彼らに何をもたらしたのか。たとえ何かをもたらしたとしても、良いことなのか、悪いことなのか。
　未だに分からないこともいっぱい残っているが、しかし、ひたすらその答えを求めるだけでは、何もできない。
　Education for change、このセリフが大好き。
　この世界では、あまりにも多くの人が口だけで言っているが、本当に実践している人は少ない。」[14]

Education for change（変えるための教育/変えるために教育を行う）、これは間違いなく多くのボランティアが教育支援グループに加入する初心である。しかし、一体何を変えようとするのか？子ども達を変えるのか、或いは不公平な現実を変えるのか、それとも両方を含めるのか？今考えてみれば、教育支援はもう昔の話になったが、しかし、大学生は子ども達に一体何をもたらしたのか？ボランティア達は子ども達に一体何の影響を与えたのか？要するに、彼らは一体何を変えたのか？張軼超から見れば、これは「子ども達の魂を変えるきっかけだ」。

　私たちは彼らに教えにいかないと、彼らは過酷な環境で勉強するしかない。このようになると、彼らはほとんど多くの知識が習得できないし、まして勉強

する楽しみを体験できるわけがない。私たちは彼らに何かを与えられるかはさておき、せめて今の状況よりましだと思う……それはきっかけだ。子どもの心を変えるきっかけなのだ。ある程度、三年前、伝統的な受験勉強、機械的な繰り返しと標準的な答えを出すことにひたすら反発していた私たちにとって、たとえその力の源は一時的な衝動とはいえ、これは真新しい理念で教育を試みるチャンスなのだ。[15]

　張軼超は教育手法を変えることによって、農民工子女の心を変えようとしている。しかし、これを達成するには、エリート層からの支援も必要だと張も気づき、そこで、希望をエリートの自尊心と自信と自覚に託している。

　　この世界の誰もが同等の教育チャンスを手にしないと、相手と公平に競争できなくなるという自尊心を持ち、誇りに思うべきである。こういう前提がないと、自分が収めた成功も輝かしくなくなる……我々の誇りとプライドは我々の子々孫々も誠実にこの土地に育てられることであり、また、自信を持って彼らにこう伝えることである。「これは俺が収めた成功だ、全て俺自身の努力で、ちっとも他人のチャンスを奪って手に入れたわけではない。」[16]

　周沐君の考えでは、変えること自体が一方的ではなく、双方向なのである。即ち、ボランティア達は農民工子女を変えるだけではなく、逆に子ども達もボランティア達に何らかの影響を与えてくる。これを一応「交互社会化」と呼んでおこう。

　　ボランティアをやり始めた頃はひたすら救う方になりたかった。彼らを弱者だと思い、何かを与えてあげられないかとそう思っていた[17]。……我々が農民工子女向けの学校へ行く価値は、彼らの授業を指導するより、もっと大事なのは何か新しい物事を持っていき、また、長い間の付き合いで、お互いの考えも理解しあえることではないだろうか。私たちは専任の先生ではない。いくら名門学校の出身でも、小学生の教育任務に適任だとは限らない。農民工子女向けの学校のオーナーが人材市場から雇った先生に比べ、私たちのほうは専門資質が高いわけではなく、素直な心を持っている……この二年間の経験から、最初に持っていた偉そうな「救済者」になる考えがどれだけ滑稽なのかとつくづく

感じた……教育支援活動は崇高なるボランティア精神に支えられているとはいえ、大学生による社会研修活動に変わりはない。そして、あらゆる社会研修活動は資源を使っているが、この活動の資源提供者は他の誰でもなく、まさに農民工子女なのだ。[18]

　長い間で教育支援活動に「熱中」するボランティア達のインタビュー訪問から、彼らの多くは最初「チャリティー」という気持ちでいたが、しかし、学校側や子ども達と付き合っていくうちに、責任感を感じられるようになってきたことに気付いた——これをやる価値について、彼らはほとんど話さなかったが、また教育支援活動が高尚な行為と見なされることにも反発し、ただ「楽しくやっている」、「充実している」と言うだけであった。それに、あるボランティアは最初、学生連合会の友達に無理やりに連れ出されてきたが、一回しかやらないといっていたのが、結局毎週二コマ体育の授業を教え、一年もやり続けた。逆に、一緒に来た多くのメンバーの中で、結局、彼ともう一人の仲間だけが残った。そこで、どうして頑張ってこれたのかと彼に聞くと、次のように答えた。「特に理由はない、ただこの子達に必要されていると感じたからだ。」[19]
　では、教育支援の実際の効果は一体どうであろうか？
　ボランティア達のブログによく見られるのは、授業の雰囲気が良くないとか、学生達が真面目ではないとか、せっかく準備した内容が台無しになったといったような文句である——「子ども達の行為に時々がっかりした時があった。ボランティアがせっかく準備した授業をちゃんと聞いてくれないし、こちらの気遣いも物ともしない、それに、私たちを先生とは見なさず、冷たくて手荒い態度で私たちを扱っている。」[20]
　周沐君もずばりと言った。

　　「私たちのような暇な大学生がこちらに来ても生徒に何の役にも立たないと学校側が思ったとしても、私にも納得できる……ボランティアとして、子ども達に何をもたらしてきたのか、また、何を教えてあげたのか、と度々自分に聞く。「学高くして人の師と為り、身正しくて人の範と為る。」しかし今の私は教師にもなれないし、規範にもなれない。もちろん、「君は復旦大学の学生だよ、あの子ども達を教えるのは十分余裕がある。他の人は絶対君には適わない

よ」と多くの人は私を慰めた。しかし、これは理由にはならない。私は自分の無知を知り、そして、子ども達の前でこの無知をいかに隠そうとしているかも分かっている。まだまだやれることがいっぱいある。私には子ども達を一学期でもっと真面目に、礼儀正しく、賢く、頑張るように変える術はない。そして、学校側もこれを分かっているから、私たちをあまりに相手にしないのも無理はない。」[21]

また、ボランティアグループの不安定で、一回しか続かないボランティアが多くいるなどの要素も教育支援の効果に影響を与えうる。周沐君は自分達が作った教育支援サービスグループについてこのように語った。「最初に応募してきたのは 70 人余りだったが、後でいつも参加する人は 20～30 人になってきた。他の多くの人は何度か授業をした後、姿が見えなくなった。私たちも彼らを強制参加させるわけにもいかない。」[22] また、万蓓蕾もかつて一度統計をとったが、その統計データによると、「ひまわり」プロジェクト 2007 年のボランティア数がトータルで 100 人余り、一回しか参加しなかった人はその半分ぐらいを占め、三回参加した人の数はグッと減る。これに対し、彼女は素直に言ったが「常駐ボランティアは不足で、一回限りのボランティアは過剰な状態。やはりステーブルボランティアの構造不足という問題に直面している。」[23] このように、ボランティアグループ自身が不安定な状態も、子ども達と長期的、親近的な繋がりを築くことを阻んだのである。

ボンランティアという「よそ者」の立場を変え、子ども達とより継続的な絆を築くために、2006 年後半、もうすぐ卒業する劉偉偉は錦繍学校で専任の英語教師を担当し、クラス担任という役目も引き受けた。しかし、最終的な結果に劉は失敗だったと感じた。

「最後まで彼らの固定観念を変えられなかったから。最初から自分には何の取り柄もないと彼らが感じたまま、結局期末になっても変わらなかった。一番多く教えた言葉は「Impossible is nothing」だが、この言葉だけは彼らがはっきりと覚えているのが、唯一成功したところかな。」[24]

かつて錦繍学校六年生の学生達にボランティアについていろいろと聞いたが、多くの学生は「大学生ボランティア先生」と専任教師との区別は分からず、ただ、ボ

ランティアは優しく、学生達を叱ったり、殴ったりはしないと思っていて、また、「理屈好き」、「教科書をそのまま読むのではなく、話をするのが好き」、「出した宿題が難しい」といった印象も彼らに残された。しかし、「大学生先生」から何を学んだかと聞いたところ、多くの生徒は答えようもなく、或いは「知識」と大まかに言った。それでも、ほとんど全ての対象者が「大学生」を好きと答えた、理由は大学生が優しく、面白いからである。

　錦綉学校での私自身の経験から見れば、ボランティアは必ず学校側のカリキュラム、スケジュールと日程などに従わされ、結局多くの時間を授業任務にさき、学生と一対一の交流が少なくなってきた。

　もしボランティアが不公平な教育の現状を変えることを目指していたならば、結果から見れば大体失敗したといってもよいが、もし「知識」を教えるのではなく、「価値観」を変えると位置づけたならば、納得できる結果を収めたと言えなくもない。しかし、農民工子女向けの学校の子ども達にとって、彼らは真新しい存在で、彼らの愛、善意と一生懸命頑張る姿はたとえ百分の一の子ども達にでも影響を与えたのなら、一つの「変えたこと」とも言うべきである。復旦大学社会発展と公共政策学部ボランティアグループの副部長が言った通り、「何も変えられないと私たちはいつも感じているが、まあ、ある程度、これも事実かもしれないが、しかし、一度本気でやり出すと、少しでもきっと何かが変わるだろう。」[25]

二、ポスト教育支援時代：親近感を抱くようになる社会関与

　ボランティア達は叶氏通りで行う学習指導を「ポスト教育支援時代」と呼んでいる。この活動を初めにやっていたのは劉偉偉しかいなかった。当時、この辺りの何人かの子ども達に公立学校での授業についていかせるため、劉偉偉は子ども達の家に通って指導しはじめた。劉は卒業直前の一学期に、錦綉学校から退勤した後毎日、疲れを顧みず、すぐ叶氏通りへ向かっていった。最後はいっそのことと、李瑠の家に泊まった。学習指導について、ただ知識を教えるのみならず、長い付き合いで子ども達の世界観及び価値観に影響を与えるようにと、劉はそう期待している。

　　　学習指導の効果はまあまあだろう。子ども達の成績は元々良くなかったし、
　　　短時間ではすぐ上達できないから。彼らと一緒にいるときは、勉強の指導をす

るだけではなく、新しい物事も教える。長い間の付き合いで、彼らはきっとこちらの影響を受けていくと思う。この世界に対する私の考えを認めてくれるし、だんだん価値観も受け入れるだろう。もちろん、普段話し合っているのは生活に関することだが、しかし、知らず知らずのうちに何か変わっていくだろう。」[26]

　劉偉偉が卒業して雲南省へ教育支援に行った後、万蓓蕾が叶氏通りで行う学習指導を引き受けた。万蓓蕾もまた「熱愛家園」による「ひまわり」プロジェクトの担当者なので、手が回らないと心配し、学校のBBSで12名のボランティアを募集した。最初は、万蓓蕾も劉偉偉のやり方に従い、主に難解な宿題や他の勉強及び生活に関する疑問を解ける形にしていた。毎日あちこちを回って、生徒達のために勉強を指導したり、話し合ったり、また、勉強においての問題を指摘し、良い学習習慣を身につけるのを手伝っていた。しかし、万蓓蕾はすぐこの「一対多数」の学習指導の効果は今一つで、結局「遊びに行く」形になってしまうような気がした。それに、時間も足りない。「回って行く家が多くて、最後の二つに行った時はもう十時過ぎで、子ども達はずっと遅くまで起きているとはいえ、しかし、これは良い習慣とは言えない。」また、この形は子ども達の依存心理を助成し、子ども達がただボランティアの手伝いを待つだけになってきた。「分からないことがあれば、すぐ他人に聞くのは、勉強力と思考力の向上に役立たない。」そこで、万蓓蕾は学習指導の形を調整した。

　　「一対一」を主とする形に変え、参加するボランティアと子どもの意向で双方選択を取り、一人の子どもの毎週の補習時間を多くても一回、二時間ぐらいに減らした。時間に限って見ると確かに減ったが、しかし、これで効率が上がり、子ども達にも考える余裕が十分でき、何かあると自分で考えるようになってきた。他方、私たちボランティアにとっても、更なる責任感が必要になってきた。以前は「平均主義」のような形で、全ての子どもの面倒を見たいという気持ちがあっても、なかなかそうはいかなかった。しかし、今回の「改革」を私たちは「責任請負制」と呼ぶが、自分が担当する学生の勉強や生活にもっと関心を寄せ、その学生に合わせて足りないところを補い、こうして、深くコミュニケーションもできる。もちろん、このような「一対一」は他の子どもを対象から除外した

わけではない。私たちは全ての子どもにもスケジュールを配ったので、毎日どの先生が誰の家にいるのかも一目瞭然である。当然、分からないことを溜めて担当の先生に聞く、または、自分が一生懸命考えるといったようなやり方を奨励するが、しかし、当日解決しなければならないことがあれば、スケジュールに頼ってボランティアの助けを求めに行くのも便利である……時間の経過に伴い、ボランティア達も子ども達も皆、今の形はもっとも良いと言った。子ども達にとって、より多くの手伝いが得られ、自分もより多く成長できる。他方、ボランティアの私たちにとって、子ども達とより深く絆が築け、また、子ども達も何があっても喜んでお兄ちゃんやお姉ちゃんのような私たちと分かち合ってくれる。[27]

交流の内容から見れば、これらの活動は主に、勉強の指導と生活の面倒に重点を置き、また、「一対一」のパターンによってボランティア達と子ども達には親密な関係が築け、価値観の受け継ぎにも役立つかもしれない。これは以前の教育支援が及ばなかったところである――以前の教育支援は一人で多くの学生に関与したが、今は特別なケースの関与に変わってきた。「ひまわり」プロジェクトの学習指導も叶氏通りと大体同じで、「一対一」のパターンで行うが、ただ場所は子ども達の家ではなく、活動センターにある。子ども達に意図的に価値や理念を伝えたかと万蓓蕾に聞くと、彼女はこう答えた。

今の段階では少ないでしょう。私自身も迷っています。一つ例を挙げます。子ども達を連れて「根と芽」(注：環境保護に関するNGO)という環境保護に関する活動に参加した例です。そこの入り口にボランティアがいて子ども達にカードを渡しました。そのカードには判子を押してもらうところが八つあって、例えば、環境保護に関するアイディアを提言すると一つもらえるし、水飲みコップを持参する場合も一つもらえます。環境保護を奨励しますから。また、映画を一本見ても、講座を一つ聞いてももらえます。子ども達は中に入って、そこにあったゲームに惹き付けられ、映画や講座への興味を失いました。ある女の子は賢くて、ちょうどブースに判子が置かれたままなのを見て、自分で取って判子を押しましたが、他の子どもも真似したところ、ばれてしまいました。判子を八つ集めた場合、活動の最後にプレゼントが一つも

らえますが、当然のように、その子はプレゼントをもらいました……しかし、他の子どももプレゼントを欲しがるから、各ブースのボランティアに頼んでいきましたが、もちろん、ボランティアは押してあげませんでした……その時、うちのグループには「根と芽」組織の知り合いがいるので、その知り合いに頼んで何人分かのプレゼントを頼んでみませんかと彼女が提言しましたが、しかし、このやり方は間違っていたと思います。もともとこれらの活動に参加した人しかプレゼントがもえないんですが、遊んでいるばかりではもらえないのは当たり前のことではないですか……当時、この過程で、子ども達はあれこれと一生懸命ボランティアを頼みました。それに「〇〇だって、そんなに多くの活動に参加しなかったじゃないか、なんであいつしかもらえないの？」とも言いましたが、そのような時は、理屈通りにはいかないですね。ただ「そんなにしつこく頼んで、恥ずかしくないの？」と言ってあげるだけでした。それに、連れ出した子ども達は皆四年生以上で、そんなに小さくはないですが、しかし、しつこく頼む姿を見て、いくらこちらがしっかりした価値観を持っていても彼らにうまく伝えられない気がして、まあ、仕方ありませんね、多分私たちのほうもまだ甘いのでしょう……友達の一人がこの話を聞いた後、このように思いました。「実は、これらの子ども達の生まれ育った環境から見れば、何か欲しがる時人に頼むこと自体は、何の恥ずかしさも感じないかもしれないし、むしろ自分の能力をアピールするいい方法だと思っているかもしれません。あの女の子は帰った後、きっと親に『うちの子って、なんにもしてないのにプレゼントがもらえるなんて、すごいよね』と褒められるでしょう。」まあ、彼らの日常生活から見れば、確かにそういう気がしますが、「人に頼むって、別に損をしたわけではないし、かえって何かがもらえるから、なんでしないの？」そういうわけで、私は未だにこのことに取り付かれ、どうしたらいいかわかりません。要するに、ボランティアは自分の思った通り進みたいと願っても、必ずうまくいくとは限りません。正直に言うと、彼らにとって、何が必要なのか私たちにもよく分かりません。例えば、恥ずかしさを感じるのは、生活に困らない限りこれを言えるのではないですか。もし、もっとも基本的なものも手に入れられない場合、恥ずかしさというものは彼らに必要かどうかも分かりません。[28]

私から見れば、万蓓蕾が提出したこのケースは代表的なので、深く検討する余地があると思っている。

　まず、「己の欲せざる所は人に施すこと勿れ」とよく言うが、しかし、逆に、「己の欲する所は人に施す」と言っていいのか？多くのボランティアはこのような困惑を感じた。我々が重んじる価値観は、そのまま子ども達に伝えていいのか？また、我々が教えることは絶対間違っていないのか、或いは彼らに役立つのか？このケースに絞って分析すると、生活に困らないボランティアにとって、自尊心はより大事だと思っているが、逆に、農民工子女にとって、ひいては彼らの両親のような階層にとって、自尊心は往々にして、生活とは両立できないかもしれない。前文で張軼超が話した子ども達がキャンディーを奪い合うシーンは、まさに彼らの生活の実態をリアルに描いたかもしれない。このようなことを仕出かした理由は子ども達の家庭教育及び普段の物質資源の欠乏と関わっている、と張軼超はそう思い、また、子ども達もこのようなことにも見慣れているかもしれない、即ち、「物質への勧誘で、人の独占欲の爆発。」[29]

　次に、ボランティア達が持っている観念と評価の基準もそれぞれ異なる。「ボランティア達が持っている理念というと、まさに千差万別ですが、もともとそれぞれのタイプも違います。まあ、これを置いといて、子ども達との接し方、また、彼らに伝えたい考え方もそれぞれ違います。」[30]

　最後に、子ども達にとって、ボランティアは彼らが接触した社会の一部でしかない。子ども達の多くの時間は両親や兄弟、同級生と一緒にいるのに対し、ボランティアとの時間は毎週2時間しかない。それに、ボランティアが否定或いは批判する行為は逆に子ども達の両親に奨励されるかもしれない。これで、張軼超はいくつかの相容れない力で子どもを引っ張っているような気がする。

第三節　新市民育成：「久牽」の精神教育と規制

一、新市民育成：「久牽」の教育目標

　前文にも書いたが、「久牽」は2001年に設立した頃名前もない、ただの大学生によるボランティア・サービスグループであり、復旦大学周辺の農民工子女向けの学校の子ども達に学習指導を行っていた。名前通り、「久牽」は長い間手を繋ぐ意味で

あり、ボランティアが農民工子女のために長期的教育サービスを提供する願いも込めている。

「久牽」ボランティア・サービス機関のハンドブックに、張軼超は自分の日記の内容でなぜ「久牽」を設立したのかを説明してある。

> Ｙ区ＪＷ新城農民工住居区では、二つのものがいつも訪れた者を出迎える。一つは昼も夜もなく、絶え間なく往復するコンテナトラックである――晴れの日には、トラックが通りすぎたあと、砂ぼこりがもうもうと舞い上がる。雨の日には、泥水が勢いよく跳ね上がる。もう一つはどこにでもある山積みのごみである。道端に積み上げられてくさった臭いを発し、或いは、水面に漂って清流を汚す。四年来、これは変わっていない。
>
> 六年前、初めてＪＷ新城に訪れ、これを目撃するとともに、ここに生きている子ども達とも知り合った。当時は、すまない気持ちで一人の子どもに聞いた。
> 「大きくなったら、何をやりたいの？」
> 「僕、先生になる」
> 「先生になって、何をするの？」
> 「僕は、この国のために、医者や歌手、作家、博士と教師を育てる。」
> 大したことだ、と私はそう思った。しかし、哀れな子よ、この国は君のために、何をしてあげたのか？
> しかし、彼の澄んだ目と凛とした表情を見ると、利己的な自分の醜さに気付き、それとともに、希望と勇気も与えられた。そのおかげで、「久牽」が今も続いているわけだ……

2002年7月、張軼超は復旦大学哲学科を卒業した後、引き続きこのボランティアグループの運営を担当している。農民工子女向けの学校で、英語、コンピューターレッスンなどの一般的な教育活動を担当する以外、夏休みにも農民工子女のためにサマーキャンプを行っていた。2006年3月、上海「根と芽」青少年活動センターとアメリカからのボランティア柯慧婕の協力で、「久牽」は「牛飼い班の子ども」コーラスを設立し、それ以来、芸術教育は「久牽」の基本的サービスとなってきた。2008年5月、上海浦東社会工作者協会の支援で、上海「久牽」ボランティア・サービス機関が浦東新区民政局の許可をもらい、民営の非営利機関に登録された。「久

牽」の目標は教育の不平等をなくし、農民工子女も都市の子ども達と同じような教育サービスを受けさせることであるとともに、社会責任感、ボランティア・サービス精神を農民工子女の心にも植え付けることである。

「久牽」のサービス対象は上海にいる10～16歳の農民工子女であり、サービス内容はこれらの農民工子女のために無料でアート、コンピューター、英語、自然科学などの授業を行うことである——これらの授業は往々にして、一部の農民工子女向けの学校には力不足で行えない現状がある。それ以外に、「久牽」は不定期に見学、調査研究、出演パフォーマンスなどの活動を行うことによって、農民工子女の視野を広げ、都市生活によりよく馴染ませている。

最初から、張軼超は「チャリティー」という目標に満足していない、目標を更に「新市民育成」に位置づけた。彼は次のように言った。

> 私たちがチャリティーについてよく言いますが、それを行う一番手早い方法はキャンディーや文房具など、ものを寄付することです。しかし、このようなやり方は一、二元を寄付するのと同じではないかとよく思います。ある意味で、これをやったことで、私たち自身は満足しました。更に、「調和社会作りのために自分なりに力を尽くしました」と自分に言えるかもしれませんが、しかし、子ども達の需要が満たされたでしょうか？例えば、かつてクマのプーさんの模様が入ったペンケースをもらった農民工子女と、もらったことのない農民工子女の生活には実質的な差があるのでしょうか？ありません。
> このようなやり方で満たされたのはボランティアのチャリティーの気持ちだけ、それに、この社会の表面的な調和に少し寄与しただけで、本当の現実は結局変えられないのです。だから、現実に直面しているボランティアはここで立ち止まるわけにはいかない、前に進まなければいけません。[31]

そういうわけで、「久牽」ボランティア・サービス機関のホームページの一番前に、チャリティー活動と異なるところを指摘した。

> 「久牽」はチャリティー・プロジェクトではなく、市民教育プロジェクトである。

> このプロジェクトの運営者として、我々がいつまでも忘れられないのは、初

めてこれらの子ども達を見たとき、彼らに表れたはにかみと臆病さで、今は見知らぬ人に対する朗らかさと自信である。このようなコントラストがあるからこそ、一部のボランティア達をパートタイムからフルタイムまで、6年も続かせ、このような特殊な子ども達に楽しみを与える青少年活動センターの運営に携わることを支えた。

　私たちの理念は、教育システムにおいて劣勢に立つ農民工子女に平等な教育資源を提供することである。また、彼らの両親のように大都市で「働く」以外、自分が歩む人生の道も選択できるように頑張ってもらうことである。「久牽」青少年活動センターは慈善的な教育補佐機関だけではなく、自分の才能も十分に発掘及び発揮できる優れた学園でもある。[32]

「久牽」計画の主旨について張軼超はこのように定めた。貧しい生活で自分の才能を発揮できない子ども達に相応しい教育環境を提供し、個人としての天性と国民としての公共意識を喚起する……農民工子女の国民意識と社会責任感意識を培い、引きこもりとアイデンティティークライシスを減らす[33]。

二、「久牽」のカリキュラムと制度・規定

　教育支援の制約性をつくづくと感じた後、2002年2月から、農民工子女向けの学校で国語、数学、英語などの授業を教えるボランティア達を引き続き手配する以外、全ての興味体験レッスン（歴史、地理、天文学、撮影学、コンピューターハードウェアの着脱、日本語、マレーシア語など）を「久牽」で行うようにした。あの頃、ボランティア達の情熱が高まっていた。専用の場所、少人数教育（各クラスの人数は10人を超えない）、自主的な管理などの条件が整っており、教育支援に直面した難題がほとんど解決した。それに、真新しい環境において、学生達も真面目になり、環境衛生意識が高まり、授業も真剣に聞き、課外活動にも積極的に参加してきた。2006年、「牛飼い班の子ども」コーラスを設立した後、「久牽」は軌道に乗り、自らの特徴を育成してきた。「久牽」の教育活動は主に以下の通りである。

　1、芸術教育とレギュラーレッスン。前者は合唱、ダンス、各種楽器演奏を含め、後者は作文、英語、歴史、ニュース、物語読み、読者人生、コンピューター、実験、

絵画、地理、撮影学、健康と社会などを含む。張軼超は主に子ども達の成長に必要なこととボランティア達の得意なことを結び付けて、このようなレッスンを行った。そして、生徒は自分の興味でレッスンを自由に選べる。これにより、張軼超は「機械的な繰り返しと標準的な答え」に対抗し、伝統的な受験勉強を矯正しようと試みている。張軼超は次のように言った。

> 「受験勉強で育った学生は、大学に入っても何をすべきか分かりません。だから、彼らに授業を選ばせ、試行錯誤を繰り返した後、自分に何を求めるのかが分かってくるでしょう。自由に選べること自体は自分の意志の現れです。今年は、特に紀律性を強化し、彼らの責任感を育てるつもりです。この授業を選んだ以上、ちゃんと責任を持たなければなりません。それを受けないと、罰が下ります。一人の人間である以上、自分のしたことに責任を取るべきです。学校に通うように、先生や両親の話を聞き、いい点数を取るだけでいいわけではありません」[34]……興味体験サークルに積極的に参加しない人を、そこから外します。どの興味体験サークルにも参加しない人を、コーラスから外します。[35]

最初の頃、「久牽」の授業は学校とほとんど重なっておらず、たとえ英語の授業でもストーリー性や面白さに重点を置いた。張軼超はいつも子ども達にこのように伝えていた。試験のために勉強するのはやめよう、試験はそれほど大事ではない。しかし、このようなやり方がうまく行かなかったことに張軼超は気づいた。子ども達の成績が悪くなったら、彼らの両親はここに「暇つぶし」に彼らを行かせるわけがないかもしれない。子ども達の両親の承認と支えを受けるため、「久牽」の授業も学校教育パターンに近づけさせざるをえなくなってきた。

> 「ここも一般の学校に似てきたような気がします。資源は限られているから、選択もせずに人に押し付けると、台無しになるか効率を悪くするとしか言えません。今、私たちが直面している最大の難題は効率的且つ時代に適応する教育システムをどうやって作るかなのです。授業のパターンや管理の手法などを工夫しなければいけない。学生達に楽しいと感じてもらうだけではまだまだ足りないのです。まず、第一歩は彼らに喜びと自信を感じてもらい、そして、次

は彼らが学んだ知識と能力で、ここに来たことのない子ども達を超えさせます。しかし、もし学校の成績でさえ他の学生と同じぐらいなら、人に信じてもらえないどころか、親に「落ちたな」とまで言われると、一番困ります。そこで、学校教育パターンを採用せざるをえなくなったのです。例えば、科目標準、試験標準、教師評価など。今、英語の授業を立ち上げましたが、数学も立ち上げるつもりです。彼らの受験勉強の能力を向上させることは、親を喜ばせることができ、これは私たちにとっても大事なのです。もちろん、こちらの英語の授業は試験問題を解けるようになるためだけに行うのではなく、会話と実戦能力を強調し、将来の就職活動にも役立つと思います。彼らがもっと理性的且つ段取りよく物事に対応できるために、私は数理ロジックを教えます。この二つの授業だけは学校と重なっています。来学期の歴史の授業をやめます。なぜかと言うと、彼らがまだついていけないので、効率が悪いのです。こちらで育った学生は同じ年頃の子どもが備わっているべき質素さを身に着けなければいけません。今のところは、歌ったり、踊ったりして、つまらなくて、社会を欺いている気もします。また、テレビ局もちゃんと番組に出てもらっただけでいいとしか考えず、こちらが一体何をしているのかには興味がありません。このまま続くと、自分の人生を潰すかもしれません。ですから、私たちは授業をもっと工夫して、本当に前に進むべきだと思います。[36]

それ以外に、「久牽」は不定期的に「職業と人生シリーズ講座」を行っている。作家、音楽家、弁護士、記者、学者、プロデューサー、マネージャー、医者、ITエンジニアなどの社会各界で活躍している人を招き、子ども達向けに講座を行ってもらう。講座について、張軼超の期待は次のようなものである。

　　自分が従事している職業をめぐって、特別な経験も含め、以下のようなことを話していただきたい。なぜこの仕事を選びましたか？この仕事は自分の人生にもたらした意味或いは価値は何でしょうか？今、この職業の社会的地位或いは役割はどうでしょうか？この職業について、自分にはまだ納得できないことや困ったことはあるのでしょうか、なぜですか？

2、指導教官制度。これは 2008 年上半期に遂行した新たな制度である。張軼超

の考えでは、子ども達が興味体験コースに参加しても、悩み事など私生活と関係のあることは恐らく授業を教える先生と話すのは恥ずかしいと思っていて、また、それらの先生もこれに対して関心を持たないので、そこで、指導教官制度の実行を決めた。まず、生徒に指導先生を選ばさせ、そして、配分不均衡を避けるため、張軼超は適当に調整し、最後には一人の先生につき4～5名の学生の指導を担当する形になった[37]。しかし、私の調査によれば、指導教官制度を実施して半年以来、その効果はなかなか出てこなかった。これはボランティア達が「久牽」にかける時間が限られているからである。例えば、ボランティアの申海松は院生三年生に上がった後、就職活動と論文に追われ、「久牽」に行く回数もだいぶ減ってきた。学生と会う時間が少なくなると、指導教官制度も有名無実になってきた。

3、出演パフォーマンス、音楽とともに帰郷する旅。特別コンサートを行い、各出演パフォーマンスに参加することは、久牽が資金繰り及び知名度の拡大の主な手段であり、他方、拍手とフラッシュにさらされるのも子ども達に自信を与える。本書第一章に述べた「音楽とともに帰郷する旅」は教育感化の機能が浮彫りにされた。

> 華やかな舞台に立って観衆からの拍手喝采を浴びることは音楽の主な目的ではなく、音楽を通じて、喜びと静謐さを味わえ、生活の素晴らしさと豊かさを感じられるということを子ども達に分かってもらいたい。それで、舞台は必ずしも華やかとは限らず、聴衆もお金持ちに限らない。人が住みさえすれば、そこに歌声を漂わせるべきである。たとえ炊煙が漂う農村でも、美しい音楽を響かせるべきである。
>
> このような信念を持って、私たちは農民工子女を集め、一緒に彼らの故郷に帰り、親の世代及び代々そこで一生懸命働いている人たちのために、音楽とともに、温かさと希望を届けていきたい。
>
> その他、小さい頃から家を離れて、親とともに都市に来た子ども達に、このチャンスを借りて、自分の故郷を知ってもらい、その土地の内包性と広さを感じてもらい、ひいては自分がこの土地のために貢献できる力と智慧を考えてもらいたい……農村での現地調査を通じて、子ども達のコミュニケーション能力と調査能力を鍛えるとともに、彼らの社会意識を養うつもりである。また、ずっと農村で生まれ育った子ども達との交流を通じて、お互いの長所と短所に

気付かせ、より広く視野を広げさせるつもりである。[38]

　4、学生会自治。「自治」は「久牽」の特徴の一つである。壁に貼り付けた各制度・ルールの多くは「久牽学生自主管理委員会」の名で公表したものである。普通、制度作りを提議するのは張軼超で、起草者も張軼超が指名するとはいえ、制度の立案には張がほとんど手を出さず、ただ草案の訂正に自分のアドバイスを述べ、それに学生達を集めて議論するだけである。私の一年の経験から見れば、制度化は「久牽」の顕著な傾向になってきている。壁に貼り付けた制度は多くなってきた──『授業ボランティアの心得』、『久牽の規則』、『書籍貸出規則』、『当直注意事項』、『老人ホーム訪問活動注意事項』、『学科委員心得』、『ボランティア教師心得』など、数えきれないほどである。しかし、これらの制度の実行はうまくいかなかった。

　　　制度にみんな構わず違反すれば怖くないと言いますが、例えば、罰則として
　　外出活動禁止されたとしても、彼らは何の恥も感じず、ただ有効期限切れにな
　　るのを待っているだけです。ですから、今年はもっと真剣に実行していきたい。
　　全ての科目についてもちゃんと記録するつもりです。[39]

　5、ボランティアサービス。「久牽」には老人ホーム訪問活動、書籍管理仕事、文字入力仕事、当直仕事、クリーン日仕事とボランティア教師を六つのグループに分け、それぞれ一名の担当者がついている。このプロジェクトは「久牽コースシステム」の一部として、子ども達に一定のボランティアサービスを全うさせることによって、彼らの社会サービス意識と責任感を育てることを主旨とする。老人ホーム訪問活動のリーダーは李榴で、毎週日曜日の朝、老人ホームに行き歌を歌ってあげる。張軼超はこの活動を通じて、子ども達にこういう信念を伝えたい：君達は助けられているばかりではなく、助けるほうにもなれる。「久牽」の楽譜に、『世界に愛を』（注：中国語《让世界充满爱》）という歌に対しこのようなナレーションがある：「最初に、この歌を歌った後、みんなに助けられていた。しかし、時間が経つにつれ、自分にも他人に温かさと楽しさを与えられるということに気付き、それで、『世紀老人ホーム』との旅を始めた。」学生の楊洋は作文に次のように書いた。

　　　学校や家で何気なく過ごした毎日、しかし、老人ホームで過ごした時間は私

の生活に溶け込んできた。
　私が望んでいた生活もここで見事にスタートした！……
　もし、どこで過ごした時間が一番楽しかったかと聞かれたら、迷わずこう答える。「老人ホームで過ごした時間が一番楽しかった！」
　それはあそこでありのままの自分でいられるから、それに対して、学校ではひたすら自分を隠しているだけだ。人に笑われて、自分を見失うのがいやだ。
　だから、老人ホームでの時間は一番楽しかった。
　学校ではただ知識が学べるだけ。希望と自信は学び取れない。[40]

「久牽」では、小学校低年生以外の全ての学生は少なくとも一つのグループに参加しなければならない。その上で、学生の出席や仕事ぶりに基づいて評価する。

　　ボランティアサービス時間が一つの学年で50時間に達する場合、他の活動や奨学金申請に参加する資格がもらえます。ボランティアサービスはアルバイトのようにお金がもらえず、ただ心からみんなのために何かをしてあげるのです。具体的に何をするのかは自分で決めます。評価に至っては、ボランティア活動向けの表があるので、そこにサインしただけで参加したことを証明できます[41]……ボランティアとは何か？強制的にやらせるのではなく、ちゃんと責任を持って喜んでやるのがボランティアとしての自覚なのです。[42]

しかし、この制度に対し、多くの学生は文句を言った。その中の一人、方沢旺は老人ホームプロジェクト担当の先生聞黎にこのように愚痴をこぼした。

　　クラス委員や学科委員をやると、授業を一回聞きに行った場合、2時間として数えられるので、たやすいことです。しかも、学科委員はやることも少なくて、先生に水を入れたり、黒板を拭くぐらいだけでしょ。けど、老人ホームを一回往復すると2時間もかかるけど、1時間としか数えないので、なかなか50時間の任務は果たせないんです。これは不公平すぎる！[43]

聞黎はこのように答えた。「不公平と文句ばかり言うのは何の役にも立たない。どこがいけないのかをちゃんと調査すべきだ。例えば、学期が半分も終った今では、

みんなの任務の完成度はどうであろうか？いくら頑張っても果たせない人が多くいるのか？学級委員は一般の生徒とどこが違うのか？と。このようなことをちゃんと調べた後で、張先生に報告してください。」このように、聞黎の指導を受けて、方沢旺は張軼超に調査報告を提出した。その後、張軼超は生徒会の編成を行った。社会課（老人ホームサービス）、教務課（ボランティア教師）、総務課（書籍管理、当直及び清掃隊）と秘書課（学籍ファイル、文字入力と書類管理）を設立し、秘書課の担当を方沢旺に委託した。また、考課制度を調整し、学科委員という肩書をキャンセルした。

三、「久牽」の「コア・バリュー」

「人生の成功とは、全てを手にしてから言えるのではなく、何も持たないところからなし遂げることにこそあると言えるのである。」これは久牽青少年活動センターの壁に貼り付けられたキャッチフレーズである。

「久牽」にはこのような価値観が多くある。張軼超は子ども達に『南方週末』、『読者』またはネットメディアから良い文章を選んで、壁に貼り付けることを奨励する。その内容は震災援助、北京オリンピックのような重大イベントもあれば、流動児童のために学校を作った石清華のこと、貧困地域の子どもが「縄で河渡りの通学」のような感動ストーリーもあり、また、農民工子女と「牛飼い班」についてのマスコミの報道もある。

それでは、「久牽」の「コア・バリュー」は一体何であろうか？張軼超は子ども達に何を与えたがっているのか？それについては、張軼超が子ども達のために作った『お薦めの書籍と映画』のリストがうまく答えているだろう。即ち、「自由」、「人間性」、「成長」、「友情」、「命の価値」、「勇気」と「夢」である。これらのキーワードは私たちが「久牽」の教育実践を理解する鍵にもなる。

お薦めの書籍と映画

自由について
自由とは何ですか？もし自由を失って、まだ残るものは何ですか？

映画：

1、『トゥルーマン・ショー』(*The Truman Show*)

2、『神秘の島』(*Mysterious Island*)

3、『カッコーの巣の上で』(*One Flew Over the Cuckoo's Nest*)

書籍：

1、『おとぎ話を信じた王女さま』(*The Princess Who Believed in Fairy Tales*)

2、『マイペースな豚』(一只特立独行的猪)(王小波)

人間とロボットについて

人間とは何ですか？人間とロボット或いは他の生物との違いはどこにありますか？

映画：

1、『メトロポリス』(*Metropolis*)

2、人工知能(*Artificial Intelligence*、AI)

3、『アイ , ロボット』(*I, Robot*)

成長について

成長する過程において、何を失っていくのですか？また何を得るのですか？

映画：

1、『小さな赤い花』(原題：看上去很美、英語題：*Little Red Flowers*)(幼稚園に関するストーリー)

2、『奇跡の人』(*The Miracle Worker*)(ヘレン・ケラーに関するストーリー)

書籍：

1、『一年甲組 34 番』(一年甲班 34 号)

2、『星の王子さま』(フランス語原題：*Le Petit Prince*、英語：*The Little Prince*)

3、『窓ぎわのトットちゃん』

友情について

友情とは何を指しますか？一緒に遊ぶことですか？一緒にご飯を食べることですか？助けあうことですか？支えあうことですか？……

映画：

1、『友だちのうちはどこ ?』(イラン)
2、『パピヨンの贈りもの』(フランス)

書籍：

1、『ぼくは怖くない』(イタリア語原題 *Io non ho paura*、英語：*I'm Not Scared*)
2、『シャーロットのおくりもの』(*Charlotte's Web*)
3、『青空のむこう』(*The Great Blue Yonder*)

命の価値について

恐らく誰でも価値のある生活を求めていますが、では、それは一体どんな人生ですか？

映画：

1、『いまを生きる』(*Dead Poets Society*)

書籍：

1、『天国の五人』(*The Five People You Meet in Heaven*)
2、『キャプテンブルーベアーの 13 ½ の人生』(*Die 13½ Leben des Käpt'n Blaubär*)
3、『若き詩人への手紙』(*Briefe an einen jungen Dichter*)

勇気と夢について

自分の夢を追いかける勇気を持っていますか？

書籍：

1、アルケミスト ── 夢を旅した少年(*O Alquimista*)
2、ぼくが空を飛んだ日(*Feather boy*)

自然について

都市に暮らしている私たちにとって、電気製品などを簡単に使いこなしますが、自然に対する知識はまだほんのわずかです。

映画：

1、ミクロコスモス(*Microcosmos: Le peuple de l'herbe*)

書籍：
1、『ソロモンの指環　動物行動学入門』（*Er redete mit dem Vieh, den Vögeln und den Fischen*）
2、『歴史から学ぶ医学 ── 医学と生物学に関する』（*The Medusa and the Snail : More Notes of a Biology Watcher*）
3、『昆虫記』（*Souvenirs entomologiques*）

しかし、これらの価値観は子ども達にどれだけ受け止められるかは、まだ見当がつかない。子ども達に「なぜ久牽に来たのか？久牽で一番学んでことは何だと思うか」と聞いたことがある。これに対し、彼らは似たり寄ったりの答えを出した。

　コーラスでは、学校で学べないものがいっぱい学べるし、それに、多くの仲間もいます。ここで歌うことが学べます。そして、歌うと、なんか言葉に表せない不思議な気がします。また、多くの仲間や先生と知り合って、いっぱい学びました。
　コーラスのおかげで、多くの知識を学び取り、視野を広げました。音楽が好きだから、コーラスで一番魅せられたのは音楽です。「徳、智、体、美」を全面的に発展させた人材になります。
　一番惹かれたのは楽しさと自信で、そして、得たものは友情です。
　教科書で学べないものがいっぱい学べますから。昔、よく人を馬鹿にしていましたが、ここに入った後は直しました。時々気づいていますが、やっぱり友情が一番大切なんです。
　多くのものを学びたい。ここで多くの知識に引き付けられました。例えば、中国の歴史、フランス文化などの授業は大変勉強になりました。コーラスで一番得たことは、かつてよくでかい態度を示した身の程知らずの自分が、変わっていったことです。
　「久牽」では、差別されることはありません。私たちの先生は上海出身といっても、学校の一部の先生のように私たちを区別することをしないし、またここでは多くの友達ができました。一番惹かれたのは友情です。「久牽」のクラスメートは自分の親戚のように私たちを愛しています。ここで一番得たことは楽器やコーラスなど多くのものを学びました。また、友情の大切さを知り、いっ

ぱい遊んできました。

　好きだから参加しに来たが、何かを好きになるのに理由は要りません。何かに引かれてきたのではなく、自分の意志で自分を連れてきました。一番得たものは本当の自分を知り、それにこの世界でたくさん学ばなければならないことを知り、また、どんなことでも自分とはなんらかの繋がりがあることに気付いたことです。[44]

　彼らの答えは概ね6つの種類に分類できる。即ち、知識、才能、友情、楽しさ、人間関係と物質である。およそ7割の子どもは「知識」を自分の目標或いは一番の収穫として選んだ。次に、「才能」と「友情」を選んだ比率がそれぞれ45.5%と39.4%になり、「楽しさ」を選んだ人も3割に近い。それに対し、1割弱の学生しか「人間関係」を一番の収穫として選ばなかった。上述した前の5つの答えは皆「久牽」が意図的に教えたいことであり、このように見れば、「久牽」の教育は一定の成果を納めたと言えるだろう。一般の農民工子女と比べ、「久牽」の子どもはより大らかで、自信満々、積極的、楽観的になっているのは、実に成功と言えるのではないか。しかし、「久牽」のより高い目標はただ知識、スキル及び人間関係の骨格を教えるのみならず、良い人格と素質を育てることである。それに、「久牽」の「コア・バリュー」が子ども達の心にどこまで染み込むのかは、長期にわたる観察が必要である。

表5-1　「久牽青少年活動センター」での一番の収穫は何ですか？

選択肢	頻度	比率(％)
知識	23	69.7
才能(音楽、ダンススキル)	15	45.5
友情(友達づくり)	13	39.7
楽しさ	9	27.3
人間関係	3	9.1
物質(賞品)	1	3.0
人数	33	100.0

出典：2008年3月3日、「久牽青少年活動センター」での訪問インタビューした記録。

第四節　まとめ：社会関与と政治的社会化

　本章は「チャリティー」と「新市民育成」の二つの社会関与を区分し、個別ケースを通じてこの二種類の社会関与が農民工子女に与えた影響を探求した。ここで、社会関与を一種の政治的社会化の媒介として見ていく。しかし、農民工子女は独立した人格と自己意志を持っている主体として、人に同情及び改造される対象ではない。そのため、社会関与によって持たされた政治的社会化の影響には巨大な不確実性が含まれていて、それは一方的な望みによって決められるのではなく、両方の複雑なインタラクティブによって決められるのである。それに、二つの社会関与も農民工子女への善意が含まれ、ある程度彼らの状況を改善するには確実に役立つという事実を認めるべきである。しかし、この二つの社会関与も初心に背く可能性もある。

　以前、テレビでこのようなシーンを見たことがある。ある都市の公立学校が農民工子女に現代的な教育環境を感じてもらうため、サッカーの試合に誘ったが、夜になると、子ども達は布団の中で泣いた。これは感動の涙ではなく、苦痛の涙である。この一日を通じて、彼らは出身、学校、球技、話しぶりなど、ほとんどどんなことでも都市の子ども達に及ばないことに気付いたからである。このように見ると、農民工子女の気持ちに配慮せず、ただ一方的に「チャリティー」をしただけでは、かえって逆効果になってしまうかもしれない。張軼超はかつてこのようなことを記録した。

　　　杜文彬たちが北京へ行って、「春暖2007」という演芸の夕べに参加した時の
　　出来事であった。もちろん、国内の多くの夕べのように、生放送ではなかった。
　　そこで、子ども達が一列に並んで入場する時、こう聞いた子どもがいる、
　　　「歌が終わったらホテルに帰ってもいいですか？」
　　　「だめ、監督にオーケーと言ってもらわないと。もしうまくできなかったら、
　　ここに残ってもう一回歌わなきゃ」とあるテレビアシスタントはこう答えた。
　　　すると、不満の声が子ども達の中から出てきた。
　　　杜文彬は「これで、僕たちはただの道具になったじゃないか」と言い返した。
　　　確かに、現場での他の子ども達も、このような疑問を持っていたのではな
　　いのか？
　　　可愛い子よ、調和社会の証明になるために、君たちを助けに来たのではなく、

一人前の人として君たちを扱い、君たちを鍛えるために参加しにきたのである。[45]

　農民工子女は道具ではなく、主体であり、理性のある動物だけでなく、感情のある動物でもあり、物質への需要があるのみならず、プライドへの需要も持ち、これは社会関与効果を決める最も重要な要素である。ソーシャルワークを専門とした学者は次のように反省した。

　　私たちは普通の人として、無礼な態度を隠さずに彼らを排斥し、いろいろな理由を口実にして彼らを醜く描き、また大っぴらに彼らを差別し威圧する……しかし、これに対し、もう一つの不平等な心理状態はより巧妙に隠されていて、簡単には気づかれないので、それによってもたされたダメージはより大きく且つ深いものになるかもしれない。それは哀れみ、上から目線のような施し、隠された道徳と生活スタイルの自慢ぶりと傲慢ぶりの写しである。慈善家にとって、それに、高度に専門化した技術しか持っていなくて、心がこもっていないボランティアにとって、また、自分が外来の貧乏人を助けているつもりだけで、かえって相手から何かを教わったことに気づけない人にとって、このような態度は彼らの目を隠し、耳を塞ぐので、彼らはもう一つの世界に気付くことなく、命の抵抗の叫びに耳を傾けることなく、そこから啓発や教訓を得ることもできない。[46]

　社会関与がその役割を果たすには一朝一夕のことではないので、それが農民工子女に与えた影響を評価するのは非常に難しいということを認めなければならない。例えば、張軼超の「久牽」が設立されて七年目になったが、しかし自分には一体何を変えたのかもよく分からない。まだ、何もかも途中で、子ども達も、「久牽」も、ボランティアとソーシャルワークも皆まだ途上で、あたかも劉偉偉の口癖「なんでも可能である」と言うように。不確実性が含まれている社会関与実践においては、1年の観察は短くしか見えないので、私はただ忠実に記録しただけで、更なるアセスメントをこれからの研究に残しておきたい。

注 ─────

[1] 『新市民援助計画マニュアル』(注:中国語《新公民计划资助手册》)(内部資料)、その機関に関する詳しい情報はウェブサイトに登録してください。〈http://www.nandufoundation.org/〉
[2] 2007年6月26日、梅舒へ訪問インタビューした記録。
[3] 『「ひまわり」プロジェクトボランティアマニュアル』(注:中国語《太阳花志愿者手册》)(内部資料)。
[4] 2008年4月6日、「熱愛家園」の雷婷、万蓓蕾へ訪問インタビューした記録。
[5] 2008年4月2日、万蓓蕾へ訪問インタビューした記録。
[6] ボランティアブログ:『久牽、長い間手を繋いで離さない』(注:中国語《久牵,久久牵着你的手不放开》)、〈http://gracehu.ycool.com/post.1103807.html〉
[7] 張軼超:『我々の誇り、我々の責任』(注:中国語《我辈的骄傲,我辈的责任》)、2007年11月25日復旦大学での講演。
[8] 馮艾、1977年生まれ、復旦大学社会学科と経済学部に在学であった。二度も西部地区へ赴き教育支援活動を行い、「中国十大優秀青年ボランティア」という称号を授与された。
[9] 2008年4月2日、万蓓蕾へ訪問インタビューした記録。
[10] ボランティアブログ:『久牽、長い間手を繋いで離さない』(注:中国語《久牵,久久牵着你的手不放开》)、〈http://gracehu.ycool.com/post.1103807.html〉
[11] 2008年3月27日、周沐君へ訪問インタビューした記録。
[12] 2008年4月2日、万蓓蕾へ訪問インタビューした記録。
[13] 黄晨嵐:『将来はどこへ赴くべき?』(注:中国語:明天该往那里去?)、『復旦青年』、〈http://www.stu.fudan.edu.cn/epaper/fdyouth/〉
[14] http://cherylzhang.spaces.live.com/blog/cns!41d724004915ba38!1824.entry.
[15] ボランティアのブログから引用:『最近やっていること──久牽について』(注:中国語《最近忙的事──久牵的选题》)、〈http://gracehu.ycool.com/post.1102808.html〉
[16] 張軼超:『我々の誇り、我々の責任』(注:中国語《我辈的骄傲,我辈的责任》)、2007年11月25日復旦大学での講演。
[17] 2008年3月27日、周沐君への訪問インタビューした記録。
[18] 周沐君:『別の復旦の人達──中華バーガーを売る屋台とその家族。学校コミュニティにて』(注:中国語《另一群复旦人── 一个卖肉夹馍的小贩和他的家人在学校社区》)(未刊)。
[19] 2008年3月27日、錦銹学校調査日記。
[20] 鄭環明のブログ:『錦銹農民工子女向けの学校での教育支援』(注:中国語《锦绣民工子弟学校支教》)、2008年5月30日、〈http://hi.baidu.com/mmilu/blog/item/f77e10b3ea4dc6a2d9335afa.html〉
[21] 周沐君のブログ:『今週、会ってない』(注:中国語《这个星期我们没有见面》)、〈http://ourchildren.ycool.com〉
[22] 2008年3月27日、周沐君へ訪問インタビューした記録。
[23] 2008年4月6日、雷婷、万蓓蕾へ訪問インタビューした記録。
[24] 2007年6月25日、周沐君が劉偉偉へ訪問インタビューした記録。
[25] 『久牽、長い間手を繋いで離さない』(注:中国語《久牵,久久牵着你的手不放开》)から、〈http://gracehu.ycool.com/post.1103807.html〉

[26] 2007年6月25日、周沐君が劉偉偉へ訪問インタビューした記録。
[27] 万蓓蕾：『党員ボランティア経験――叶氏通りで農民工子女に行う学習指導』（注：中国語《党員志愿服务――叶氏路外来务工人员社区孩子功课补习》）（未刊）、2007年。
[28] 2008年4月2日、万蓓蕾への訪問インタビューした記録。
[29] 沈亮：『「牛飼いクラス」帰郷』（注：中国語《"放牛班"回乡》）、2007年8月30日『南方週末』。
[30] 2008年4月6日、雷婷、万蓓蕾への訪問インタビューした記録。
[31] 張軼超：『我々の誇り、我々の責任』（注：中国語《我辈的骄傲，我辈的责任》）、2007年11月25日復旦大学での講演。
[32] 『久牽協力パートナー計画』（注：中国語《久牵合作伙伴计划》）、〈http://www.jiuqian.org/html/juanzengyucanyu/20080504/3.html〉
[33] 『新市民計画――音楽とともに帰郷する旅のパンフレット』（中国語：《新公民计划牵手音乐回乡之旅宣传手册》）、『「久牽」ボランティア・サービス機関パンフレット』（中国語：《久牵志愿者服务社宣传手册》）を参照。
[34] 2008年3月5日、張軼超へ訪問インタビューした記録。
[35] 2008年10月28日、「久牽」学生会会議記録。
[36] 2008年6月27日、張軼超へ訪問インタビューした記録。
[37] 2008年4月18日、申海松へ電話訪問インタビューした記録。
[38] 張軼超：『新市民育成計画――「音楽とともに帰郷する旅」活動まとめ』（注：中国語《新公民计划牵手音乐回乡之旅宣传手册》）（内部稿）、2007年。
[39] 2008年3月5日、張軼超へ訪問インタビューした記録。
[40] 楊洋『老人ホームと私』（注：中国語《我与敬老院》）（学生作文）。
[41] 2008年4月20日、張軼超へ訪問インタビューした記録。
[42] 2008年10月28日、「久牽」学生会会議記録。
[43] 2008年4月20日、「久牽」クラス会議調査日記。
[44] 2008年3月30日、「久牽」の学生へ訪問インタビューした記録。
[45] 張軼超：『都市周縁生活の記録』（注：中国語《城市边缘生活速记》）（未刊）。
[46] 陳涛：『北京外来低収入家庭の生活経験―「声」に注目する研究』（注：中国語《北京外来低入家庭的生活经验―― 一个注重"声音"的研究》）、載古学斌、阮曾媛琪主編：『中国社会工作の現場研究、実践及び反省』（注：中国語《本土中国社会工作的研究、实践与反思》）、社会科学文献出版社2004年出版、409-410頁。

第六章　身分生産を中心とする政治的社会化：媒介、過程及び結果

　結論として、本章は前文の論述を簡単にまとめ、本書の重要な見方を体系的に解釈する。理論において、本書は農民工子女の政治的社会化の媒介、過程及び結果——農民工子女の政治態度と行動パターンを探求し、また、このような態度とパターンがどうやってできたのか——政治的社会化の普遍性と特定身分団体の政治的社会化の特殊メカニズムを指摘しようとする。

　前文には、農民工子女の政治的社会化において、家庭、学校、国（末端政府とイデオロギーの国を含める）、ボランティアとNGOなどの媒介が作用するメカニズムを検討した結果、これらの社会化媒介が常に絡んでいるということに気付いた。家庭における「被管理者」の立場から、農民工子女が都市管理者、警察の法律執行活動によってこの国を知り始めることを明らかにした。農民工子女の学校における立場と行動は、その家庭の社会経済的地位と文化資産ストックに深く関わり、また、彼らの社会的流動性への期待にも深く関わり、彼らの政治的社会化は始終「階級の再生産」の陰に置かれている。農民工子女への社会関与の仲介は往々にして学校と家庭になり、教育支援、ソーシャルワークと慈善活動は概ね学校を通じ、時間外指導は主に家庭を通じ行われる。「久牽」はここで、特別な学校を目指している。

　このような政治的社会のメカニズムは、まず農民工子女の身分意識を喚起させ、更に彼らの政治観念と行動パターンを育成する——これはいわゆる「身分生産を中心とする政治的社会化」である。本書と伝統的な政治的社会化研究の主な違いは、まさにここにある。これまでの研究の大部分は主に階級、階層、社会経済的地位（主に教育レベルと収入によって判断する）、人種などの客観的な外的要因が政治的社会化に与えた影響に注目しているのに対して、本書は階層、社会経済的地位、戸籍などの変量による影響を探求する以外に、身分同定という主観的な内的要因を取り

入れた——私たちがどのような文化と価値を受け入れられるかは、ある程度「私は誰か」によって決められる——このように、外部視点と内部視点の両方が備わっている。

　農民工子女の身分同定の形成は、実際に三つの分類システム——農民工子女の自己定義システムと都市主流の社会的カテゴリーシステム、国の公式分類システムによる相互作用の過程である。この三つの分類システムの中で、農民工子女はそれぞれ省察の主体とよそ者、被統治の客体として存在する。農民工子女は「農民工子女」という社会的身分を心から認めないとはいえ、しかし、主流社会の言語システムと国家の統治システムにおいて、彼らは絶えず「総称化」されつつあるようになり、このようなラベルが貼られ、影のように付き纏い、離れることもできない。本書はこの現象を「身体化した社会構造」と呼ぶ。

　農民工子女は学校、メディア、政府、ボランティア、NGO など制度化された社会的な媒介の価値観の影響を受ける一方、日常生活においてイベントを通じて政治的現象を学び理解する。このように、農民工子女の政治的社会化の二元出力である価値観と知識ストックが育てられた。前者は善と正義に関する一連の考え方であり、学校、家庭、メディアなどの社会化媒介によって宣伝される。後者は経験から生まれ、人ぞれぞれの日常経験と出会いによって決められる。このように見れば、価値観と知識ストックの二元局面はまさにイベント化と制度化した政治的学習によって決められる。アンケート調査を通じて農民工子女の金銭観、平等観、公平観、団体観と権力観を中心的に調査した結果、農民工子女と都市児童の価値観における差が僅かで、価値傾向がほぼ同じで、ただ都市児童の態度が政治的正確性により近いだけである。即ち、主流価値観が認可することに、都市児童はより強く支持し、それに対し、主流価値観を否定することに、都市児童もより固く反対する。簡単に言うと、都市児童に比べ、農民工子女は主流価値観から少しだけ離れていて、しかし、主流価値観と対立するわけではない。彼らと都市児童との違いの多くは知識ストックにある。グループ間の衝突に遭った後、彼らはこのようなイベントを整った「物語」に加工整理し、次にこのようなイベントに遭うたび、このような生活記憶によって構成された知識ストックが彼らの判断及び行動の根拠になる。即ち、農民工子女は行動する時、特定の価値と理念に基づくとは限らず、今までの経験と記憶に依る傾向がある。このように、イベントに基づいて新たなイベントを判断するメカニズムを、「生活判例法」と呼ぶ。

第八章　身分生産を中心とする政治的社会化：媒介、過程及び結果

第一節　制度化とイベント化の政治的学習

　伝統的な政治的社会化研究において、家庭、学校、同輩グループ、マスコミは最も重要な社会化媒介と位置付けられている。しかし、上記の媒介以外で、農民工子女の政治的社会化の特別なところは、イベントと社会関与が彼らの政治態度と行動パターンに大きな影響を与えたことを本書の研究で示した。即ち、イベントと社会関与は特別な政治的社会化の媒介になった。

　農民工子女にとって、家庭、学校、メディアと政府によって相対的に制度化された社会環境が構築され、ほとんどの子ども（農民工子女を含め）はこのような環境の影響の下で成長してきたが、また、これらの社会化媒介は体系的、予期できる方法で農民工子女に政治的価値と理念を伝えることから、制度化した政治的学習(Political Learning)と呼ぶ。それに対するのはイベント化した政治的学習であり、イベントは常により多くの偶然性と不可予期性が付き纏い、すべての農民工子女がグループ間の衝突に遭うとは限らないし、また、これらのイベントが個人に与える影響も必ずしも同じとは限らない。それに、社会関与は両者の間に存在する。一方、NGO、ソーシャルワーカー組織、ボランティア団体の多くは一つの目標——価値システムが備わり、それにこれを持って農民工子女の観念と行為を変えようとする。他方、僅か一部の農民工子女だけが社会関与機関と付き合うチャンスを持ち、彼らの日常生活にとって社会関与が実際に外部から「入り込んだ」イベントと言える。

　現実の生活には、制度化の政治的学習とイベント化の政治的学習とははっきりと分けることはできず、互いに絡み合うものである。学校、コミュニティー、家庭はイベントが行われる場所のみならず、これらのイベントは常に学校の性質、戸籍制度、流動人口政策、家庭の社会経済的地位と強く繋がっている。農民工子女が学校教育と世論から習った価値観（例えば平等、自由など）は、イベントを理解する根拠になるかもしれない。また、彼らにとって、イベントも学校やメディアが宣伝した価値観を省察するきっかけになるかもしれない。こうして、政治現実に対して彼らは自分なりの理解ができてくる。

一、制度化の政治的学習

　制度化の政治的学習は主に学校を媒介とし、他の社会化媒介と比べ、学校の価値

システムは高度に制度化されている。本書第三章が指摘したように、学校の性質、生活チャンス及び異なる情報源の異質さは皆農民工子女の政治的社会化に重要な影響を及ぼす。

　農民工子女向けの学校と公立学校の比較研究から、次のことを発見した。公立学校に就学する農民工子女は勉強する意欲が前者より高いが、しかし、都市主流社会からの疎外もより強く感じ、自分の将来にもより悲観的になり、その成長過程に顕著な「天井効果」が生まれてくる。即ち、彼らは社会流動への期待が低く、この現象は特に中高生の中に目立ち、いくら頑張っても、自分の階層身分を変えられず、ただ親の人生の軌跡を繰り返すだけと気づくと、彼らは自ら勉強する努力を諦め、更に、成績が悪い一部の学生は中退して就職することを選ぶ。それに対し、農民工子女向けの学校には「反学校文化」が流行っている。公立学校での一部の農民工子女が期待への低さから「自己放棄」を選んだのに対し、一部の農民工子女向けの学校で「反学校文化」が盛んになったのは、破れかぶれどころか、かえって彼らはこのような常軌を逸し道理に背く行為を誇りに思っている。このように、学校の価値システムを否定し、学校側と先生の権威を軽蔑することによって、彼らが独立心と自尊心を得た一方で、自ら望んでサブプライム労働市場に入ってしまった。

　国側は主に政治思想教育と模範教育によって農民工子女に主流イデオロギー、或いは「主旋律」を植え付ける。しかし、このような政治的社会化のパターンが遭遇する最大の困難は、情報が多元で且つ高度に発達している社会では、国が発信した情報が他の情報源に被される恐れがあることだ。例えば、農民工子女が授業で受けるのは平等、法律遵守、謙譲の価値観であるが、しかし、彼らが置かれた社会環境からは、しばしば不平等が感じられる。このような資源が乏しい状態では、「温厚、善良、恭敬、質素、謙虚」などの美徳を保てば生きることさえできないかもしれない。このように、「情報が一致しない」ため、国や教育機関が工夫した政治的社会化システムの効果が上がらない。

二、イベント化の政治的学習

　これまで、イベントが政治的社会化に影響を与えていることに気付いた学者もいるが、しかし彼らがよく注目するのは国家元首の暗殺（例えば、ケネディの暗殺）、政治スキャンダル（例えば、ウォーターゲート事件）、テロ行為（例えば、9・11事

件）等の重大政治イベントである[1]。しかし、本書第二章に提起した「イベントによる政治的社会化」とは、農民工子女が日常生活で経験、或いは目撃した団体衝突イベントである。これらのイベントによって、農民工／農民工子女と外側の社会境界が変容し、また、彼らが個体としてではなく、社会グループの一員として生きているということを感じさせられる。

アンケート調査には次の問いがある。

> [Q] 燕ちゃんは安徽省生まれで、両親は上海で働いているので、ずっとお爺ちゃんとお婆ちゃんに育てられていた。しかし、3年前両親に迎えられて、上海の学校に通ってきている。一方で、弟の明ちゃんは上海生まれなのだ。そこで、「あなたはどこの出身ですか？」と聞かれたら、明ちゃんは自分が上海の人だと思っているが、燕ちゃんはその答えに迷っていて、自分が安徽省の人であるような、またそうでないような気がするが、しかし、決して上海の人ではないように思っている。では、燕ちゃんと明ちゃんはどこの人だと思うのか？

調査した結果、約六割の農民工子女が「戸籍によって決められる」と選んだ。その一方、五割超の上海の子どもが「どこに住んでいるかによって決められる」と選んだ（表6-1参照）。即ち、戸籍は農民工子女が自分の帰属的身分を決める重要な根拠であるのに対して、上海の子どもの多くは居住地を帰属的身分を決める根拠とする。また、上海の子どもの四分の一が戸籍を判断の基準とし、この比率は農民工子女と比べて格段と低い。

このような結果をどう解釈するのか？戸籍制度が農民工子女の身分同定における決定的要因であることを意味するのか？以前に述べた「イベント——境界——物語」という身分生産メカニズムはまだ成り立つのか？

もし、戸籍制度が身分同定育成における最も重要な要素だとすると、ではなぜ戸籍は都市の子ども達にその重要性が見えなかったのか？一部の子ども達にインタビューした結果、戸籍制度はイベントを仲介にその役割を果たすことに気付いた。

インタビューを受けた15人のうち、3人は上海の生まれで、残りの12人は上海に来た時の平均年齢が4.08歳であった。入学手続き、学校閉鎖などのイベントによって、多くの子どもが初めて戸籍の大切さに気付いた。

表6-1 燕ちゃん、明ちゃんはどこの人だと思うか？

選択肢	農民工子女 頻度/パーセンテージ	都市ローカル児童 頻度/パーセンテージ
1. 戸籍によって決められ、燕ちゃんも明ちゃんも安徽省の人	131(59.0%)	7(25.9%)
2. 生まれによって決められ、燕ちゃんは安徽省の人、明ちゃんは上海人	16(7.2%)	3(11.1%)
3. 住むところによって決められ、燕ちゃんも明ちゃんも新上海人	21(9.5%)	14(51.9%)
4. 自分の好き嫌いによって決まる	11(5.0%)	0
5. 上海人でもなく、安徽省の人でもない	4(1.8%)	0
6. 今は上海人ではなく、将来大学に受かって、ちゃんとした就職も見つかると上海人になる	12(5.4%)	1(3.7%)
7. 今は上海人ではなく、将来お金があって、マイホームを買うと上海人になる	6(2.7%)	1(3.7%)
8. はっきりと言えない	21(9.5%)	1(3.7%)
合計	222(100%)	27(100%)

　ある六年生(男性、13歳)：僕の家の隣に上海人学校(注：公立学校)があって、家から近いので、父ちゃんは僕にそこに通ってもらいたかったけど、でも、僕たちは上海人ではなく、上海の戸籍を持っていないので、学校が引き受けてくれなかった。それで、ここに来たんだ。

　ある九年生（女性、15歳)：もちろん戸籍あっての上海人なんだ！お金だけあってもだめ。だってお金持ちも戸籍を買わなきゃ。例えば、父ちゃんの（建築）会社の社長は上海で家を買ったので、戸籍をもらったんだ。そこの息子も今重点学校に通っている。でも、戸籍がなければ、夢のような話だ！だって、前の学校の校長も金持ちで、でも、あっという間に学校も閉められた。（教育局が学校を取り締まることを指す）。

　ある九年生（男性、16歳)：僕の家の大家さんはリストラされても毎月一千元ちょっともらえて、それに門番をやって、ひと月また一千元ちょっとで、更に、賃貸できる部屋も二つ加えて、また八、九百元も手に入れる。一回、家賃を取りに来て、生意気に言ったんだ「こんな小っちゃい金を取っても株損失の

穴埋めにもならない」。ちぇっ、上海人じゃないくせに。うちの実家でリストラされた人はご飯もろくに食べられないのに、株投資ってよくも贅沢に言うんだな！……僕のいとこが就職探しの時もさんざん苦労した。よそ者で上海の戸籍がないから、たとえ大卒と言っても。[2]

　以上のようなインタビューから見て、イベント化の政治的学習は戸籍制度と個人の身分同定を繋げる仲介メカニズムである。イベントを通じて、農民工子女は初めて戸籍が自分の存在と発展への制約となることに気付いた。一方、上海ローカルの子どもにとっても、戸籍は彼らの生活にも同じように重要な役目を果たしてきたが、しかし、すべてが「静かに」訪れているので、彼らにその重要性は感じられないだろう。

第二節　ワーキング・アイデンティティと分類システム：政治的社会化過程における総称化

　　時々私たちは誰なのかもよく分からない。優しく呼んでくれれば、「都市新市民」で、正確に言えば、「出稼ぎ労働者の子ども」であるが、しかし、「弱層」という言葉で呼ぶのがより適切且つ正確だと思う。
　　私たちは小さい世界に住んでいる。私たちの世代は子どもの頃から北京という賑やかな大都市に住んでいて、それに、末永くここで生きていたい。しかし、身分など種々の制限で、私たちは運命の前に頭を下げざるを得ないが、しかし、実家に帰って貧しい生活を送りたくもない。私たちは北京に集まったのは何のためなのか。故郷のような貧しい生活から抜け出したいからではないか？まさか私たちの世代はこのままでいるのか？親の世代のように小さい頃からずっと実家に住んでいて、苦しい生活に慣れてきたのに対して、私たちは実家に帰って耕作をしたくない。更に、酷暑の時期に畑で働くのも尚更いやであるが、しかし、都市側も引き受けてくれない。このままではどうしたらいいのか。北京に滞在して良い生活を送りたいが、身分の制限で、都市側に引き受けてもらえない。しかし、実家にも帰りたくないという、複雑な気持ちである。
　　　　　　　　　　　　　　　　　　　　　　——胡競『政府への手紙』

> 分類原則——論理学的範囲であるとともに社会学でもある——社会団体の闘争目的の内部にあるとともに、この目的のために作用する。分類原則は概念生産によって社会グループを育成し、この原則を孕むグループ及びこの原則によって生まれたコントロール可能なグループが含まれる。社会意義について問題を検討する中、非常に重要なのは分類フレームと分類システムをコントロールする能力であり、このようなフレームとシステムはグループ再現のベースであり、それは、グループの動員と解動員 (Demobilization) のベースでもある。
> ——ピエール・ブルデュー『ディスタンクシオン』[3]

読者は恐らく既に気づいたかもしれないが、本書はある程度矛盾をきたしてしまった。一方で、私の研究で表明したように、「農民工子女」という社会身分はこれらの子ども達に認められたわけではなく、これが差別語だと一部の子どもでさえ思っている。他方で、本書は引き続き主流社会に広く受け入れられたこの呼び方を使っている。

私たちはこれらの子ども達をどう呼べばいいのか。流動児童、農民工子女、出稼ぎ労働者の子ども、出稼ぎ農民子女、或いは二代目移民?「流動児童」と呼ぶとすると、実際には一部の「流動児童」が両親とともに都市に定住してきている。「農民工子女」と呼ぶとすると、しかし、「農民工」自体が不確定の呼び方で、更に侮辱の意味が含まれていると思っている人もいる。「出稼ぎ労働者の子ども」と呼ぶと、彼らを外来都市戸籍の労働者の子どもから区別しにくい。「都市新移民」と呼ぶと、このグループと中上層移民との階層差を無視しかねず、実際、これらの子ども達の立場と投資移民、技術移民の子どもと比べれば雲泥の差がある。

既存の制度及び概念システムのおかげで、農民工及びその子どもが市民でもなく赤の他人でもなく (Neither Citizen Nor Stranger)、立ち往生の立場に置かれていて[4]、これはほとんど定義する術もないグループである。まさにこういう定義もできない状態をこう示してくれた。農民工子女の自己同定と分類原則の間には相容れない対立が存在する。

一、自己同定、社会的カテゴリー化及び公式分類

Jenkinsは「集団への帰属意識」(Group Identification)と「社会的カテゴリー化」

(Social Categorization)[5] を区分した。「集団への帰属意識」は個人自身が確認し定義するので、自発的な同定である。それに対し、「社会的カテゴリー化」は他人、主に外側のグループが確認し定義するので、受動的な同定である[6]。

　本書は Jenkins のまとめをベースに、三つの分類システムに区分した。自己定義システムと社会的カテゴリーシステムおよび公式分類システムになる。

　自己定義システム。即ち、自己の同定（Self-Identification）或いは集団への帰属意識であり、その主体は省察意識を持つ個人である。個人はグループ／自分への構築によって、「私（達）は誰か」という質問に答えるものである。自己定義システムは一般に社会インタラクティブと社会関係ネットワークをベースとする。

　社会的カテゴリーシステムは、ピエール・ブルデューが指摘したように、グループのため命名することは重要な権力の現れである。グループ内の分類闘争の要はグループの名を借りて分類し、更にこれを公式的合法的名義と分類能力に強化することである。このような権力を握るのは普通、多数或いは主導的地位に立っているグループであり、社会の底辺グループ、少数グループは発言権の欠乏で、「受動定義」の立場に置かれるようになってきた。自己定義システムが同定の政治を求めるとしたら、社会的カテゴリーシステムは承認の政治を求めることになる——各グループは外部グループから認められなければならない。社会的カテゴリーは認知ツールとして、社会環境を切り分け、分類、秩序化し、社会をシステム化させるだけでなく、自分が参照するための方向を示すシステムを提供し、個が社会に置かれる位置を創造し定義する[7]。自己の同定は「自我」を定義することとすれば、社会的カテゴリーは「他者」を定義することになり、「彼（ら）が誰か」という質問の答えになる。前者は「同定の政治」であり、後者は「承認の政治」である。

　公式分類システム（Official Classification）。公式分類システムとは、国家（政治システム）の社会（社会システム）に対する抽象化の構築である。国家の視点からの社会は実体の社会ではなく、簡素化、抽象化した社会である[8]。公式分類システムは、国家管理／公共政策の知識の前提を築いた。もちろん、ここで言う知識は管理知識であり、客観的な真理ではなく、権力や利益と絡み合い、国家管理術の一部として存在するものである。公式分類システムにおいて、個人は統治される客体として存在する。個人が公式分類システムに遭遇する典型は、個人が公共事務の受付窓口に一列に並ぶことである。そして国は、一定の基準に準じてこれらの人をカテゴリー化し、「君（達）は誰か」という問いの答えを出す。

なぜ国家による社会への管理は公式分類システムを仲介とするのか？社会システムが高度に複雑なので、もしそれに対し抽象化、簡素化しないと、情報過剰に手を焼く——本質から言うと、全ての管理対象が異質なので、その中にある同質性が培われてきたが、同質性を培う目的は社会を簡素化させ、更に管理できる環境を作ることである。ある程度、国家（管理システム）は社会システムの複雑性を削減するために存在する。そして、国家は二つの方法によってこの目的果たす：一つ目は政治システム内部の複雑化を代償に（統治機構がますます細分化される）、外部の情報を処理する能力を向上させる。二つ目は認知から社会システムを簡素化、抽象化する（公式分類システム）。

　以上の三つの分類システムは、感情を中心とする分類の未開形態と違い、また、理智を出発点とする科学分類とも異なる[9]。これらの分類は決して科学的、価値中立ではない、なぜなら、人を主体且つ対象とするので、権力や利益と絡み合うのも避けられない。そこで、自然的な文化プロセスにならず、政治的プロセスになるのである。

　公式分類システムはある程度、社会的カテゴリーシステムを起源とするが、しかし、自己定義システムと社会的カテゴリーシステムと比べると、顕著な違いがある。まず、公式分類システムは公共権力を盾に、その主体——国家が合法的な「記号暴力」を独占し、そのためグループを名づけ、その公開権力と法律権力は国家しか持っていない[10]。公式分類システムが国家管理と公共政策の知識の前提を構築したので、分類相手の生活チャンスに大きな影響を与え、或いは、公式分類自体が再分配メカニズムを構成した。例えば、会社のホワイトカラーがバーや喫茶店に通って自分の「プチ・ブルジョア」同定を構築し強化する。或いは学者が月収一万元以上の人を「中流階級」と定義しても、彼らの生活には実質な影響を与えられない。しかし、国側が定義した「高収入グループ」と「低収入グループ」は、税収と社会福祉において著しく異なる。公式分類システムは個人またはグループを「合格／不合格」、「合法／非合法」と分類できるだけではなく、特定のグループまたは個体が政策と法律において「存在しない」状態にさせることもできる。例えば、前に述べた秦成鳳が産児制限違反、戸籍未登録で、統計上に存在しない「無戸籍者」になってしまい、これでは、公立学校に入れないし、更に、保険加入もできないので、2008年度「音楽とともに帰郷する旅」にも参加できなかった。

　次に、公式分類システムについて、分類主体と分類対象の間に、裁判官、医者、

公証人などの仲介者も存在する。これは民間的或いは科学的な分類とは違い、しかし、システム化の程度から見れば科学分類に近い。科学分類において、普通は分類者（科学従事者）と非分類者（客観物）だけいればよく、仲介者が存在する必要はない。しかし、科学分類による自然事物と運動方式の分類と異なり、公式分類の合法性が劣り[11]、しかし、公式分類システムは常に人々の日常観念ないし科学思想を支配するか影響を与えることができる、これは社会科学がいつも公式の統計資料からデータを引き出すからである[12]。多くの研究者は常に「外来人口」或いは「流動人口」に関する国側の分類基準をそのまま踏襲するので、ある程度、この分類原則の合法性が強固されてきた。

　この意味から、「農民工子女」という社会総称の形成メカニズムは上海の「蘇北人」とかなり似ている。蘇北人が一つのエスニシティー（ethnicity）として伝統に基づいて構成されたのではなく、上海で構成されたように[13]、「農民工子女」が全国各地から来ていて、それぞれの方言、生活習慣と文化伝統を持つが、しかし、都市に来ただけで、一つのグループとして見なされ、「農民工子女」と呼ばれるようになっている。ただ、異なるところは、「蘇北人」の構成においては「出身」（地域）が重要で、一方、「農民工子女」という総称は「戸籍」（制度）をめぐって形成されたことである。

　言うまでもなく、「農民工子女」という社会総称は「農民工」から派生したのである。そこで、学者が次のように呼びかける。

> これらの農民工が新しい社会階層になっていく。彼ら自身が中国の労働者階級の構造的な変化を推進していき、彼らがもう身分不詳のグループではなくなり、都市全体の文化と社会生活に深い影響を与える階層になっていく。「農民工」という呼び方はこの階層の台頭に場違いな差別にしかならず、フランスの社会学者ピエール・ブルデューが言った「象徴暴力」のようである。この類の暴力は対象を人に不安や脅威をもたらす人々として限定するが、しかし実際ここで巧妙に隠されている暴力は、この階層の更なる成長を意図的に抑えようとすることである。農民工の名を正す時期になってきた。そうすれば、彼らから寄せられる声がもっと聞こえるようになる。[14]

二、ワーキング・アイデンティティ：身分生産の内在メカリズム

　自己の同定、社会的カテゴリー化及び公式分類の間に矛盾が存在するので、そこで、ワーキング・アイデンティティ（Working Identity）という身分生産メカニズムが生まれたのである。この概念が強調するのはまず、身分同定は私たちが生きていく上で欠かせないものだけではなく、計算を含むサバイバル計略でもある。農民工子女が「名付けられた」グループとして、彼らの身分同定はその場凌ぎで、社会的カテゴリー化と公式分類が相互作用した結果である。外部グループと社会構造からの制約を感じるとき、彼らが「防御アイデンティティ」を作り、衝突を避ける方法で自分のプライドと人格を保護する。外部からの制約を明らかに感じていない場合、彼らは「向上アイデンティティ」を作り、真似する手法で更に高い「社会付加価値」がある身分を獲得する。状況が異なる場合、同じ人でも全く異なる身分同定ができる。これは「ワーキング・アイデンティティ」の第一の意味である。

　次に、農民工子女にとって、彼らの社会身分が常に自分を制限し、または自分を不利な立場に置くので、彼らはできるだけ身分のことを避けたいのである。彼らの身分生産において、絶えず「原材料」を加える必要がある、即ち外部イベントの推進で進行を続ける、Working Identity という概念を使ってこの特性を表せる。外側からの推進力を失ったら、特定の身分の運転ができなくなるかもしれない。この意味から、身分は必要で、それに誰かに必要とされる（自己主張／自己保護）ことこそ活性化させることができる。そこで、身分生産であろうと、身分同定の危機であろうと、いずれにせよ間歇性の特徴を持っている。これで、農民工子女が日常生活に暢気である状態と身分同定の危機が併存する現象を説明できる。

第三節　価値観と知識ストック：政治的社会化の二元産出

　前文では既に農民工子女の政治的社会化の産物を二つの部分に分けてあるが、それぞれ価値観と知識ストックであった。農民工子女の価値観に一体どのような特徴があり、また、知識ストックが彼らの日常生活にどのような役目を果たすのかを今一度見てみよう。

第六章　身分生産を中心とする政治的社会化：媒介、過程及び結果

一、疎外でも反対はしない：農民工子女と主流価値観

　私たちはアンケート調査で農民工子女の価値観を考察したが、その内容は主に金銭観（命題1）、平等観（命題2-4）、公平観（命題5-6）、集団観（命題7-10）、知識観（命題11）、政治観（命題12-14）に関するものである。私たちはターゲットを絞って14の命題を作り、これらの見方についてインタビューを受けた子どもに判断してもらい、具体的な質問への立場によって彼らの価値観を測定する。アンケートの見方についてインタビューを受けた子どもに判断してもらい、選択肢1-5はそれぞれ「全く賛成」、「賛成」、「一部賛成」、「反対」、「全く反対」を表す。この五つの選択肢を順番に1、2、3、4、5と表し、また平均値を使って見方への「賛成度」を示し、数値が小さければ小さいほど賛成度が高くなり、数値が大きければ大きいほど賛成度が低くなる。それに、主流価値観を代表させるため参考値を加えた、即ち主流社会がこれらの見方に対して公式に表明する立場であり[15]、また、「賛成度」が参考値に近ければ近いほど、主流価値観とかなり一致していることを表し、逆の場合は主流価値観から離れるわけである。私たちは「近」、「中」、「遠」を使って三つのグループの立場と主流価値観との関係を表した。調査結果は以下の通りであった。

表6-2　3つのグループの14の命題への賛成度及び主流価値観との距離[16]

見方	農民工子女向けの学校の生徒	公立学校の農民工子女	都市の子ども	参考値（主流価値観）
1、お金は万能で、地獄の沙汰も金次第	3.67 中	3.50 遠	3.74 近	5 全く反対
2、全ての人は生まれつき平等で、上下の差がない	1.64 遠	1.46 中	1.15 近	1 全く賛成
3、苦労に苦労を重ねなければ、人の上には立てないので、上に立つために頑張らなければならない	2.05 中	2.09 近	1.67 遠	3 態度曖昧
4、力仕事に従事する人が一段劣っている	3.98 遠	4.08 近	4.07 中	5 全く反対
5、平均が一番公平な状態で、皆で一緒に貧困になったり、一緒に裕福になるべき	2.67 遠	3.33 近	2.93 中	5 全く反対
6、貧しくなるのは怠惰や無能だから、社会と関係ない	3.43 中	3.34 遠	3.52 近	5 全く反対

7、自分のことだけに夢中になればいい、他人のことに手を出す必要はない	3.89 遠	4.03 中	4.22 近	5 全く反対
8、この世界には両親以外頼れる人がいない	3.52 遠	3.74 中	4.48 近	5 全く反対
9、人々にとって最大の価値の表現は国や社会のために捧げることであり、そのために自分の利益を犠牲にしてもかまわない	2.44 中	2.94 遠	1.93 近	1 全く賛成
10、自分が正しいと判断したことならやればいい、他人の意見はどうでもいい	2.72 遠	2.93 中	3.15 近	5 全く反対
11、知識は運命を変えられる	2.31 遠	2.21 中	2.19 近	1 全く賛成
12、政府がやりたいことならやればいい、誰も干渉できない	4.34 中	4.21 遠	4.78 近	5 全く反対
13、政府は金持ちや権力者のために存在する	4.05 遠	4.13 中	4.67 近	5 全く反対
14、いかなる状況においても、必ず政府に従うべきである	3.09 遠	3.28 中	3.33 近	4 反対

出典：筆者による「農民工子女の社会心理と政治意識に関するアンケート調査」(2008年4～5月)

　以上の調査から、14の命題中、都市の子どもは、11項目で主流価値観と最も近く、主流価値観とかなり離れているのはただ一項目しかなかった（ある程度、政府の態度がはっきりしないのと関係がある）。公立学校の農民工子女は3項目で主流価値観と最も近かったが、他方、農民工子女向けの学校の生徒が主流価値観に近い項目は一つもないどころか、9項目も主流価値観に最も遠かった。これは即ち、公立学校に通っている農民工子女の価値観は政府が宣伝する立場により近いことがわかる。その理由は、公立学校の記号システムがより発達していて、価値観の植え付けもよりシステム化されていることにあるかもしれない。これは第三章ですでに論証した。

　しかし、我々はこの二種類の学校の差を過度に拡大するわけにはいかない。3つのグループのランキング順序を考えず、ただ賛成度の数値から見れば、公立学校の農民工子女であろうと、農民工子女向けの学校の生徒であろうと、彼らと都市の子どもとの差は小さく、価値傾向がほぼ同じである。また、農民工子女に限ってみる

と、性別、年齢、学級、都市に滞在する時間、学級委員であるかどうかなどの要素によって明らかな差が出てきたわけではなく、ただ都市の子どもの態度が政治的正確性により近いのである。即ち、主流価値観が認める見方に対して、都市の子どもがより強く支持し、主流価値観が否定する見方に対して、彼らもより堅固に反対する。要するに、都市の子どもに比べ、農民工子女は主流価値観から少し離れているが、しかし、主流価値観の反対面に立っているわけではない（詳しいデータは附録二：『農民工子女の価値観調査レポート』を参考）[17]。その他、農民工子女へ訪問インタビューした結果もこの結論を証明できる。例えば、「チンピラ」と呼ばれる学生でさえ公然と社会の基本的な価値基準をあまり否定しない。そのため、本書は農民工子女と主流価値観との関係を「疎遠でも反対はしない」と位置づける。

二、知識ストックと「生活判例法」

前文では、農民工子女の価値観と都市の子どもとの差は小さいが、しかし両者の知識ストックには大きな違いがあると指摘した。人類の行動は理性と文化両面で決められるが、文化には価値観と知識ストックの二つの側面が含まれ、前者は社会創造で個人に与えられた「顕在文化」であり、ある程度社会の大部分の人に共有される。後者は個人と社会のインタラクティブの過程で創造された「潜在文化」であり、個人の経験と緊密に繋がり、共有できない。「知識ストック」という概念を導入したのは主に以下のことを説明するためである。まず、なぜ個人の行為と価値観が一致しないことが起きるのか。次に、なぜ農民工子女と外側グループとのインタラクティブがいつも団体インタラクティブに見なされるか、或いは発展していくのか？

知識ストックの角度から見ると、「昨日の私」を残してはいけないわけではなく、逆に、「昨日の私」は遠くへと離れておらず、しかもある程度、私たちの今の出来事への判断を支配し、裁判官の役すら演じている。ある出来事が起きる時、人々は常に以前の似たような経験に基づいて判断する傾向がある。例えば、昨日のこと（物語）が今日の出来事の説明になり、私たちが判断する根拠となる。これがいわゆる「生活判例法」である。

これで悪循環になってしまうことがある。外側グループと良くないインタラクティブを経験した農民工子女は、往々にして先入観を持って外側グループとの関係を処理するので、その結果、両方の関係が更に悪化してしまう。しかし、強力な

「異常な出来事」が介入してくると、この悪循環が終わるかもしれない。例えば、インタビューや学生の作文から気付いたのだが、一部の農民工子女が都市の住民と不愉快な付き合いを経験したことがあったとしても、或いは都市の住民にマイナスな印象を持っているとしても、もし、この後彼らに助けられたことがあったら、彼らへの印象が逆転できる可能性が十分ある。社会関与はある程度このような「異常な出来事」である。それに、一般の農民工子女に比べ、「久牽」の子どもはより客観的に上海人を見ているが、一般に、上海人を一つのグループとして否定はしない。これは張軼超、聞黎、韓莉莉などを含めた多くのボランティアが皆上海人であるからである。

　文化には価値観があるのみならず、知識ストックも含まれていることを認識した後、以下の二つの結論に辿り着く。まず、価値観が同じである二つの階層が必ずうまく付き合えるとは限らない。次に、政治システムが単なる価値の面から社会の底辺グループを統合するだけでは不十分で、より重要なのは生活におけるグループ・インタラクティブの実践である。また、このようなインタラクティブの実践において、最も重要なのは平等、友好な制度／構造の基礎である。個人の善意は階層の間の溝を埋めることができないので、友好は政治の基礎にはなれない。民族――国家フレームの中でより普遍的な公民資格（Citizenship）が今の中国の身分政治に「パレート改善」（Pareto Improvement）をもたらすかもしれない。

第四節　余論：本書の結論が当てはまる範囲

　本書は、一般に定量的研究が使うアンケート調査など種々の研究手法を使ったが、しかし、本質から言えば、本研究は特別ケースに基づき、即ち農民工子女というグループを特別ケースとして考察した。しかし、社会科学の特別ケースの研究にとって、その最終的な目標は「特別ケースから脱出する」ことであり、特別ケースを超える一般通則或いは統括的な結論を求める[18]。この理論的抱負を叶えるため、本書は「拡張特別ケース法」を使う。拡張特別ケース法（The Extended Case Method）とは、この方法の設立者 Michael Burawoy の言を借りれば、即ち次のように示せる。

　　　反省的科学を民族誌に応用する、その目的は「特殊」から「一般」を抽出し、

第六章　身分生産を中心とする政治的社会化：媒介、過程及び結果

「ミクロ」から「マクロ」へ移動させ、また、「現在」と「過去」を繋いで「未来」を予測する——すべては事前に存在する理論に頼る。[19]

　事前に理論仮設をせず、直接に観察し、原資料をまとめる「定着理論」と異なり、拡張特別ケース法は特に既存資料と既存理論との対話を重ねることによって、特殊性と普遍性、ミクロとマクロとの張力のバランスを図ることを強調する。
　本書の最後の一節として、筆者は本書の結論を簡単に評価し、関連命題及び概念の当てはまる範囲を検討する。
　第一に、「身分生産を中心とする政治的社会化」が理論的な普遍性を持つかもしれない。即ち、全ての人の政治的社会化の過程は皆身分生産を中心とするものである。最初の研究設計に、身分同定を政治的社会化に影響を与える重要な変数と見なしたが、これは即ち、身分同定を政治的社会化の過程から離れたものと見なしたのである。そこで、農民工子女への観察から、身分生産は政治的社会化の過程に存在することに気付いた。農民工子女と家庭、学校、国、NGO、ボランティアなどの社会化媒介とのインタラクティブは、常に身分の確認と否認、闘争と妥協をめぐって展開し、最後に形成した身分同定が変わることがないものではなく、社会構造と具体的な境地の共同作用で決められた一時的な結果であり、また、時間の経過とともに身分が薄まっていき、外部事件の推進で身分生産も再起動する——異なる事件や異なるインタラクティブによって形成された身分同定も異なるかもしれない。政治的社会化の過程で、ある特定の身分が一旦生産された以上、これからのインタラクティブに支配的な役割を果たし、ある程度、農民工子女の政治態度と行動パターンを決める。身分同定と政治的社会化研究の文献を振り返って見ると、先人の一部の研究にもこのような考えが含められていることに気付いた。即ち、身分同定と政治態度は深く関わり、また、最新の政治的社会化の研究概要にも同定過程を政治的社会化の核心的な位置に置く必要があると提出していた。本書の価値はこの命題を明確に提出してきた上で、経験に基づいた研究手法を用いて論証した。しかし、身分同定は個人の心の体験と関わるので、非常に複雑で、経験に基づいて観察及び測定することも難しい[20]。更に、現実世界において、身分生産と政治的社会化とは離れることのできない同じ過程にある。そこで、本書はこの命題に対する論証を主に経験と理論の結び合いによって行ったものであり、根拠が薄い証明になった。この意味から言うと、本書のこの結論はロジック性に欠け、一種の理論的予想としか言

えないだろう。

　第二に、「制度化の政治的学習」と「イベント化の政治的学習」、「価値観」と「知識ストック」の二分法は恐らくすべての政治的社会化過程に共通するといえよう。一方、私たちすべての人は学校、家庭、メディアなどの公式機関を通じて系統的に政治価値を学ぶ。他方、私たちは情報の受動的な受け手及び学習者だけではなく、積極的な行動者及び観察者でもある——イベントは私たちが世界を知るための重要な媒介である。イベント化した政治的学習は農民工子女のみに所有されるものではないが、ただ、農民工子女の方がグループ間の衝突からより多くの影響を受ける。一般の子ども、特に中上階層家庭の子どもにとって、制度化した政治的学習によって得た政治観念と、イベントを通じて観察した政治現象とは往々にして一致する。例えば、「お巡りさん」の彼らの印象は——犯罪を取り締まり、正義を守る——日常生活に出会う「お巡りさん」とほとんど変わらず、これで、イベント化した政治的学習と制度化した政治的学習は効果において互いに強化するのである。しかし、農民工子女はイベント化した政治的学習から得た政治観念が往々にして学校で学んだ価値観と矛盾してしまう。例えば、「お巡りさん」が悪者をつかまえるだけでなく、自分の両親や親戚が臨時居住証を持っていないだけで警察に収容送還されてしまうことを彼らは知った。このような時、制度化された政治的学習とイベント化した政治的学習は効果における抵触が生じ、後者は往々にして農民工子女により大きな影響を与える。一方、「価値観」と「知識ストック」はある程度、二種類の政治的学習と相応する、制度化された政治的学習が主に私たちの価値観を育成するのに対し、イベント化した政治的学習が私たちの知識的ストックにより多く影響を与える。価値観は整った意義システムであり、私たちの生活に価値と目標を与えてくれるが、しかし、いつも直接に私たちの行為と選択を決めるのではない。知識ストックはかつての行為とイベントの沈殿物であり、行動者が無意識の選択及び加工によって形成したものである。また、知識ストックが蓄えた物語は常に私たちが今生きる状況とインタラクティブを説明するのに使われる。価値観と知識ストックは共に理性選択以外の文化システム或いは習性システムを構成する。個人の行動は常に価値観と知識ストックの双方からの制約を受け、ただその程度に差が存在するだけである。

　第三に、「天井効果」、「反学校文化」のようなメカニズムは農民工子女に適用する以外に、都市の底辺グループの子どもの行為も説明できるだろう。例えば、低収入ブルーカラー或いは失業者の子ども達は、家庭の社会経済的地位の制限で、上へ行

く社会的流動が簡単にできないので、親世代の人生の軌跡を繰り返すのはやむを得ない。彼らは農民工子女と同じく社会の底辺に存在し、互いの政治的社会化の社会環境は近い——実際、Paul E. Willis が提出した「反学校文化」(counter-school culture)、最初は西洋社会の労働者階級の子女がどうやってブルーカラーになるかを叙述するのに使っていたのである。その他、私の判断では、将来戸籍制度を排除したとしても、農民工子女グループに存在する「天井効果」や「反学校文化」は自ずと消えることはなく、彼らの立場はただ低収入ブルーカラーの子どものようになるだけである。戸籍制度の排除は、ただ農民工子女及びその家庭に対する政策の制限を取り消すことになるだけで、農民工子女の社会経済的地位に実質的な影響を与えない限り、現在の社会分層構造も変わらないだろう。せいぜい個人の社会的流動には便利になるが、そのグループの社会的立場を改善するのは至難の業であろう。

第四に、「ワーキング・アイデンティティ」の概念は恐らく社会地位が不安定且つ多重身分を持っているグループに適応できるように思われる。このようなグループにとり、交代で「防御アイデンティティ」と「向上アイデンティティ」の策を取り、最大限に自分の人格とプライドを守る必要がある。自己定義システム、社会的カテゴリーシステムと公式分類システムの中の闘争と妥協から、権力と身分、秩序の複雑な繋がりが見えてきた。Andrew Gamble が鋭く指摘したように、権力と身分、秩序は現代政治の三つの基本的な次元を構成した。

> 権力は政治におけるツール性の次元であり、誰が何を、いつ、どうやって得たのかという課題を提出してきた……身分は政治における表現性の次元であり、「私たちは誰だ？」という課題を提出してきた……秩序は政治における調節の次元であり、「私たちはどういう生活を送ればいいのか？」という質問を問いかけている。[21]

身分同定は従来から決して自由意志の現れではなく、始終、特定の権力構造が存在するのである。農民工子女が自分の身分同定を表現しようとする時、外部団体や国家統治行為の制約を受けないことが避けられないので、これで防御的同定と向上的同定が生まれた。しかし、このような同定策は既存の秩序にはほとんど「無害」であるので、これで既存秩序と権力構造の合法性を黙認することになった。

読者も気付いたと思うが、これらの概念や命題の適応範囲を評価する時、筆者は

多くの「かもしれない」、「恐らく」を使ったが、このような慎重な態度を取ったのは研究手法からそうせざるをえないからだけではなく——特別ケースの研究を使って一般的な推論に導くのは往々にして自信がないため——社会科学の性質がそうさせたのである。たとえ厳しい抜き取り調査や実験法を使ったとしても、出した結論は「蓋然性」になるべきであり、抜き取り調査の方法はいくら科学的に見えても、サンプルと本体の違いをなくすことができないのである。実験設計がいくら巧みであっても、真実の社会を還元できないのであり、まして人間はネズミと異なるのである。しかし、筆者はこのように信じている。厳格な現地調査を基礎に、先人の理論と自分の想像力を借りて、世間の上辺から人間の真実を見抜き、無限の可能性から人間行為の広がりと限度を提示し、その内側のメカニズムと価値を述べることによって構成された理論は、自然科学の精度を欠いても思想の智慧と人間性の温かさに満ちており、これも社会科学の魅力と言えるであろう。

注

[1] Amiram Raviv, Avi Sadeh, Alona Raviv, Ora Silberstein and Orna Diver: Young Israelis' Reactions to National Trauma: The Rabin Assassination and Terror Attacks, *Political Psychology*, 2000, 21(2):299-322. Michele Slone, Debra Kaminer and Kevin Durrheim: The Contribution of Political Life Events to Psychological Distress among South African Adolescents, *Political Psychology*, 2000, 21(3):465-488. Virginia A. Chanley: Trust in Government in the Aftermath of 9/11: Determinants and Consequences, *Political Psychology*, 2002, 23(3):469-483.
[2] 2008年4月25日錦綉学校へ訪問インタビューした記録。
[3] （アメリカ）David Swartz：『Culture and Power the Sociology of Pierre Bourdieu』、陶東風訳、上海訳文出版社2006年版、214頁から引用。
[4] David C. Earnest: Neither Citizen Nor Stranger: Why States Enfranchise Resident, *World Politics*, Vol.58, No.2(January, 2006), pp.243-275.
[5] 学術界の多くは「Social Category」を「社会範疇」と訳し、それに応じて、「Social Categorization」を「社会範疇化」と訳す。しかし、この訳し方は妥当ではないと筆者は思っている。範疇は相対抽象的な哲学概念なので、「Category」が特定の社会グループを指す場合「類属」と訳し、「Social Categorization」を「社会帰類」と訳すのがより適切だと思われる。
[6] Richard Jenkins: *Social Identity*, Routledge, 1996.
[7] 方文：『学科制度と社会同定』（中国語：《学科制度与社会認同》）、中国人民大学出版社2008年版、98頁。
[8] （アメリカ）James C. Scott：『Seeing Like State: How Certain Schemes to Improve the

Human Condition Have Failed』、王暁毅訳、社会科学文献出版社 2004 年版、導言 2-4 頁。

[9] （フランス）エミール・デュルケーム（Émile Durkheim）（フランス）マルセル・モース（Marcel Mauss）：『De quelques formes primitives de classification, (with Durkheim)』（邦訳『分類の未開形態』）、汲喆訳、上海人民出版社 2000 年版。

[10] （アメリカ）David Swartz：『Culture and Power the Sociology of Pierre Bourdieu』、陶東風訳、上海訳文出版社 2006 年版、216 頁。

[11] 韓亦：『分類体系と世界体系』（中国語：《分类体系和世界体系》）、『博覧群書』2007 年第 8 期。

[12] Paul Starr: Social Categories and Claims in the Liberal State, Social Research, 59:2(1992: Summer)pp.263-295.

[13] （アメリカ）Emily Honig：『Creating Chinese Ethnicity: Subei People in Shanghai, 1850-1980』、盧明華訳、上海古籍出版社、上海遠東出版社 2004 年版、3 頁。

[14] 朱健剛：『農民工に名を正す』（中国語：《为农民工正名》）、2007 年 3 月 10 日『南方都市報』。

[15] 本文で言う主流価値観は社会の大部分の人が持っている価値観ではなく、また、上層エリートだけが持っている価値観でもなく、主流社会、特に政府が公式に奨励する価値観である。

[16] グラフは熊易寒：『天井効果と反学校文化：学校のタイプが農民工子女の政治的社会化へ与える影響』（中国語：《天花板效应与反学校文化：学校类型对农民工子女政治社会化的影响》）、『復旦大学発展と政策研究センター第四回学術シンポジューム「危機管理と中国の発展」学術シンポジューム論文集』（中国語：《复旦大学发展与政策研究中心第四届学术年会"危机治理与中国发展"学术研讨会论文集》）に登載、2009 年 5 月 9 日から。

[17] 熊易寒：『底辺階層、学校及び階級再生産』（中国語：《底层、学校与阶级再生产》）、『開放時代』2010 年第 1 期。

[18] 盧暉臨、李雪：『特別ケースからどうやって脱出するのか——特別ケース研究から拡張特別ケース研究まで』（中国語：《如何走出个案——从个案研究到扩展个案研究》）、『中国社会科学』2007 年第 1 期。

[19] （アメリカ）Michael Burawoy：『Public Sociology：Michael Burawoy論文選集』、瀋原等訳、社会科学文献出版社 2007 年版、79-80 頁。

[20] 研究において、筆者も身分同定を測定する心理学のグラフを参考にしたが、しかしこれらのグラフも本文が関心を寄せた理論問題を解決しにくいということに気付いた。（アメリカ）Erikson：『Identity：Youth and Crisis』、孫名之訳、浙江教育出版社 1998 年版。

[21] （イギリス）Andrew Gamble：『Politics and Fate』、胡暁進、羅珊貞など訳、江蘇人民出版社 2003 年版、7-8 頁。

付　録

付録 一

主要登場人物一覧

張軼超(実名)、男、34歳、上海生まれ。復旦大学哲学学部卒業、院生の時期、ボランティア活動に従事。その後、久牽ボランティア・サービス機関(前身は"久牽青少年活動センター)を創立した。のちに"牛飼いクラスの子ども達"という合唱団を設けた。専ら農民工子女の教育に従事する。

江南、男、30歳、湖南生まれ。浙江省桐郷にある出稼ぎ労働者の子ども向け学校の国語教師、蘇州大学国語学部卒業。企業やメデイアで仕事したことがある。その後は偶然の機会で、農民工子女向けの学校 で教育支援をする。教師という職業が好きだ。

劉偉偉(実名)、男、24歳、江蘇生まれ、2007年、復旦大学ソーシャルワーク専攻で大学卒業。大学の時期、長期間農民工子女向けの学校で教育支援をする。2007年前半、錦綉農民工子女向けの学校で英語の専任講師を担当。中学校二年の担任も兼任。

万蓓蕾(実名)、女、2008年復旦大学社会学部から大学卒業、同年復旦大学人口研究所の院生になる。長期間農民工子女向けの学校で教育支援をする。葉氏路農民工子女向け課外指導チーム、故郷を愛する「ひまわり」プロジェクトの担当者。

周沐君(実名)、女、2008年復旦大学社会学部から大学卒業、同年アメリカに留学。農民工子女向けの学校で教育支援をしたことがある。

申海松、男、安徽省生まれ、復旦大学環境工程専攻の院生。2007年久牽青少年活動センターのボランティアをし始めた。実験課を教える。

魏文、男、復旦大学教育支援活動のボランティア、錦綉農民工子女向けの学校で教育支援をしたことがある。

聞黎、男、中年、上海生まれ、撮影スタジオを経営する。久牽ボランティア奉仕社の理事、主に事務方や老人ホームの仕事を担当、子ども達に"聞叔父"と呼ばれている。

韓莉莉、女、上海生まれ、2008年、復旦大学化学専攻で大学卒業。長期間農民工子女向けの学校で教育支援をした。"牛飼いクラス"帰郷の旅にも参加したことがある。

梅舒、女、2002年中華女子職業学院から卒業。上海浦東新区楽群ボランティア・サービス機関で農民工向けの学校の仕事を担当する。

雷婷、女、2006年河北農業大学から卒業、上海のある広告会社で仕事をしたことがある。後

に、'故郷を愛する'というボランティアセンターのスタッフになって、ひまわりプロジェクトの主任担当者になる。

魯先生、男、Y区教育局を定年退職した幹部。義務教育科に再雇用され、農民工向けの学校管理と協調することを担当する。

武先生、男、沪城中学の副校長。

牛先生、女、沪城中学の中学校二年5組の担任先生。

秦愛国、男、久牽の学生秦小武、秦小瑚の父、露天商人。

李建林、男、37歳、錦綉農民工子女向けの学校の生徒李莎の父、個人経営者。

邓小英の父、男、水搬送工

邓小英の母、女、パートタイマー。

李莎、女、錦綉農民工子女向けの学校の六年生。

邓小英、女、錦綉農民工子女向けの学校の六年生。

楊洋、女、15歳、5歳の時、上海に来た。久牽の生徒、2008年沪城中学から卒業。今はY区職業技術学校でホテル管理専攻。

杜文彬、男、14歳、5歳の時、上海に来た。中学校二年生、久牽の生徒。

方澤旺、男、14歳、5歳の時、上海に来た。中学校一年生、久牽の生徒。

李榴、女、15歳、沪城中学中学校三年生、生まれてから上海に来た。

秦小瑚、女、12歳、小学校五年生、沪城中学の学生。上海で生まれた[1]。

注 ─────
[1] 本書に関わる主な人物は、実名と表示した以外、残りは全て仮名。

付録 二

農民工子女の価値観についての調査報告

　私たちはアンケート調査を通して農民工子女の価値観を考察した。内容は金銭観、平等観、公平観、集団観、政治観の各方面に渡る(以下のデータや資料はすべて筆者が中心に調査した「農民工子女の社会心理と政治意識についてのアンケート調査」から引用)。目安として14の質問項目を設けて、取材対象者に見方を判断してもらい、具体的な問題への立場を通して価値観を測定する。

1、金銭観

　命題1"お金は万能で、地獄の沙汰も金次第"は子ども達の金銭観を考察した。
　取材した農民工子女と上海地元児童の中でその見方に反対の意見を持っている人(すなわち"賛成しない"と"全然賛成できない"を選んだ人)は多数を占めている。それぞれ51.6％と62.9％に達し、上海地元児童のほうが11.3％も多くなる。農民工子女は"一部賛成"を選んだ人が最も多く、40.7％に達する一方、上海地元児童は"賛成しない"を選んだ人が最も多く、40.7％に達する。主流意識からみれば、お金は万能という拝金主義は疑いなく否定すべきだ。農民工子女や都市児童を問わず、彼らの中で、多くの人は"お金は万能"という見方に賛成しないが、約4割の農民工子女はこの見方に一部賛成する。反対意見を持つ都市児童がいくらか多く、すなわち、より政治の的確性に合致する。

命題1　お金は万能で、地獄の沙汰も金次第

児童類	選択	頻度	パーセント(％)	合計パーセント(％)
農民工子女	全く賛成	8	3.6	3.6
	賛成	9	4.1	7.7
	一部賛成	90	40.7	48.4
	賛成しない	67	30.3	78.7
	全然賛成しない	47	21.3	100.0
	合計	221	100.0	
上海地元児童	全く賛成	1	3.7	3.7
	賛成	1	3.7	7.4
	一部賛成	8	29.6	37.0
	賛成しない	11	40.7	77.7
	全然賛成しない	6	22.2	100
	合計	27	100.0	

2、平等観

命題 2-4 は子ども達の平等観を考察する。

命題 2 "人々は生まれながらにして平等で、人に貴賎なし"については、農民工子女は多く"全く賛成"を選び、59.1％に達する。"賛成"或いは"全く賛成"を選んだ人は 88.6％、上海地元児童はすべて"全く賛成"或いは"賛成"を選んで、他の選択を選んだ人はいない。すなわち、農民工子女も上海地元児童も"人々は平等"という観念の認可度が高く、後者はさらに高い。

命題 3 "大変な苦労を乗り越えて、はじめて人の上に立つ人になることができる、人の上に立つ人になるために頑張る"については、農民工子女は多く"賛成"を選び、39.6％を占める。上海地元児童は多く"全く賛成"を選び、51.9％を占める。両方は"賛成"或いは"全く賛成"を選んだ比率はそれぞれ 70.7％、81.5％であった。これは命題 2 の調査結果に衝突する。子ども達は"人々が平等"への認可度が高い一方、みんな人の上に立つ人になってほしい。農民工子女も、都市児童も、どちらも自己撞着的な状態に陥る。それは恐らくわれわれの教育方法に深く関わる。親や先生、社会世論は、"人々は平等"という価値観を宣揚する一方、子ども達に"人の上に立つ人"を目標として勉強を励ますのだ。

命題 4 "肉体労働者は人に一段劣る"については、農民工子女と上海地元児童は意見が最も一致する。それぞれ 75.7％と 74.1％の人が"賛成しない"と"全く賛成しない"を選んだ。

命題 2　人々は生まれながら平等で、人に貴賎なし

児童類	選択	頻度	パーセント(％)	合計パーセント(％)
農民工子女	全く賛成	130	59.1	59.1
	賛成	65	29.5	88.6
	一部賛成	16	7.3	95.9
	賛成しない	4	1.8	97.7
	全然賛成しない	5	2.3	100.0
	合計	220	100.0	
上海地元児童	全く賛成	22	84.6	84.6
	賛成	4	15.4	100.0
	一部賛成	0	0	100.0
	賛成しない	0	0	100.0
	全然賛成しない	0	0	100.0
	合計	26	100.0	

命題3　大変な苦労を乗り越えて、はじめて人の上に立つ人になることができる

児童類	選択	頻度	パーセント(%)	合計パーセント(%)
農民工子女	全く賛成	69	31.1	31.1
	賛成	88	39.6	70.7
	一部賛成	51	23.0	93.7
	賛成しない	10	4.5	98.2
	全然賛成しない	4	1.8	100.0
	合計	222	100.0	
上海地元児童	全く賛成	14	51.9	51.9
	賛成	8	29.6	81.5
	一部賛成	5	18.5	100.0
	賛成しない	0	0	100.0
	全然賛成しない	0	0	100.0
	合計	27	100.0	

命題4　肉体労働者は人に一段劣る

児童類	選択	頻度	パーセント(%)	合計パーセント(%)
農民工子女	全く賛成	6	2.8	2.8
	賛成	11	5.1	7.9
	一部賛成	35	16.4	24.3
	賛成しない	85	39.7	64.0
	全然賛成しない	77	36.0	100.0
	合計	214	100.0	
上海地元児童	全く賛成	0	0	0
	賛成	2	7.4	7.4
	一部賛成	5	18.5	25.9
	賛成しない	9	33.3	59.2
	全然賛成しない	11	40.7	100
	合計	27	100	

3、公平観

命題5、6は子ども達の公平観を考察する。

命題5 "平等は最も公平で、貧しくとも、豊かでも、みんなは一緒だ" は改革開放以来ずっと批判を受ける平等主義価値観だ。命題6 "貧乏は無精或いは無能のためで、社会と関係しない"、は、個人競争や優勝劣敗というダーウィン主義の見方を強調する。命題5については、農民工子女と都市児童の中で、"全く賛成" と "賛成" を選んだ人の割合は大体同じで、約37％ぐらいだった。前者は後者より "賛成しない" と "全く賛成しない" を選んだ人の割合が6％程高

かった。両者の差は大きくなく、全体的には平等主義に傾き、国家イデオロギーに偏る。これは恐らく学校で強調された共用(例えば間食や玩具)に関わる。

命題6については、農民工子女と都市児童の中で、約半数ぐらいの取材対象者は反対の意見を持ったが、都市児童は農民工子女より"賛成"と"全く賛成"を選んだ人の割合が8％程低かった。つまり、都市児童はダーウィン主義についての反対主張は明確で、社会の人に対する責任を十分認識して、貧乏を個人の原因だけのせいにしない。

命題5　平等は最も公平で、貧しくとも、豊かでも、みんなは一緒だ

児童類	選択	頻度	パーセント(%)	合計パーセント(%)
農民工子女	全く賛成	37	16.9	16.9
	賛成	43	19.6	36.5
	一部賛成	68	31.1	67.6
	賛成しない	53	24.2	91.8
	全然賛成しない	18	8.2	100.0
	合計	219		
上海地元児童	全く賛成	2	7.4	7.4
	賛成	8	29.6	37.0
	一部賛成	10	37.0	74.0
	賛成しない	4	14.8	88.8
	全然賛成しない	3	11.1	100
	合計	27		

命題6　貧乏は無精或いは無能のためで、社会とは関係ない

児童類	選択	頻度	パーセント(%)	合計パーセント(%)
農民工子女	全く賛成	13	6.0	6.0
	賛成	44	20.2	26.2
	一部賛成	52	23.9	50.1
	賛成しない	60	27.5	77.6
	全然賛成しない	49	22.5	100
	合計	218		
上海地元児童	全く賛成	2	7.4	7.4
	賛成	3	11.1	18.5
	一部賛成	7	25.9	44.4
	賛成しない	9	33.3	77.7
	全然賛成しない	6	22.2	100
	合計	27		

4、個人と社会関係

命題7～10は子ども達の個人や社会への認識(集団意識／個人意識、利他行動／利己行動)を考察する。命題7"他人のことに関ずらうな、自分の頭の上のハエを追え"は一種の私的で、他人の利益に構わない立場を意味する。命題8"この世では親以外、何者も信頼できない"は社会への信用度を考察する。命題9"人間の最も価値のあるところは国や社会に貢献することで、そのために自分の利益を犠牲にしてもいい"は集団意識の価値観を意味する。命題10"自分が正しいと思うことさえやれれば、他人の見解は構わない"は自己中心主義を意味する。

命題7については、約9割の都市児童は反対で、農民工子女の反対の割合はたった7割強。

命題8については、約9割の都市児童は反対で、ただ6割の農民工子女が反対の意見を持つ。農民工子女は社会への信頼度が相対的に低いことがわかる。

命題9については、農民工子女と都市児童の中で、それぞれ42.5％、74.1％の取材対象者が"賛成"或いは"全く賛成"を選んだ、後者は約3割程高い。取材した都市児童はただ3.7％の人が反対だが、農民工子女は約2割の人が反対だ。

命題10については、都市児童の約45％が反対だが、農民工子女はただ30％の人が反対だ。前者は後者より"賛成"或いは"全く賛成"を選んだ人が14％程多い。

上記四つの命題から見れば、農民工子女の選択は主流価値観と一定のズレがある。都市児童は鮮明に集団主義傾向を示して、個人の他人、社会、国家への義務を強調する一方、農民工子女は自己と家庭を中心に、社会への信頼感が低い。

命題7　他人のことに関ずらうな、自分の頭の上のハエを追え

児童類	選択	頻度	パーセント(％)	合計パーセント(％)
農民工子女	全く賛成	6	2.7	2.7
	賛成	10	4.6	7.3
	一部賛成	46	21.0	28.3
	賛成しない	87	39.7	68.0
	全然賛成しない	70	32.0	100.0
	合計	219		
上海地元児童	全く賛成	2	3.7	3.7
	賛成	3	0	3.7
	一部賛成	7	7.4	11.1
	賛成しない	9	48.1	59.2
	全然賛成しない	6	40.7	100
	合計	27		

命題 8　この世界では親以外、何者も信頼できない

児童類	選択	頻度	パーセント(%)	合計パーセント(%)
農民工子女	全く賛成	16	7.4	7.4
	賛成	21	9.7	17.1
	一部賛成	52	24.0	41.1
	賛成しない	76	35.0	76.1
	全然賛成しない	52	24.0	100
	合計	217		
上海地元児童	全く賛成	0	0	0
	賛成	1	3.7	3.7
	一部賛成	2	7.4	11.1
	賛成しない	7	25.9	37.0
	全然賛成しない	17	63.0	100.0
	合計	27		

命題 9　人間の最も価値のあるところは国や社会に貢献することで、そのために自分の利益を犠牲してもいい

児童類	選択	頻度	パーセント(%)	合計パーセント(%)
農民工子女	全く賛成	49	22.4	22.4
	賛成	44	20.1	42.5
	一部賛成	85	38.8	81.3
	賛成しない	28	12.8	94.1
	全然賛成しない	13	5.9	100.0
	合計	219		
上海地元児童	全く賛成	11	40.7	40.7
	賛成	9	33.3	74.0
	一部賛成	6	22.2	96.2
	賛成しない	0	0	96.2
	全然賛成しない	1	3.7	100
	合計	27		

命題10　自分が正しいと思うことさえやれれば、他人の見解は構わない

児童類	選択	頻度	パーセント(%)	合計パーセント(%)
農民工子女	全く賛成	43	19.6	19.6
	賛成	37	16.9	36.5
	一部賛成	75	34.2	70.7
	賛成しない	53	24.2	94.9
	全然賛成しない	11	5.0	100
	合計	219		
上海地元児童	全く賛成	4	14.8	14.8
	賛成	2	7.4	22.2
	一部賛成	9	33.3	55.5
	賛成しない	10	37.0	92.5
	全然賛成しない	2	7.4	100
	合計	27		

5、社会流動

命題11 "知識は運命を変える"は子ども達の社会流動（教育による上昇流動の機会をもたらす）についての考え方を考察する。この問題について、農民工子女と都市児童の意見は大体同じで、楽観的だ。

命題11　知識は運命を変える

児童類	選択	頻度	パーセント(%)	合計パーセント(%)
農民工子女	全く賛成	56	25.5	25.5
	賛成	88	40.0	65.5
	一部賛成	49	22.3	87.8
	賛成しない	13	5.9	93.7
	全然賛成しない	14	6.4	100
	合計	220		
上海地元児童	全く賛成	7	25.9	25.9
	賛成	12	44.4	70.3
	一部賛成	5	18.5	88.8
	賛成しない	2	7.4	96.2
	全然賛成しない	1	3.7	100
	合計	27		

6、政治観

命題 12 ～ 14 は子ども達の政治観を考察する。

命題 12 "政府はやりたいことが全部やれ、監督する人はいない"（政府の権力に限界があるか）については、取材された都市児童はほとんど反対だが、約 14.2％の農民工子女はある程度賛成している。

命題 13 "政府は金も地位もある人に奉仕する"（公共権力の目的は何か）については、前の命題と同じで、取材された都市児童はほとんど反対だが、約四分の一の農民工子女はある程度賛成している。つまり、農民工子女は政府へのイメージがより消極的だ。

命題 14 "いかなる状況においても、政府に従順すべきだ"（国民は従順しない権利があるかどうか）については、農民工子女と都市児童の意見は大体同じで、約 2 割強の取材対象者が "賛成" 或いは "全く賛成" を選び、約 6 割超の取材対象者が国民は従順しない権利があることを意識していない。

命題 12　政府はやりたいことが全部やれ、監督する人はいない

児童類	選択	頻度	パーセント(％)	合計パーセント(％)
農民工子女	全く賛成	6	2.8	2.8
	賛成	5	2.3	5.1
	一部賛成	20	9.2	14.3
	賛成しない	74	33.9	48.2
	全然賛成しない	113	51.8	100.0
	合計	218		
上海地元児童	全く賛成	0	0	0
	賛成	0	0	0
	一部賛成	1	3.7	3.7
	賛成しない	4	14.8	18.5
	全然賛成しない	22	81.5	100.0
	合計	27		

付　録

命題 13　政府は金も地位もある人に奉仕する

児童類	選択	頻度	パーセント(%)	合計パーセント(%)
農民工子女	全く賛成	10	4.6	4.6
	賛成	9	4.2	8.8
	一部賛成	34	15.7	24.5
	賛成しない	65	30.1	54.6
	全然賛成しない	98	45.4	100.0
	合計	216		
上海地元児童	全く賛成	1	3.7	3.7
	賛成	0	0	3.7
	一部賛成	1	3.7	7.4
	賛成しない	3	11.1	18.5
	全然賛成しない	22	81.5	100.0
	合計	27		

命題 14　いかなる状況においても、政府に従順すべきだ

児童類	選択	頻度	パーセント(%)	合計パーセント(%)
農民工子女	全く賛成	13	6.0	6.0
	賛成	38	17.4	23.4
	一部賛成	97	44.5	67.9
	賛成しない	44	20.2	88.1
	全然賛成しない	26	11.9	100.0
	合計	218		
上海地元児童	全く賛成	1	3.7	3.7
	賛成	5	18.5	22.2
	一部賛成	11	40.7	62.9
	賛成しない	4	14.8	77.7
	全然賛成しない	6	22.2	100
	合計	27		

付録 三

調査アンケートⅠ（農民工子女）

　各学生：以下の問題はテストではなく、答えが正しいか、正しくないかを判断するものではありません。あなたが最も自分の気持ちに合う答えにマークをつけてください。また、複数選択問題と表示した以外は、答えはただ一つになります。答える時、他の人と相談しないでください。名前を問題用紙に書かないでください。どうもありがとうございます。

1、あなたの生年は＿＿＿＿年、出身地は＿＿＿＿省(市)、＿＿＿＿年上海に来ました。
2、性別は＿＿＿＿
　　①男　　②女
3、今は＿＿＿＿年生ですか。クラスでの係は＿＿＿＿
4、今の政治立場は＿＿＿＿
　　①少年先駆者　②共産党青年団　③無し
5、ご家族は何人ですか
　　①二人　②三人　③四人　④四人以上
6、父の職業は＿＿＿＿、母の職業は＿＿＿＿（マークを付けないで、番号を書いてください）
　　①労働者　②個人経営者　③農民　④管理者　⑤職員（スタッフ、店員、ウェーター）
　　⑥無職　⑦その他＿＿＿＿（書いてください）
7、父の学歴は＿＿＿＿、母の学歴は＿＿＿＿（マークを付けないで、番号を書いてください）
　　①学歴はない　②小学校　③中学校　④高校あるいは高専　⑤短大或いは短大以上
8、他人と喧嘩したことを親に知られたら、彼らの対応はどうだと思いますか。
　　①理由を問わずにまず殴ったり叱ったりする
　　②事情の経緯を分かってから、あなたのせいだとしたら、殴ったり叱ったりする
　　③殴ったり叱ったりしないで、辛抱強く細かく教育する。
　　④気にしない
9、以下の状況の中でどれが発生したら、親に厳しく叱れる恐れがありますか。（最も深刻な状況のものを三つ選んでマークを付けてください）
　　①試験に合格しない　②懇談会で名指しで批判される　③授業をサボる　④放課後ゲームに夢中になり時間通りに家に帰らない　⑤親に口答えする　⑥家出する　⑦物を盗む　⑧物を紛失する　⑨喧嘩する　⑩非行少年と一緒にいた

10、あなたの成績が著しく向上しました。親は_____
　①お金やプレゼントをくれる　②口頭で褒める　③何にもしない
11、あなたが親に最もしてほしいことは何ですか
　①自分の勉強に関心を持って指導する　②もっと自由にさせる　③殴ったり叱ったりしない　④もっと小遣いがほしい　⑤そばにいてくれておしゃべりしたり遊びに連れていってくれたりする　⑥もっと自分の意見を聞いたり相談したりする　⑦その他_____（書いてください）
12、学級委員長はどのように選ぶといいですか。
　①担任の先生が指名する
　②全員選挙で、票数の一番多い人が担当する
　③全員の意見を参考にした上で、担任の先生が指名する
13、あなたがいたクラスで学級委員長を選ぶとしたら、自分の一票を誰に投票しますか
　①最も成績のいい人　②仕事にまじめで、苦労に耐える人　③徳も成績もよくて、全面発展の人　④先生に従順な人　⑤自分と一番仲よい人　⑥選挙の時あなたに利益をもたらす人　⑦自分　⑧何でもいい、勝手に投票する
14、あなたが学級委員長だとしたら、先生はあなたにクラス内の秩序を維持してほしいと期待します。あなたは親友の軍君がルール違反することに困っています。なぜなら、軍君はいつもあなたを助けてくれるからです。この状況では、あなたはどうしますか。なぜですか。

　①先生に報告する
　↓

> 理由
> （1）学級委員長として、公私を区別しないと、先生とクラスメートの信頼を失う
> （2）一人のためにクラスの名誉を損なうことはできない
> （3）軍君のためで、本当の親友はこうすべきだ

②先生に報告しない
　↓

> 理由
> （1）まず軍君を説得して、説得を聞かないなら先生に報告する。そうするとあなたの責任ではない
> （2）友達同士なので、義理を立てるべきだ
> （3）先生に報告したら、友達を失う

15、先生に濡れ衣を着せられたら、あなたはどうしますか。
　　①心中は不満だが、我慢する
　　②家に帰って親に文句を言う
　　③先生と向き合いはっきりさせる
　　④メールや他の方式で先生に説明する
　　⑤校長や他のリーダーに言いつける
　　⑥今後この先生の授業に二度と出ない
　　⑦今後この先生と敵対する
　　⑧先生を理解する。先生もあなたのためだと思いやるのだから。
16、あなたのクラスにしっかり勉強して、成績もいい人がいます。彼の夢は将来上海の市長になることです。あなたはどう思いますか。
　　①志ある者は事遂に成る、彼／彼女はきっと成功する
　　②夢を抱くので、実現できなくとも、考え方はいい
　　③現実を外れた空想家、失敗するに決まっている
17、学校はあなたを含め、外来者たちを上海地元生徒から分けて、独立クラスを作ることを決めます。あなたはどう思いますか。
　　①反対、人々は平等で、これは私たちへの差別
　　②反対、私たちの勉強によくないないから
　　③賛成、外来者と一緒にいたいから
　　④賛成、私たちの勉強によいから
　　⑤学校の目的によって決める
　　⑥分からない
18、上海人に軽視されることを感じますか。
　　　①いつもそういう感じ ⟶
　　　②偶にそういう感じ ⟶
　　　③感じたことがない
　　　④はっきり言えない

理由
(1) 彼らは私たちを田舎者や農民工と呼び、悪口を言う
(2) 彼らは態度が傲慢で、付き合ってくれない
(3) 周りの人がそう言ったから
(4) 外来者を苛めることを見たことがある
(5) 理由ははっきりいえないが、いずれにせよそう思う

19、上海語は話せるか
　　①話すことも聞き取ることもできない
　　②聞き取れるが、話せない
　　③少し話せる ——————▶
　　④話せるが、あまり言わない ——————▶
　　⑤よく話す。それに流暢に話せる ——————▶

　　┌─────────────────────────────────┐
　　│　上海語は誰が教えるか　　　　　　　　　　　　　　　　│
　　│　　(1)家族 (親、兄さん、姉さん) から習う　　　　　│
　　│　　(2)周りの上海人 (先生、大家さん、隣人) から習う │
　　│　　(3)テレビの番組から習う　　　　　　　　　　　　　│
　　│　　(4)はっきり言えない　　　　　　　　　　　　　　　│
　　└─────────────────────────────────┘

20、都市の同じ世代の人と友達になりたいですか。
　　①非常に楽しみ　②楽しみ　③気にしない　④楽しまない　⑤ほとんど楽しまない
21、友達の中で、上海人はいますか
　　①たくさんいる　②少しいる　③一人いる　④いない
22、悩みがあるなら、誰に言いますか（三つ以内で選んでください）
　　①クラスメートか友達　②親　③先生　④兄弟姉妹　⑤ネット友達　⑥その他_____
23、家族にお金がなくて学費も払ってもらえないなら、あなたはどうしますか（三つ以内で選んでください）
　　①退学でいい
　　②先にバイトに行って、お金ができたらまた学校に戻る
　　③親戚、友達、隣人から金を借りる
　　④校長に学費免除をお願いする
　　⑤政府リーダーにメールして助けを頼む
　　⑥テレビや新聞社に助けを頼む
　　⑦町で善意のある人に助けを頼む
　　⑧その他_____（書いてください）
24、町管理者がいま露天商を処罰しているところです。あなたはどう思いますか
　　①当然のこと、露天商をすると都市の環境は破壊されるから
　　②当然のこと、国家の法律に違反するから
　　③両方とも一理ある。町管理者は都市環境のため、露天商は生活のためだ。
　　④すべきではない。露天商は盗んだり引ったくったりしないで、自分の手で生活を維

持する
⑤すべきではない。これは外来人を苛めることだ。

25、燕さんは安徽省に生まれました。親は上海で出稼ぎをしています。燕さんを祖母と祖父に任せて育てました。3年前、親は燕さんを上海に来て勉強させることにしました。弟の明さんは上海で生まれました。"あなたはどこの出身ですか"と聞かれたら、明さんは自分が上海人だと思うのですが、燕さんは分かりません。自分が安徽人だと思うと、安徽人じゃないように思えますが、きっと上海人じゃないとも思います。あなたは燕さんと明さんはどこの出身だと思いますか。
①戸籍次第で、燕さんも明さんも安徽人
②出生地次第で、燕さんは安徽人、明さんは上海人
③住所次第で、燕さんも明さんも上海人
④好きかどうかで、好きなところが出身地だ
⑤彼らは上海人でも安徽人でもない
⑥今は上海人じゃない、将来大学に入学して、いい会社に就職してから上海人になる
⑦今は上海人じゃない、将来お金ができて、マイホームを買ってから上海人になる
⑧はっきり言えない

26、中学校を卒業したら、どうするつもりですか。
①就職する ②技術を学ぶ ③上海の専門学校に進学する ④故郷に帰って高校に進学する ⑤その他＿＿＿＿＿＿＿＿＿＿（書いてください）

27、将来最も志望する仕事は＿＿＿＿＿＿＿＿＿＿（書いてください）

28、成功を得るために最も重要なのは何ですか
①頭がいい ②勤勉である ③徳がある ④知識が豊富 ⑤交渉能力がある
⑥度胸がいい ⑦人脈がある ⑧親が社会的地位がある ⑨運気がある

29、下記の見方に賛成しますか（対応する数字にマークを付けてください）

見方	完全賛成	賛成	一部賛成	賛成しない	全然賛成しない
お金は万能で、地獄の沙汰も金次第	1	2	3	4	5
人々は生まれながら平等で、人に貴賎なし	1	2	3	4	5
大変な苦労を乗り越えて、はじめて人の上に立つ人になることができる	1	2	3	4	5
肉体労働者は人に一段劣る	1	2	3	4	5

平等は最も公平で、貧しくとも、豊かでも、みんなは一緒だ	1	2	3	4	5
貧乏は無精或いは無能のためで、社会とは関係ない	1	2	3	4	5
他人のことに関ずらうな、自分の頭の上のハエを追え	1	2	3	4	5
この世界では親以外、何者も信頼できない	1	2	3	4	5
人間の最も価値のあるところは国や社会に貢献することで、そのために自分の利益を犠牲にしてもいい	1	2	3	4	5
自分が正しいと思うことさえやれれば、他人の見解は構わない	1	2	3	4	5
知識は運命を変える	1	2	3	4	5
各方面で都市は農村よりいい	1	2	3	4	5
政府はやりたいことが全部やれ、監督する人はいない	1	2	3	4	5
政府は金も地位もある人に奉仕する	1	2	3	4	5
いかなる状況においても、政府に従順すべきだ	1	2	3	4	5

30、自分の最大のメリットは＿＿＿＿＿＿＿＿＿＿＿＿＿＿＿＿（書いてください）
　　最大のデメリットは＿＿＿＿＿＿＿＿＿＿＿＿＿＿＿＿＿（書いてください）

付録 四

調査アンケートⅡ（都市児童）

　各学生：以下の問題はテストではなく、答えが正しいか、正しくないかを判断するものではありません。あなたが最も自分の気持ちに合う答えにマークをつけてください。また、複数選択問題と表示した以外は、答えはただ一つになります。答える時、他の人と相談しないでください。名前を問題用紙に書かないでください。どうもありがとうございます。

1、あなたの生年は＿＿年、出身地は＿＿省（市）、＿＿年上海に来ました。
2、性別は＿＿
　　①男　　②女
3、今は＿＿年生ですか。クラスでの係は＿＿
4、今の政治立場は
　　①少年先駆者　②共産党青年団　③無し
5、ご家族は何人ですか
　　①二人　②三人　③四人　④四人以上
6、父の職業は＿＿、母の職業は＿＿（マークを付けないで、番号を書いてください）
　　①労働者　②職員（スタッフ、店員、ウェーター）　③専門職（先生、医者、弁護士）
　　④企業や政府機関管理者（経理、工場長）　⑤公務員（幹部、警察など）　⑥個人経営者
　　⑦私営企業家　⑧解雇又は求職中　⑨その他＿＿＿＿＿＿＿＿（書いてください）
7、父の学歴は＿＿、母の学歴は＿＿＿＿（マークを付けないで、番号を書いてください）
　　①学歴はない　②小学校　③中学校　④高校あるいは高専　⑤短大或いは短大以上
8、他人と喧嘩したことを親に知られたら、彼らの対応はどうだと思いますか。
　　①理由を問わずにまず殴ったり叱ったりする
　　②事情の経緯を分かってから、あなたのせいだとしたら、殴ったり叱ったりする
　　③殴ったり叱ったりしないで、辛抱強く細かく教育する。
　　④気にしない
9、以下の状況の中でどれが発生したら、親に厳しく叱れる恐れがありますか。（最も深刻な状況のものを三つ選んでマークを付けてください）
　　①試験に合格しない　②懇談会で名指しで批判される　③授業をサボる　④放課後ゲームに夢中になり時間通りに家に帰らない　⑤親に口答えする　⑥家出する　⑦物を盗む　⑧物を紛失する　⑨喧嘩する　⑩非行少年と一緒にいた

10、あなたの成績が著しく向上しました。親は____
①お金やプレゼントをくれる　②口頭で褒める　③何にもしない
11、あなたが親に最もしてほしいことは何ですか
①自分の勉強に関心を持って指導する　②もっと自由にさせる　③殴ったり叱ったりしない　④もっと小遣いがほしい　⑤そばにいてくれておしゃべりしたり遊びに連れたりする　⑥もっと自分の意見を聞いたり相談したりする⑦その他_____（書いてください）
12、学級委員長はどのように選ぶといいですか。
①担任の先生が指名する
②全員選挙で、票数の一番多い人が担当する
③全員の意見を参考にした上で、担任の先生が指名する
13、あなたがいたクラスで学級委員長を選ぶとしたら、自分の一票を誰に投票しますか
①最も成績のいい人　②仕事にまじめで、苦労に耐える人　③徳も成績もよくて、全面発展の人　④先生に従順な人　⑤自分と一番仲よい人　⑥選挙の時あなたに利益をもたらす人　⑦自分　⑧何でもいい、勝手に投票する
14、あなたが学級委員長だとしたら、先生はあなたにクラス内の秩序を維持してほしいと期待します。あなたは親友の軍君がルール違反することに困っています。なぜなら、軍君はいつもあなたを助けてくれるからです。この状況では、あなたはどうしますか。なぜですか。
①先生に報告する

> 理由
> (1)学級委員長として、公私を区別しないと、先生とクラスメートの信頼を失う
> (2)一人のためにクラスの名誉を損なうことはできない
> (3)軍君のためで、本当の親友はこうすべきだ

②先生に報告しない

> 理由
> (1)まず軍君を説得して、説得を聞かないなら先生に報告する。そうするとあなたの責任ではない
> (2)友達同士なので、義理を立てるべきだ
> (3)先生に報告したら、友達を失う

15、先生に濡れ衣を着せられたら、あなたはどうしますか。
　　①心中は不満だが、我慢する
　　②家に帰って親に文句を言う
　　③先生と向き合いはっきりさせる
　　④メールや他の方式で先生に説明する
　　⑤校長や他のリーダーに言いつける
　　⑥今後この先生の授業に二度と出ない
　　⑦今後この先生と敵対する
　　⑧先生を理解する。先生もあなたのためだと思いやるのだから。
16、あなたのクラスにしっかり勉強して、成績もいい人がいます。彼の夢は将来上海の市長になることです。あなたはどう思いますか。
　　①志ある者は事遂に成る、彼／彼女はきっと成功する
　　②夢を抱くので、実現できなくとも、考え方はいい
　　③現実を外れた空想家、失敗するに決まっている
17、学校はあなたを含め、外来者たちを上海地元生徒から分けて、独立クラスを作ることを決めます。あなたはどう思いますか。
　　①反対、人々は平等で、これは私たちへの差別
　　②反対、私たちの勉強によくないないから
　　③賛成、外来者と一緒にいたいから
　　④賛成、私たちの勉強によいから
　　⑤学校の目的によって決める
　　⑥分からない
18、上海人に軽視されることを感じますか
　　①いつもそういう感じ ⟶
　　②偶にそういう感じ ⟶
　　③感じたことがない
　　④はっきり言えない

> 理由
> (1)彼らは私たちを田舎者や農民工と呼び、悪口を言う
> (2)彼らは態度が傲慢で、付き合ってくれない
> (3)周りの人がそう言ったから
> (4)外来者を苛めることを見たことがある
> (5)理由ははっきりいえないが、いずれにせよそう思う

19、上海語は話せるか
　　①話すことも聞き取ることもできない
　　②聞き取れるが、話せない
　　③少し話せる ─────→
　　④話せるが、あまり言わない ─────→
　　⑤よく話す。それに流暢に話せる ─────→

> 　　上海語は誰が教えるか
> 　　　(1)家族(親、兄さん、姉さん)から習う
> 　　　(2)周りの上海人(先生、大家さん、隣人)から習う
> 　　　(3)テレビの番組から習う
> 　　　(4)はっきり言えない

20、都市の同じ世代の人と友達になりたいですか。
　　①非常に楽しみ　②楽しみ　③気にしない　④楽しまない　⑤ほとんど楽しまない
21、友達の中で、上海人はいますか
　　①たくさんいる　②少しいる　③一人いる　④いない
22、悩みがあるなら、誰に言いますか(三つ以内で選んでください)
　　①クラスメートか友達　②親　③先生　④兄弟姉妹　⑤ネット友達
　　⑥その他_____
23、家族にお金がなくて学費も払ってもらえないなら、あなたはどうしますか(三つ以内で選んでください)
　　①退学でいい
　　②先にバイトに行って、お金ができたらまた学校に戻る
　　③親戚、友達、隣人から金を借りる
　　④校長に学費免除をお願いする
　　⑤政府リーダーにメールして助けを頼む
　　⑥テレビや新聞社に助けを頼む
　　⑦町で善意のある人に助けを頼む
　　⑧その他_____(書いてください)
24、町管理者がいま露天商を処罰しているところです。あなたはどう思いますか
　　①当然のこと、露天商をすると都市の環境は破壊されるから
　　②当然のこと、国家の法律に違反するから
　　③両方とも一理ある。町管理者は都市環境のため、露天商は生活のためだ。
　　④すべきではない。露天商は盗んだり引ったくったりしないで、自分の手で生活を維

持する

⑤すべきではない。これは外来人を苛めることだ。

25、燕さんは安徽省に生まれました。親は上海で出稼ぎをしています。燕さんを祖母と祖父に任せて育てました。3年前、親は燕さんを上海に来て勉強させることにしました。弟の明さんは上海で生まれました。"あなたはどこの出身ですか"と聞かれたら、明さんは自分が上海人だと思うのですが、燕さんは分かりません。自分が安徽人だと思うと、安徽人じゃないように思えますが、きっと上海人じゃないとも思います。あなたは燕さんと明さんはどこの出身だと思いますか。

①戸籍次第で、燕さんも明さんも安徽人
②出生地次第で、燕さんは安徽人、明さんは上海人
③住所次第で、燕さんも明さんも上海人
④好きかどうかで、好きなところが出身地だ
⑤彼らは上海人でも安徽人でもない
⑥今は上海人じゃない、将来大学に入学して、いい会社に就職してから上海人になる
⑦今は上海人じゃない、将来お金ができて、マイホームを買ってから上海人になる
⑧はっきり言えない

26、中学校を卒業したら、どうするつもりですか。
①就職する ②技術を学ぶ ③上海の専門学校に進学する ④故郷に帰って高校に進学する ⑤その他＿＿＿＿＿＿＿＿＿＿＿＿＿＿＿＿＿（書いてください）

27、将来最も志望する仕事は＿＿＿＿＿＿＿＿＿＿＿＿＿＿（書いてください）

28、成功を得るために最も重要なのは何ですか
①頭がいい ②勤勉である ③徳がある ④知識が豊富 ⑤交渉能力がある
⑥度胸がいい ⑦人脈がある ⑧親が社会的地位がある ⑨運気がある

29、下記の見方に賛成しますか（対応する数字にマークを付けてください）

見方	完全賛成	賛成	一部賛成	賛成しない	全然賛成しない
お金は万能で、地獄の沙汰も金次第	1	2	3	4	5
人々は生まれながら平等で、人に貴賤なし	1	2	3	4	5
大変な苦労を乗り越えて、はじめて人の上に立つ人になることができる	1	2	3	4	5
肉体労働者は人に一段劣る	1	2	3	4	5

平等は最も公平で、貧しくとも、豊かでも、みんなは一緒だ	1	2	3	4	5
貧乏は無精或いは無能のためで、社会とは関係ない	1	2	3	4	5
他人のことに関ずらうな、自分の頭の上のハエを追え	1	2	3	4	5
この世界では親以外、何者も信頼できない	1	2	3	4	5
人間の最も価値のあるところは国や社会に貢献することで、そのために自分の利益を犠牲にしてもいい	1	2	3	4	5
自分が正しいと思うことさえやれれば、他人の見解は構わない	1	2	3	4	5
知識は運命を変える	1	2	3	4	5
各方面で都市は農村よりいい	1	2	3	4	5
政府はやりたいことが全部やれ、監督する人はいない	1	2	3	4	5
政府は金も地位もある人に奉仕する	1	2	3	4	5
いかなる状況においても、政府に従順すべきだ	1	2	3	4	5

30、自分の最大のメリットは_____（書いてください）
　　最大のデメリットは_____（書いてください）

付録 五

インタビューの概要 I (農民工子女)

1、今年何歳ですか。上海で生まれましたか、それとも生まれてから上海に来ましたか。何年生ですか。どの学校で勉強しましたか。親の職業は何ですか。何人家族ですか。みんな上海にいますか。
2、上海のことが好きですか。上海と故郷、どちらがいいと思いますか。(さらに聞きます。どこがいいと思いますか。)今は自分が上海人だと思いますか。(さらに聞きます。どの条件を満たすなら、上海人になれると思いますか。もし将来、親が上海を離れて故郷に帰ったら、あなたは上海に留まりますか)
3、地方から上海に出稼ぎにきた人たちは上海人と同じ待遇を受けるべきだと思いますか。理由は何ですか。(さらに聞きます。上海市に貢献しなくとも、同じ待遇を受けるべきだと思いますか。)
4、上海に友達がいっぱいますか。どうやって知り合いになりましたか。
5、上海人と付き合ったことがありますか。彼らに対する印象はどうですか。
6、好きなアイドルは誰ですか。理由は何ですか。
7、大人になったら、何の仕事をしたいですか。理由は何ですか。
8、上海の警察官をどう思いますか。人にやさしいですか。(さらに聞きます。上海人と外来の人で差別しますか。)
9、どんな政府がいい政府だと思いますか。
10、国民は政府リーダーを批判できますか。どんな状況で批判できますか。
11、リーダーは誰もが望まないことをやってもいいですか。
12、リーダーはどのように選ぶのがいいですか。どの状況で更迭すべきですか。
13、ある事について、自分一人が正しいと思う時、全員の反対意見に構わずにやり切りますか。

付録六

インタビューの概要Ⅱ（牛飼い班合唱団のメンバー）

1、どうして合唱団に参加しましたか。合唱団の最も魅力的なところは何だと思いますか。ここで一番の収穫は何だと思いますか。
2、強君は学級委員長で、先生は彼にクラスの紀律を保ってほしいのですが、親友の軍君がいつも授業で内緒話をすることに困っています。先生に報告すると、軍君との仲が悪くなります。先生に報告しないと、クラスメートの信頼を失って、クラスの紀律も悪くなる一方です。あなたが強君だとしたら、どうしますか。理由は何ですか。
3、明君は親に従って故郷から上海に来ました。公立学校に入ったら、自分のような外来子女が独立クラスに配置されることが分かりました。親はこれを外来子女に対する差別で、勉強によくないと言いますが、学校の方は、これは外来子女に劣等感を感じさせず、もっと自信を持たせるためだと言います。あなたは独立クラス又は混合クラスについて、どちらに賛成しますか。理由は何ですか。
4、麗さんは中学校を卒業しました。親は麗さんに仕事を探すか技術を学んでほしく、家計を負担させたいようです。先生は彼女に専門学校や高専に進学すれば、将来もっと競争力がつくと薦めます。兄は彼女に故郷に帰って高校に進学して、大学に入学することこそ立身出世できると言います。麗さん自身は、映画スターになる夢を抱いていて、北京に俳優になる機会を探しに行きたいのです。あなたは麗さんがどうしたらいいと思いますか。その理由は何ですか。

付録 七

学生作文二篇

上海人に言いたいこと
潘文通

　この数年、中国経済が急速に発展するとともに、上海は風水の地相のよい土地とされるようになった。夥しい人の群れが上海に押し掛けて、上海の建設に生涯の精力を傾けた。しかし、このような外来者子女はいつも地元の人に差別される。

　世界各地から来る人たちは、自分の勤勉さや知恵によって生活を維持するのだが、彼らの子どもはどうして人に差別されるのだろう。答えはただ一つ、それは、彼らが田舎から来るので、みんな貧しい家の子どもだからです。上海人のあなたたちは、そういう考え方を持つべきではないのだ。われわれ外来の子どもはあなたたちより豊かではないけれど、バカなわけではない。あなたたちができる事はわれわれもできる。あなたたちができない事を、われわれもできないわけでもない。それはなぜかというと、貧乏はわれわれにねばり強い意志を鍛える上に、けっして諦めない精神を磨くからだ。

　あなたたちは'飯が口もとに来れば口をあけ、服が体のところに来れば手を伸ばす'ような裕福な暮らしをするが、われわれは毎年学費に困る。それだけに、われわれはここに来ることが簡単ではないそのチャンスをもらったことを大切にする。われわれは毎日まじめに授業内容を復習して、宿題を終わらせて、いい成績をとることで親や先生に恩返しする。われわれの先生は公立学校の先生に比べ物にならないが、彼らはわれわれと同じで、国内各地から来る。だから、彼らはわれわれの気持ちをよく分かっていて、親の気持ちもよく分かる。

　以前、各種コンテストは公立学校向けだけだったから、人材は埋没していた。今回、華東師長が開催する"外来者子女作文コンテスト"はわれわれに腕を振るわせる。われわれは上海の地元児童に劣らないことを証明したい。

　さまざまなコンテストはわれわれの欲望を満足させるだけでなく、夥しい親の心を暖めることもできる、親はもう二度と子どものことで困ることはない。上海人に言いたいことは、"外来の子どもを差別することをやめてください"ということだ。

（本文は華東師範大学郷土建設学社が編集する『林檎園を歩く——"一緒に青空の下で"：
上海外来者子女向けの作文コンテストの記念冊子』（内部資料）から抜き出す）

もし私が桐郷の市長だとしたら
張　月

　中国共和国（中華人民共和国）の国歌を伴って、私は桐郷市の市長になった。市役所に来た初めの日に、"地元の人と外来者の間で、友情の基礎を構築しよう"と呼び掛けて、役人と一緒に放送局に行った。監督に"幻想オンライン"という番組の中で、"どのように美しく調和のとれた家を建築するか"というインタビュー枠を増設する。

　その夜のゴールデンタイムに、この番組は笑い声の中で、幕が開いた。参加する人は全国56の民族の人民代表だ。まず発言するのは綺麗で内気な青少年、彼女は"今地元は外来者に対する言動がますますひどくなる。一部の"桐郷に住む、桐郷に働く"人に侮辱や軽蔑的な態度が感じられる。桐郷は発展途上の町だが、先進的な科学技術を持っており、物質的に完備され、どこから見ても、ピカピカした城郭だ。文明と愛という伝統文化も持っており、綺麗な大都市だ。しかし、その中で、醜い悪習や"天下が乱れるようにとばかり望んでいる"人が潜んでいる。これが都市を汚す。新世紀に、私はこのことへの研究や議論に取り組む。もっと外来者に"人々が平等"というのを感じさせる。フランスの思想家ヴォルテールは啓蒙活動の旗手だ。嘗て"自身自由で、周りの人も自分と平等だ—これは本物の生活だ"と言った。だから、平和で愛に満ちた生活を作るために一緒に努力しましょう"と言った。

　彼女の話が終わるやいなや、ホールに拍手が響く。みんなは彼女に賞賛と激励のまなざしを送っている。

　次に発言する人が名乗り出た。自己推薦の青少年だ。彼は"私は都市に住む者で、小さい頃から幸せで、のんびりと生活して、苦労も分からなく、好きなことを手に入れることができた。しかし、ある日、私は田舎へ旅行に行った。この旅は私の一生を変える。田舎でのあらゆる辛酸苦楽が分かるようになる。その後、自分の生活を変えることに決め、一生懸命頑張って、北京大学に入学し、自分の夢を叶えた。中国では、貧しい山地の子どもの多くは学校に行く機会がないそうだ。生活も苦しい。この番組を通して、桐郷市の志ある青年が勉強を頑張って、社会に自分の力を貢献して、貧しい山地の子どもを助けてほしい"と言った。

　青年の遠大な志望は在席者たちに"新しい桐郷、そして新しい風景"に憧れてきた……その時、ある大人っぽい男の子が人の思いを遮った。彼は情熱に溢れて、"新世紀の学生としては、テストの奴隷ではなく、学習の主になるべきだと思う。そのために、私は素質教育を実施する良策を研究して、グローバル教育ネットワーク化を実現する。その時、学生はノートパソコンで授業する"と言った。

　彼が発言する時、私は肌が白く、若い女の子が頭を下げて何かを考えている様子を見た。そして、彼女の傍に行って、こっそりと聞いた、"何かみんなに言いたいことがある？"。

　若い女の子は考えることもなく、"この世で最も重要なのは平和とパートナーシップだ。以前、人は戦争の害をなめ尽くした。流浪したり、家族を失ったりした。未来の社会では、

全人類は平和に付き合って、共に美しい家を構築すると思う。"

若い女の子が話し終わったら、無形の力で在席者たちは手を繋いで、平和の歌中国共和国国歌を歌い始めた。（"）起来……（"）

その時、ちょうど放送時間になった。みんな一緒に"幻想オンライン"の主題歌を歌い始めた——

幻想オンライン、未来を展示する。希望と平和は君と私を結びつける。ららららら…

"寝ないで、何を叫んでいる"、父の一言は私を夢から目覚めさせる。まだ覚めていない目をこすって、興奮気味に父に言った。"私、桐郷市の市長になった！"。

（本文は桐郷市ある農民子女向けの学校の国語先生—江南の提供）

参考文献

一、中文文献
(一) 著作、論文

[1] 『毛沢東選集』(第 3 巻)、人民出版社 1991 年版。
[2] 阿尓蒙徳・G.B．パウエル『比較政治学：システム、過程と政策』曹沛霖・鄭世平・宮婷・陳峰訳、上海訳文出版社 1987 年版。
[3] 阿尓蒙徳・維巴『市民文化：五カ国の政治態度と民主』馬殿君等訳、浙江人民出版社 1989 年版。
[4] G.H. エルドリッジ『大恐慌時代の子ども達』田禾・馬春華訳、訳林出版社 2002 年版。
[5] E.H. エリクソン『同一性：青少年と危機』孫名之訳、浙江教育出版社 1998 年版。
[6] アラン・アイザック『政治学：範囲と方法』鄭永年等訳、浙江人民出版社 1987 年版。
[7] アントニオ・グラムシ『グラムシ獄中ノート』曹雷雨等訳、中国社会科学出版社 2000 年版。
[8] ピエール・ブルデュー『国家貴族——グランゼコールと団体精神』楊亜平訳、商務印書館 2004 年版。
[9] ピエール・ブルデュー・クロード・パスロン『再生産：教育・社会・文化』刑克超訳、商務印書館 2002 年版。
[10] ブカイユ「衝突した後の身分認可を立て直す」、『国際社会科学雑誌』(中文版) 2007 年第 3 期。
[11] ジョナサン D・ブラウン『自我』陳浩鶯等訳、人民郵電出版社 2004 年版。
[12] ルパート ブラウン『団体過程』胡鑫・慶小飛訳　中国軽工業出版社 2007 年版。
[13] マイケル・ブラウォイ『公共社会学：マイケル・ブラウォイ論文精選』沈原等訳、社会科学文献出版社 2007 年版。
[14] マイケル・ブラウォイ『同意製造——資本主義における労働過程の変遷』李栄栄訳、商務印書館 2008 年版。
[15] パルタ・チャタジー『支配された政治：世界の民衆政治を考える』田立年訳、広西師範大学出版社 2007 年版。
[16] 陳陸輝・黄信豪「社会化媒介：在学経験と台湾大学生の政治効果意識と政治参与」、『東亜研究』2007 年 38 巻第 1 期。
[17] 陳水生「政府責任の進退窮まる——農民工子女向け学校の取り締まり政策を例として」
[18] 陳涛「北京外来低収入家庭からの生活経験——"声"を重視する研究」、古学斌・阮嘗媛琪主編：『本土中国社会における仕事の研究：実践と反省』に載せる、社会科学文献出版社 2004 年版。
[19] 陳文俊「政治のメンデルの法則——家庭と国、小学校児童の政治学習」、『国立中山大学社会科学季刊』2000 年第 4 期。
[20] 陳義彦・陳陸輝「台湾大学生政治の位置付けの持続と変遷」、『東呉政治学報』2004 年第 18 期。
[21] 陳義彦『台湾地区大学政治的社会化についての研究』徳成書店 1979 年版。
[22] 陳映芳「農民工：制度設計と身分認可」、『社会学研究』2005 年第 3 期。
[23] 陳永弟『教訓と参考——一部国の未成年思想道徳建設の縮図から見る』上海三連書店 2006 年

版。
- [24] 蒂利『身分、限界と社会連絡』謝岳訳、上海人民出版社 2008 年版。
- [25] 董雅華『知識・信仰・現代化：中国政治的社会化の中での高等教育』復旦大学出版社 2005 年版。
- [26] 方文「団体記号の境界はどのように形成されるか――北京キリスト教団体を例とする」、『社会学研究』2005 年版第 1 期。
- [27] 方文『学科制度と社会認可』中国人民大学出版社 2008 年版。
- [28] 馮仕政「典型――政治社会学についての研究」、『学海』2003 年第 3 期。
- [29] 傅暁芬「台湾地区国小学童政治社会化についての研究：家庭と学童の政治学習」台湾中山大学政治学修士論文 2002 年。
- [30] アンドリュー・ギャンブル『政治と運命』胡暁進・羅珊貞等訳、江蘇人民出版社 2003 年版。
- [31] 高雯蕾「転換期北京中下階層市民の社会認可問題」、『北京大学院生学誌』2006 年第 2 期。
- [32] 郭星華・儲卉絹「田舎から都市へ：馴染みと隔離――農民工と都市市民の社会ギャップについての実証研究」、『江海学刊』2004 年第 3 期。
- [33] 郭貞「社会学習：家庭交流と政治認可の達成が台湾地区高専学生の政治達成に与える影響：整合された一つの構造モデル」、『政治学報』1996 年第 27 期。
- [34] 韓嘉玲「北京市流動児童義務教育状況の調査報告」、『青年研究』2001 年第 8 期。
- [35] 韓嘉玲「北京市流動児童義務教育状況の調査報告(続)」、『青年研究』2001 年第 9 期。
- [36] 韓起瀾『蘇北人は上海にいる、1850-1980』卢明華訳、上海古籍出版社、上海遠東出版社 2004 年版。
- [37] 韓亦「分類システムと世界システム」、『博覧群書』2007 年第 8 期。
- [38] 何成洲「身分認可　陰の利益（2006 年 4 月 12 日南京大学にての講座概要）」、〈http://ias.nju.edu.cn/iascoursehechengzhou.html〉
- [39] 華平生「再都市化：農民工子女教育問題の研究――上海閔行区でのケース調査」華東師範大学教育管理系博士論文 2005 年。
- [40] 黄平・羅紅光・許宝強『当代西方社会学人類学新辞書』吉林人民出版社 2003 年版。
- [41] アンソニー・ギデンズ『現代性と自我認可：現代晩期の自我と社会』趙旭東・方文訳　三連書店 1998 年版。
- [42] Tamara Jacka『都市にいる農家女：性別、流動と社会変遷』呉小英訳、江蘇人民出版社 2006 年版。
- [43] 金太軍「中国伝統政治文化の政治社会化体制を論じる」、『政治学研究』1999 年第 2 期。
- [44] マヌエル・カステル『認可の力』夏鋳九・黄麗玲等訳、社会科学文献出版社 2003 年版。
- [45] コルキュフ『新社会学』銭翰訳、社会科学文献出版社 2000 年版。
- [46] 李蓓蕾「上海外来農民工子女義務教育についての調査と研究」、『歴史教学問題』2004 年第 6 期。
- [47] 李春玲「社会階層の社会認可」、『江蘇社会科学』2004 年第 6 期
- [48] 李漢林「関係強度と仮想団地――農民工研究の一つの視点」、載李培林主編：『農民工：中国出稼ぎ農民工の経済社会分析』社会科学文献出版社 2003 年版、96-115 頁。
- [49] 李猛「アルフレート・シュッツと彼の現象学社会学」、載楊善華主編：『当代西方社会学理論』北京大学出版社 1999 年版、1-44 頁。
- [50] 李培林・李煒「中国転換期で農民工の経済地位と社会態度」、『社会学研究』2007 年第 3 期。

［51］李培林「流動農民工の社会ネットと社会地位」、『社会学研究』1996 年第 4 期。
［52］シーモア・M・リプセット『政治家：政治の社会基礎』張紹宗訳、上海人民出版社 1997 年版。
［53］李強「中国都市における二元労働力市場と最下層社会のエリート問題」、『清華社会学評論』第 1 輯、鷺江出版社 2000 年版。
［54］李強「中国大陸都市農民工の職業流動」、『社会学研究』1999 年第 3 期。
［55］李強「中国の戸籍による階層分けと農民工の社会地位」、『中国党政幹部論壇』2002 年第 8 期。
［56］李書磊『農村にある"国"：文化変遷中中での農村学校』浙江人民出版社 1999 年版。
［57］李濤・李真『農民工：辺縁を流動する』 当代中国出版社 2006 年版。
［58］李元書・楊海竜 「政治社会化の一般過程を論じる」、『政治学研究』1997 年第 2 期。
［59］李元書「政治社会化：意味、特徴、機能」、『政治学研究』1998 年第 2 期。
［60］梁治平「収容される人の死——当代中国身分の苦境と前途」、載呉毅主編：『郷村中国評論』山東人民出版社 2007 年版、1-14 頁。
［61］劉豪興・朱少華『人的社会化』上海人民出版社 1993 年版。
［62］劉嘉薇「マスコミが大学生政治支持に与える影響：ある定群追跡研究」台湾政治大学政治学部博士論文 2008 年。
［63］流心『自我の他性——当代中国の自我系譜』常姝訳、上海人民出版社 2004 年版。
［64］劉林平「外来人団体の関係運用——深圳"平江村"を例とする」、『中国社会科学』2001 年第 5 期。
［65］劉勝驥「大陸学校教科書での政治思想教育内容についての分析」『中国大陸研究』2000 年 43 巻第 9 期。
［66］劉偉偉「中国ソーシャルワークの地元化探索——農民工子女のソーシャルワークを例とする」復旦大学ソーシャルワーク学部大学論文 2007 年。
［67］劉欣「階級慣習と品位：ピエール・ブルデューの階級理論」、『社会学研究』2003 年版第 6 期。
［68］劉玉照「'移民化'とその反動——上海にいる農民工と台商の'反移民化'傾向の比較分析」、『探索と争鳴』2005 年第 7 期。
［69］竜一芝・楊彦平「上海市閔行区にいる農民工子女教育現状の調査報告」、『上海教育科研』2008 年第 3 期。
［70］斐淑華・楊勇「中西政治社会化方法論の比較分析」、『政治学研究』2008 年第 2 期。
［71］盧暉臨・李雪「いかにして個別の案件を抜け出すか——個別の案件から個別の案件を開拓する研究まで」、『中国社会科学』2007 年第 1 期。
［72］陸益竜『戸籍制度——制御と社会差別』商務印書館 2003 年版。
［73］呂亜力「政治社会化研究の重点」『憲政思潮』1973 年第 24 期。
［74］ジェシー・スコット『社会構造』允春喜訳 吉林人民出版社 2001 年版。
［75］馬振清『中国国民政治社会化問題研究』黒竜江人民出版社 2001 年版。
［76］メイン『古代法』沈景一訳、商務印書館 1959 年版。
［77］ミード『精神・自我・社会』霍桂恒訳 華夏出版社 1999 年版。
［78］ミラー・ボッグダノー（英文版主編）、鄧正来（中文版主編）『ブラックウェル政治学百科事典』中国政法大学出版社 2002 年版。
［79］潘毅『中国女工——新興出稼ぎ階級の呼び掛け』任焰訳、明報出版社有限公司 2007 年版。
［80］潘澤泉『社会、主体性と秩序：農民工研究の空間転向』社会科学文献出版社 2007 年版。
［81］潘澤泉「社会分類とグループ記号限界：農民工の社会分類問題を例とする」、『社会』2007

年第 4 期。
- [82] 銭文栄・黄祖輝『転換期の中国農民工——長江三角洲十六都市農民工の市民化問題調査』中国社会科学出版社 2007 年版。
- [83] 任遠・姚慧「流動人口居留模式の変化と都市管理——上海についての研究を基にする」、『人口研究』2007 年第 3 期。
- [84] 上海市政府発展研究センター本年度トピックスの立ち上げ課題：「農民工子女教育についての研究報告」(項目番号 2004-R-10)。
- [85] カール・シュミット『政治の概念』劉宗坤訳、上海人民出版社 2004 年版。
- [86] 史柏年『都市の周縁人——都市に入る農民工家庭及び子女問題の研究』社会科学文献出版社 2005 年版。
- [87] スコット『国家の視角：人類状況を改善しようとするプロジェクトはどういうふうに失敗したか』王暁毅訳　社会科学文献出版社 2004 年版。
- [88] スワーツ『文化と権力：ピエール・ブルデューの社会学』陶東風訳　上海訳文出版社 2006 年版。
- [89] 孫立平『断裂：20 世紀 90 年代以来の中国社会』社会科学文献出版社 2003 年版。
- [90] タジフェル・ターナー『グループ行為の社会アイデンティティ』収入周暁虹主編：『現代社会心理学名著精華』　社会科学文献出版社 2007 年版、427-455 頁。
- [91] 譚深『農民工流動研究概要』中国社会科学院社会学所編集：『中国社会学年鑑(1999－2002)』に載せる、社会科学文献出版社 2004 年版。
- [92] 湯普森『イギリス労働者階級の形成』銭乗旦等訳、訳林出版社 2001 年版。
- [93] ターナー・ステッツ(stets)『感情社会学』孫俊才・文軍訳、上海人民出版社 2007 年版。
- [94] デュルケーム・モース『原始分類』汲喆訳、上海人民出版社 2000 年版。
- [95] クヴィル『アメリカの民主を論じる』(上)董果良訳、商務印書館 2004 年版。
- [96] 王春光「農村流動人口の「半都市化」問題研究」、『社会学研究』2006 年第 5 期。
- [97] 王春光『社会流動と社会再構築——首都「浙江村」研究』浙江人民出版社 1995 年版。
- [98] 王春光「新世帯農村流動人口の社会アイデンティティと都市農村融合の関係」、『社会学研究』2001 年第 3 期。
- [99] 王国斌『転換の中国：歴史変遷とヨーロッパ経験の制限』李伯重・連玲玲訳、江蘇人民出版社 1998 年版。
- [100] 王漢生・劉世定・孫立平・項飈「「浙江村」：中国農民が都市に入る独特の方式」、『社会学研究』1997 年第 1 期。
- [101] 王建民「社会転換中の象徴二次元構造——農民工団体を中心にするミクロ権力分析」、『社会』2008 年第 2 期。
- [102] 王星「都市農民工形象構築と差別集中効果」、『学習と実践』2006 年第 11 期。
- [103] 王毅杰・高燕「社会経済地位と社会支持および流動農民身分意識」、『市場と人口分析』2004 年第 2 期。
- [104] 魏沂「中国新徳治分析——改革前中国道徳化政治の歴史反省」、『戦略と管理』2001 年第 2 期
- [105] ウルフ『合法性の限度』沈漢等訳、商務印書館 2005 年版。
- [106] ウォーターズ『現代社会学理論』楊善華等訳、華夏出版社 2000 年版。
- [107] 呉霓・丁杰・邓友超・張暁紅・中国教科所教育発展研究部課題研究組：『中国都市で出稼ぎする農民工の子女義務教育問題調査研究報告』、〈http://219.234.174.136/snxx/juece/

snxx_20040905153019_40.html〉
[108] 呉維平・王漢生「都市に身を寄せる：北京上海両地区流動人口住宅現状分析」、『社会学研究』2002 年第 3 期。
[109] 呉文程『政治発展と民主転換：比較政治理論の検査と批判』吉林出版集団有限責任会社 2008 年版。
[110] ヒーター『公民身分って何だ』郭忠華訳、吉林出版集団有限責任会社 2007 年版。
[111] 項飈『限界を超える団地——北京「浙江村」の生活歴』三聯書店 2000 年版。
[112] 熊光清「中国流動人口のうちに政治排斥問題が起こる原因の探究」、『社会科学研究』2008 年第 2 期。
[113] 熊易寒「都市化の子ども：農民工子女の都市・農村についての認知と身分意識」、『中国農村観察』2009 年第 2 期。
[114] 熊易寒「最下層、学校と階級再生産」、『開放時代』2010 年第 1 期。
[115] 熊易寒「天井板効果と反学校文化：学校が農民工子女に与える政治的社会化の影響」、『復旦大学発展と政策研究中心第四回学術年会「危機管理と中国発展」学術研討会論文集』2009 年版。
[116] 徐増陽・黄輝祥「武漢市農民工政治参加状況調査」、『戦略と管理』2002 年第 6 期。
[117] 徐浙寧「「90 年代」都市新移民と地元青少年の家庭教育状況比較——上海市を例とする」、『中国青年研究』2008 年第 1 期。
[118] ジェイコブ『アメリカ大都市の死と生』金衡山訳、訳林出版社 2005 年版。
[119] 厳海蓉「「素質」、「自我発展」と階級の幽霊」、『読書』2001 年第 3 期、18-26 頁。
[120] 易承志「都市で出稼ぎする農民工子女教育問題の政府管理——上海を例にする」、『華中師範大学学報』(人文社会科学版) 2007 年第 6 期。
[121] 易君博『政治理論と研究方法』(台北) 三民書局有限公司 1975 年版。
[122] 袁頌西「児童と政治」、『政治学報』1971 年第 1 期。
[123] 袁頌西「家庭権威のパターン、教養方式と児童の政治効果意識：景美研究」、『思と言』1972 年 10 巻第 4 期。
[124] 袁頌西「政治的社会化：政治学の新しい研究領域」、『思と言』1969 年 7 巻第 4 期。
[125] 袁振国・朱永新 「個の政治的社会化の意味と過程を論じてみる」、『社会学研究』1988 年第 1 期。
[126] 岳暁東「アイドルを論じる——模範教育」、『中国教育学刊』2004 年第 9 期、261-264 頁。
[127] 張静主編『身分認可研究：観念、態度、根拠』上海人民出版社 2006 年版。
[128] 張昆『マスメディアの政治的社会化の効能』武漢大学出版社 2003 年版。
[129] 趙樹凱「辺縁化の基礎教育：北京外来人口子弟学校の初歩調査」、『管理世界』2000 年第 5 期。
[130] 趙樹凱『都市と農村を縦横する——農民流動の観察と研究』中国農業出版社 1998 年版。
[131] 趙渭栄『転換期の中国政治社会化研究』復旦大学出版社 2001 年版。
[132] 趙志裕・温静・譚倹邦「社会認可の基本心理歴程——香港復帰の研究範例」、『社会学研究』2005 年第 5 期。
[133] 中国青少年研究センター課題組・趙霞・王磊「北京市で出稼ぎする農民工子女の適応性調査報告」、『中国青年研究』2007 年第 6 期。
[134] 中国社会科学院言語研究所辞書編集室『現代漢字辞書』(第 5 版) 商務印書館 2005 年版。
[135] 周雪光「制度はどのように思惟するか」、『読書』2001 年第 4 期。

［136］朱偉珏「一種の教育不平等を披露する社会学分析の枠組み——ブルデューの文化再生産理論」、『社会科学』2006年第5期。

（二）新聞記事
［1］「2007年上海市職員年平均給料は34707元に達する」2008年3月25日『新民晩報』。
［2］陳娟・孫敏「模範の力は無限だ　今青少年の模範は誰か」2009年10月25日『桂林日報』。
［3］「都市の太陽は夢を照らす——四川省成都市錦江区紅専小学校少年先鋒隊員舒航涯」成都少年先鋒サイト、〈http://www.snxfw.com.cn/shownews.asp? newsid=1086〉
［4］「第十回全国ベストテン少年先鋒隊員舒航涯の事例材料」中国青年サイト、〈http://www.cycnet.com/cms/2004/kids/10jie10jia/grb/shijia/t20051010_35391.htm〉
［5］「希望の歌を飛ばす」2007年9月27日中央テレビ局社会記録、〈http://news.cctv.com/china/20070927/107465.shtml〉
［6］「劉翔は雷鋒よりもっと子どもの心に近づき、典型的模範になることを求める」2005年3月9日　人民サイト、〈http://sports.people.com.cn/aB/22155/22168/3230282.html〉
［7］洪泓・張暁露「留守番児童上海で夏休みを過ごす」2006年7月14日『人民日報』華東ニュース。
［8］杭暁琳「農民工子弟「牛飼いクラスの春」は「牛を飼う」ところがない」2006年7月11日『南都週刊』。
［9］項磊「上海Ｐ区では農民工子弟学校がストップ　数百人が強制的に学校を封鎖する」2007年1月8日『新安晩報』。
［10］陳杰・王婧「上海の大学入学試験の満点作文——彼ら」2008年6月18日『新聞晨報』。
［11］「舒航涯を学ぶ、陽光少年になる」成都市東光実験小学校サイト、2006年4月7日、〈http://www.cdsdgsyxx.com/News.aspx? id=17433〉
［12］張海盈「原民工子弟学校建英学校が閉じた　同時に新学校曹楊小学校分校が順調に始まる」東方サイト、〈http://ptq.sh.gov.cn/gb/shpt/ptxw/node49/userobjectlai21330.html〉
［13］陳洋欽「張軼超：ボランティアの根気」2006年9月19日『人民日報』華東ニュース。
［14］「中青連発〔2005〕10号全国「ベストテン少年先鋒隊員」を選出することについての知らせ」2005年5月27日、〈http://www.61.gov.cn〉
［15］「中青連発〔2005〕10号全国「ベストテン少年先鋒隊員」を表彰することについての決定」、〈http://www.61.gov.cn/gzzl/wjk/2005/zqf/200707/t20070723_565552.htm〉
［16］曹林　「独立組を作る：隔離と平等の公平幻覚」2006年6月8日　『南方週末』
［17］黄晨嵐「明日どこに行くか」、『復旦青年』、〈http://www.stu.fudan.edu.cn/epaper/fdYouth〉
［18］江林・王宗仁「現代の大学生の模範——人民解放軍第四軍病院学員張華を語る」1982年11月2日『人民日報』。
［19］蒯楽昊「26年後英雄になった張華を辿る」2008年4月23日『南方人物週刊』。
［20］林穎「留守番児童：都市に入っても「空き巣」にいる」2008年3月28日『解放日報』。
［21］繆毅容・董寧「上海は農民工子弟学校の運営を規定する」2001年9月10日『解放日報』。
［22］潘暁凌「「感謝の心」はどういうことか」2007年8月30日『南方週末』。
［23］沈亮「「牛飼いクラス」が帰郷する」2007年8月30日『南方週末』。

参考文献

- [24] 石岩「春節晩会「心の話」――「集団」とは誰か」2007年3月15日『南方週末』。
- [25] 宋永坤・楊炯「成都試験区・キーワード解読」2007年7月30日『成都晩報』。
- [26] 王俊秀「青少年社会教育に注目する：社会は文字のない本だ」2007年11月28日『中国青年報』。
- [27] 夏燕「農民工次世代問題の見極め：底層化意識が深刻になる」、『観察と思考』2008年第1期。
- [28] 肖春飛・王薇・劉丹「都市の高校は戸籍のことで農民工子女に開放しがたい」新華サイト、〈http://www.xinhuanet.com/〉
- [29] 肖春飛・苑堅「農民工子女の犯罪率が上昇、都市に馴染みにくい心理偏差」2006年10月19日『新聞週刊を展望』。
- [30] 薛鋒「試みに学生が政治学科について興味を喚起することを述べる」人教サイト、〈http://www.pep.com.cn/sxpd/jszx/jxyj/jxlw/200710/t20071008_413917.htm〉
- [31] 于建嶸「フランスの暴乱が中国に「転ばぬ先の杖」を注意する」2007年4月24日『南方週末』。
- [32] 原春琳「誰が先生をするか――農民工子弟生存実態」2004年2月18日『中国青年報』。
- [33] 鄭徳剛・舒航涯「橋になりたい」2005年11月18日『人民日報』。
- [34] 周楠・林環「「牛飼いクラス」の音楽帰郷の旅」2007年9月3日『解放日報』。
- [35] 周俏春・李欄「成都――農民工子女が「ベストテン少年先鋒隊員」に当たる」2005年10月14日、新華サイト、〈http://www.xinhuanet.com〉
- [36] 朱健剛「農民工に名を正す」2007年3月10日『南方都市報』。

(三)その他(ヒヤリング、調査日記、内部資料、ブログ)

- [1] 華東師範大学第一回上海市外来者子女に向けの作文コンテスト活動計画書(内部原稿)。
- [2] 久牽提携パートナー計画：〈http://www.jiuqian.org/html/juanzengyucanyu/20080504/3.html〉
- [3] 「上海市人民政府の事務室が市教育委員会等七部門へ通知した都市に出稼ぎに来る農民工子女の義務教育を確実に実行する仕事に関する意見についてを転載する」滬政府事務室発行〔2004〕12号。
- [4] ひまわりボランティアマニュアル(内部資料)。
- [5] 新公民計画は音楽帰郷の旅に協賛する(宣伝マニュアル)2007年。
- [6] 新公民計画スポンサーマニュアル(内部資料)。
- [7] 2006年6月26日周沐君の「髭チャーハン」へのヒヤリングの記録。
- [8] 2006年6月26日周沐君の秦愛国へのヒヤリングの記録。
- [9] 2007年5月28日周沐君の秦愛国へのヒヤリングの記録。
- [10] 2007年6月10日江南へのヒヤリングの記録。
- [11] 2007年6月25日周沐君の劉偉偉へのヒヤリングの記録。
- [12] 2007年8月28日Y区農民工子弟向け学校の校長例会記録。
- [13] 2007年10月3日張軼超へのヒヤリングの記録。
- [14] 2007年10月9日韓莉莉へのヒヤリングの記録。
- [15] 2007年10月9日李榴一家へのヒヤリングの記録。
- [16] 2007年10月12日張軼超へのヒヤリングの記録。
- [17] 2007年10月18日高軍へのヒヤリングの記録。

[18] 2007年10月28日久牽学生会会議の記録。
[19] 2007年11月10日邓小麗へのヒヤリングの記録。
[20] 2007年11月10日申海松へのヒヤリングの記録。
[21] 2007年11月15日蒋健家長へのヒヤリングの記録。
[22] 2007年11月6日邓小英家長へのヒヤリングの記録。
[23] 2007年12月19日Y区教育局へのヒヤリングの記録。
[24] 2007年6月12日一部の小学六年生へのヒヤリングの記録。
[25] 2007年6月12日周沐君・万蓓蕾が秦愛国一家へのヒヤリングの記録。
[26] 2007年6月17日劉偉偉へのヒヤリングの記録。
[27] 2007年6月17日魏文へのヒヤリングの記録。
[28] 2007年6月26日梅舒へのヒヤリングの記録。
[29] 2007年8月28日Y区教育局の魯先生へのヒヤリングの記録。
[30] 2008年3月19日久牽青少年活動センターの調査日誌。
[31] 2008年3月27日周沐君へのヒヤリングの記録。
[32] 2008年3月30日久牽青少年活動センターへのヒヤリングの記録。
[33] 2008年3月5日張軼超へのヒヤリングの記録。
[34] 2008年4月11日李建林へのヒヤリングの記録。
[35] 2008年4月11日李莎へのヒヤリングの記録。
[36] 2008年4月11日フィールド調査日誌。
[37] 2008年4月18日申海松への電話ヒヤリングの記録。
[38] 2008年4月20日久牽クラス会の調査日誌。
[39] 2008年4月20日張軼超へのヒヤリングの記録。
[40] 2008年4月22日錦綉農民工子女向け学校の調査日誌。
[41] 2008年4月25日錦綉農民工子女向け学校へのヒヤリングの記録。
[42] 2008年4月29日沪城中学へのヒヤリングの記録。
[43] 2008年4月2日万蓓蕾へのヒヤリングの記録。
[44] 2008年4月6日「故郷を愛する」雷婷・万蓓蕾へのヒヤリングの記録。
[45] 2008年5月11日方澤旺へのヒヤリングの記録。
[46] 2008年5月11日李榴へのヒヤリングの記録。
[47] 2008年5月9日沪城中学の武校長へのヒヤリングの記録。
[48] 2008年6月27日張軼超へのヒヤリングの記録。
[49] 2008年7月9日フィールド調査日誌——上海テレビ局が「久牽」へドキュメンタリーを撮りに来る。
[50] 2008年7月16日楊洋へのヒヤリングの記録。
[51] 2008年7月23日久牽青少年活動センターの調査日誌。
[52] 2008年7月31日魏文へのヒヤリングの記録。
[53] 陳苗苗「上海博物館を見物した感想」；宋秀玉「ある特別な土曜日」 復旦大学TECC社団提供。
[54] 華東師範大学郷土建設学社編：『林檎園を歩く——一緒に青空の下で』：上海外来者子女に向けの作文コンテストの記念冊』（内部資料）。
[55] 荆磊「太陽が射さない隅——私の都市農民工子女教育問題についての考え」（未刊行）。

[56] 劉偉偉「中学校三年生の子ども達に別れを告げる——周記の四」(未刊行)。
[57] 劉偉偉「欲しいのは楽しみか、それとも未来なのか?——周記の一」(未刊行)。
[58] 亭亭玉立(ハンドルネーム)「建英学校街頭に「抢生大战」が起こる内幕」、〈http://bbs2.iyaya.com/talk/t-1-705660-0.html〉。
[59] 万蓓蕾「党員ボランティアサービス——叶氏路都市に出稼ぎに来る外来者が集まる団地で彼らの子女に授業の補習をする」(未刊行)2007 年。
[60] 万蓓蕾「叶氏路についての調査報告」(未刊行)2007 年。
[61] 万蓓蕾「ソーシャルネットを作成し、上海に馴染む——一つの事案から外来者が上海に馴染む過程を研究する」(未刊行)。
[62] 楊洋「私と老人ホーム」(学生の作文)。
[63] 張軼超「都市の境界生活速記」(未刊行)。
[64] 張軼超「我達の誇り、我達の責任」2007 年 11 月 25 日復旦大学でのスピーチ。
[65] 張軼超「望みのない家庭教育」(未刊行)。
[66] 張軼超「新公民計画が音楽帰郷の旅に協賛した活動のまとめ」(内部原稿)2007 年。
[67] 張軼超「すこし書いて見せたいもの」、「久牵ボランティア・サービス機関のフォーラム」、〈http://jiuqian.5d6d.com/thread-101-1-1.html〉
[68] 鄭環明のブログ「錦綉農民工子女向けの学校での支援教育」2008 年 5 月 30 日、〈http://hi.baidu.com/mmilu/blog/item/f77e10b3ea4dc6a2d9335afa.html〉
[69] ボランティアブログ「久牵——ずっと君の手を繋ぎっぱなしで」、〈http://grace-hu.ycool.com/post.1103807.html〉
[70] ボランティアブログ「最近忙しくやること——久牵のテーマ選択」、〈http://grace-hu.ycool.com/post.1102808.html〉
[71] 周沐君「別の復旦人——学校の団地にいる中華バーガーを売る露天商とその家族」(未刊行)。
[72] 周沐君のブログ「今日災いを招いた」、〈http://ourchildren.ycool.com〉
[73] 周沐君のブログ「今週私たちは会わない」、〈http://ourchildren.ycool.com〉

二、英文文献

[1] Andrew, Abbott: Things of Boundaries, Social Research, 1995, Vol.62:857-882.
[2] Duane F. Alwin and Jon A. Krosnick: Aging, cohorts, and the stability of sociopolitical orientation over the life span. American Journal of Sociology, 1991, Vol.97:169-195.
[3] Christopher A. Bail: The Configuration of Symbolic Boundaries against Immigrants in Europe, American Sociological Review, 2008, Vol.73:37-59.
[4] Paul Allen Beck and M. Kent Jennings: Family Traditions, Political Periods, and the Development of Partisan Orientations, Journal of Politics, 1991, 53(3):742-763.
[5] B. Bernstein: Class, Codes and Control (Volume 1), London: Routledge & Kegan Paul, 1971.
[6] P. Bourdieu: What Makes a Social Class? On the Theoretical and Practical Existence of Groups, Berkley Journal of Sociology, 1987, Vol.32.
[7] P. Bourdieu: Distinction: A Social Critique of the Judgement of Taste, Cambridge: Harvard University Press, 1984:467-470.

[8] S.H. Chaffee, J.M. Mcleod and D.B. Wackman: Family Communication Pattern and Adolescent Political Participation, In J. Dennis: Socialization to Politics: A Reader, New York: John Wiley and Sons. Inc., 1973:349-364.

[9] Anita Chan, Children of Mao: Personality Development and Political Activism in the Red Guard Generation, Seattle: University of Washington Press, 1985.

[10] Catherine C.H. Chiu: Cynicism about Community Engagement in Hong Kong, Sociological Spectrum, 2005, 25: 447-467.

[11] Timothy E. Cook: The Bear Market in Political Socialization and the Costs of Misunderstood Psychological Theories, The American Political Science Review, Vol.79, No.4(Dec., 1985), pp.1079-1093.

[12] Dawson R. and Prewitt K.: Political Socialization: An analystic Study, Boston: Little, Brown and Company, 1969.

[13] Dean Jaros, Herbert Hirsch, Frederic J. Fleron, Jr.: The Malevolent Leader: Political Socialization in An American Sub-Culture, The American Political Science Review, Vol.62, No.2(Jun., 1968), pp.564-575.

[14] M. Douglas: How Institutions Think, NY: Syracuse University Press, 1986. David C. Earnest: Neither Citizen Nor Stranger: Why State Enfranchise Resident, World Politics, Vol.58, No.2(January, 2006), pp.243-275.

[15] David Easton and Jack Dennis: Children in the political system: origins of political legitimacy, Chicago: University of Chicago Press, 1980[1969].

[16] Edward S. Greenberg: Black Children and the Political System, The Public Opinion Quarterly, Vol.34, No.3(Autumn, 1970), pp.333-345.

[17] Thomas Hylland Eriksen: We and Us: Two Modes of Group Identification, Journal of Peace Research, Vol.32, No.4, 1995:427-436.

[18] Geoffrey Roberts: A New Dictionary of Political Analysis, A Hodder Arnold Publication, 1991.

[19] James M. Glaser and Martin Gilens: Interregional Migration and Political Resocialization, Public Opinion Quarterly, 1997, 61(1): 72-86.

[20] Donald P. Green and Brad Palmquist: How stable is party identification? Political Behacior, 1994, 16:437-465.

[21] F.I. Greenstein: Children and Politics, New Haven: Yale University Press, 1967.

[22] F.I. Greenstein: A Note on the Ambiguity of 'Political Socialization': Definitions, Criticisms, and Strategies of Inquiry, The Journal of Politics, Vol.32, No.4(Nov.,1970), pp.969-978.

[23] F.I. Greenstein: The Benevolent Leader: Children's Images of Political Authority, The American Political Science Review, Vol.54, No.4 (Dec., 1960), pp.934-943.

[24] Amy Gutmann: The Primacy of Political Education, In Bernard Marchland(ed.): Higher Education and the Practise of Democratic Politics: A Political Education Reader, Dayton, OH: Kettering Foundation, 1991.

[25] Harrell R. Rodgers, Jr. and George Taylor: The Policeman as an Agent of Regime Legitimation, Midwest Journal of Political Science, Vol.15, No.1(Feb., 1971), pp.72-86

[26] Sebastian Heilmann: From Local Experiments to National Policy: The Origins of China's Distinctive Policy Process, The China Journal, January, 2008(59):1-30.

[27] R.Hess and J. Tomey: The Development of Political Attitudes in Children, Chicago: Aldine Publisher Co,. 1967.

[28] E.T. Higgins: Konwledge activation: Accessibility, applicability, and salience, In E.T. Higgins & A.W. Kruglanski(eds.), Social psychology: Handbook of basic principles, New York: Guilford Press, 1996:133-168.

[29] E.T.Higgins: Expanding the Law of Cognitive Structure Activation: The Role of Knowledge Applicability, Psychological Inquiry, Vol.2, No.2(1991),pp.192-193.

[30] M.A. Hogg, K.S. Fielding, D.Johnson, B. Master, E. Russell & A. Svensson: Demographic category membership and leadership in small group: A social identity analysis, The Leadership Quarterly, No.17, 2006: 335-350.

[31] Leonie Huddy: From Social to Political Identity: A Critical Examination of Social Identity Theory, Political Psychology, Vol.22, No.1 (Mar., 2001), pp.127-156.

[32] Samuel P. Huntington: Who are we? the challenges to America's national identity, New York: Simon & Schuster, 2004.

[33] Herbert H. Hyman: Political Socialization: A Study in the Psychology of Political Behavior, Free Press, 1980.

[34] Richard Jenkins: Social Identity, Routledge, 1996.

[35] M. Kent Jennings: Residuals of A Movement: The Analysis of the American Protest Generation, American Political Science Review, 1987, 81(2):367-382.

[36] M. Kent Jennings and Gregory B. Markus: Partisan Orientation over the long Haul: Result from the Three Wave Political Socialization Panel Study, American Political Science Review, 1984, 78(4):1000-1018.

[37] M. Kent Jennings and Richard G. Niemi: Generations and Politics: A Panel Study of Youth Adults and Their Parents, Princeton University Press, 1981.

[38] M. Kent Jennings and Richard G. Niemi: The Political Character of Adolescence: The Influence of Families and Schools, Princeton University Press, 1974.

[39] M. Kent Jennings : Political Socialization, In Russell J. Dalton and Hans-Dieter Klingermann(eds.): Oxford Handbook of Political Behavior, 2007: 29-44.

[40] Julia Kwong: Changing Political Culture and Changing Curriculum: An Analysis of Language Textbooks in the People's Republic of China, Comparatice Education, Vol.21, No.2 (1985), pp.197-208.

[41] D. Kavanagh: Political Science and Political Behavior, London, Allen & Unwin, 1983.

[42] M.L. Kohn: Class and conformity: A study in values, Homewood, IL: Dorsey, 1969.

[43] M.Lamont, M. Fournier(eds.): Cultivating Differences: Symbolic Boundaries and the Making of Inequality, Chicago: University of Chicago Press, 1992.

[44] Leonie Huddy: From Social to Political Identity: A Critical Examination of Social Identity Theory, Political Psychology, Vol.22, No.1 (Mar.,2001), pp.127-156.

[45] Sai-Wing Leung: The making of an alienated generation the political socialization of secondary school students in transitional Hong Kong, Aldershot, Essex; Brookfield:

Ashgate, 1997.
[46] Li Lianjiang: Political Trust in Rural China, Modern China, Vol.30, No.2(Apr., 2004), pp.228-258.
[47] Seymour Martin Lipset(ed.): The Encyclopeida of Democracy, Congressional Quarterly Books, 1995(4 vols).
[48] Roberta Martin: The Socialization of Children in China and on Taiwan: An Analysis of Elementary School Textbooks, The China Quarterly, No.62 (Jun.,1975), pp. 242-262.
[49] Richard G. Niemi and Jane Junn: Civic Education, New Haven: Yale University Press, 1996.
[50] Orit Ichilov(ed.): Citizenship and citizenship education in a changing world, Portland, OR: Woburn Press, 1998:80.
[51] Paul Allen Beck and M. Kent Jennings: Parents as "Middlepersons" in Political Socialization, The Journal of Politics, Vol.37, No.1(Feb., 1975), pp.83-107.
[52] Peter L. Berger and Thomas Luckmann: The Social Construction of Reality, Garden City, New York: Anchor Books, 1966.
[53] Kenneth Prewitt: Some Doubts about Political Socialization Research, Comparative Education Review, Vol.19, No.1(Feb.,1975), pp.105-114.
[54] Charles P.Ridley, Paul H.B. Godwin, Dennis J.Doolin: The Making of A Model Citizen in Communist China, Hoover Institution Press, Stanford University, 1971.
[55] V. Sapiro: Not Your Parents' Political Socialization: Introduction for a New Generation, Annual Review of Political Science, 2004, 7:1-23.
[56] R. T. Schaefer and R. P. Lamn: Sociology(5th ed.), New York: McGraw-Hill, 1993.
[57] Sherif M., O.J. Harvey, B.J. White, W.R. Hood: Intergroup conflict and cooperation: the Robbers Cave Experiment, Norman: University of Oklahoma Book Exchange, 1961
[58] M. Sherif: In common predicament: Social psychology of intership conflict and cooperation, Boston: Houghton-Mifflin, 1966.
[59] Tianjian. Shi: Cultural Values and Political Trust: A Comparison of the People's Republic of China and Taiwan, Comparative Politics, Vol.33, 2001(4):401-419.
[60] K. Slomczynksi and G. Shabad: Can Support for Democracy and the Market be learned in School? A Natural Experiment in Post-Communist Poland, Political Psychology, 1998, 19:749-779.
[61] Dorothy J. Solinger: Contesting Citizenship in Urban China: Peasant Migrants, the State, and State, and Logic of the Market, Berkeley: University of California Press, 1999.
[62] Paul Starr: Social Categories and Claims in the Liberal State, Social Research, 59: 2(1992:Summer), pp.263-295.
[63] H. Taifel: Human groups and social categories, Cambridge University Press, 1981.
[64] Nicholas A. Valentino and David O. Sears: Event-Driven Political Communication and the Preadult Socialization of Partisanship, Political Behavior, Vol.20, No.2(Jun., 1998), pp.127-154.
[65] Paul E. Willis: Learning to labor: how working class kids get working class jobs, New

York: Columbia University Press, 1981.
[66] Richard W. Wilson: Learning to be Chinese: the political socialization of children in Taiwan, Cambridge: M.I.T. Press, 1970.
[67] Andreas Wimmer: The making and unmaking of ethnic boundaries: A multilevel process theory, American Journal of Sociology, 2008, Vol.113(4):970-1022.

あとがき

　かつて人は博士論文の作成を十ヵ月妊娠することに比喩した。妊娠してから分娩するまで、喜んだり苦しんだりする。確かにその通りだと思う。学術青年にとって、博士論文は学術生涯第一部の著作で、その地位は家の「長男」に等しいため、ぞんざいにせず、心血を注いで完成させるべきだ。しかし、新生児もしばしば見苦しく、くしゃくしゃした皮膚、べたべたした外貌は意気軒昂の親をがっかりさせた。丹念に育てたあとで、幼児もだんだん大きくなって、眉宇も親に似るようになった。そして、時の流れにつれ、情が生まれて、そのとき、子どもを見れば見るほど可愛く、好きになってきた。博士論文の運命はこれによく似ている。テーマを策定する時は得意満面、完成する時は恐縮で、答弁する時は引け目を感じて、パスした時は心中幸いと思って、その後、一年か半年ばかりで、筆者自身もそろそろ学生から先生になっていく。やっと教壇で長高説を振るって、天下を指導するようなことをする。加えて、本稿は出版の資金援助をいただき、息子をお隣さんに誇るぐらい喜んだ。これでやっと自信を取り戻した。再び旧作を読んで、心中は少々和やかで、思うままにならなくとも、やっと落ち着いて直面でき、真面目に琢磨できるようになった。

　一つのフィールド調査を基礎にする博士論文については、作成する過程は知力と学術教養の総動員だけでなく、社会資本の総動員でもある。多くの先生や友達からの助けがなければ、この論文の作成もきっと難しく、甚だしきに至っては完成できなかったかもしれない。それで、後記の分は「帳薄」の形で書かなければならず、その論文を作成する前後の巨額の「人情帳」を記録するのだ。

　指導教官の臧志軍教授は六年間私のことに関心を持ち、ご指導いただいたことに感謝する。先輩の叶国文に「慈師」と称される臧先生は、学生に要求より激励の方が多く、批判よりお勧めの方が多く、言葉で伝えるよりも行動で示す。「潤物細無声」、私は臧先生と付き合っているうちに、彼の謙遜で思いやりがある性格、落ち着いた超然とした人生態度に知らずのうちに影響されて、自分が生活や学術の中で足りないことを反省自問する。博士論文のテーマを策定した後、フィールド調査がうまく行かない時、臧先生は手を貸してくださり、順調に第一歩を踏み出した。論文に進展があるたびに、一時間臧先生に報告した。彼の政治に対する独

特の見方が私にとっていい勉強になった。六年間、臧先生は授業の迷いを解いていただいただけでなく、生活にも関心をもって、問題を解決してくれた。

　上海交通大学の彭勃教授が実証研究の門を開いてくれたことに感謝いたしたい。彭先生のご指導の下で、これまで一篇の実証論文を完成させ、少し質性研究方法を掌握した。その後の学術研究に、一貫して彭先生夫婦から無償の関心と提携をもらった。

　復旦大学図書館の竜向洋副研究員、いつも兄と同じように関心を持ちお世話になった。彼の思いやり、闊達、質素及び真心を込めた物腰は、いつも私を感心させ、自分は彼に及ばないと深く感じる。

　博士論文指導グループの林尚立教授、陳明明教授、郭定平教授のご指導に感謝いたしたい。論文評価の劉建軍教授、武漢大学の張星久教授、華東師範大学の斉衛平教授、上海師範大学の商紅日教授らから適切で特別な意見を多くいただき、論文の内容が充実した。劉建軍教授は数年来ずっと私の成長を見てくれている。時に激励やサポートをしてくれ、彼と臧志軍教授二人の協力で、円滑に上海市学術著作出版基金の資金援助をもらったのだ。

　復旦にいる6年の間で、時代と共に進歩する曹沛霖教授、「高屋建瓴」の林尚立教授、勤勉慎重の陳明明教授、多芸多才の郭定平教授、優しく仕事に熱心な浦江祖教授、博学叡智の劉建軍教授、学識が深くて典雅な洪濤教授、また桑玉成教授、趙渭栄教授、周帆教授、任軍鋒副教授、鄭長忠博士、顧麗梅副教授、李春成副教授、張怡副教授、蔡翠紅副教授、李瑞昌博士、扶松茂博士、敬又嘉副教授、何俊志副教授、顧莺博士等いろいろな先生や先輩の徳性は私の宝入れに入り、春風を浴びる清清しい気持ちをもたらす。

　復旦大学基層社会と政権建設研究センターのチームは、陈周旺副教授、劉春栄博士、桂勇教授、耿署教授、冯筱才教授、李輝博士である。陈周旺副教授は修士の先生とカウンセラーであって、思想は鋭敏、人に親切、私たちのことをよく考えている。彼はいい先生でありよい友達だ。劉春栄博士は若く、活力に溢れる人だ。実証研究が得意で、理論も優れており、テーマの策定と論文を作成する間に、劉先生は自分の独自の見方と知恵を教えてくれた。社会学部桂勇教授はアンケートの設計について意見を指導してくれる。歴史学部冯筱才教授は文献に詳しく、学術に情熱を持って、私の模範になる。論文を作成する間に、冯筱才教授はまだ台湾政治大学に勤めていたため、E-mailで彼の高知を分かち合わなければならな

かった。今、隣の上海財経大学の教授であり、面と向かって教わることができる。

　台湾政治大学陳陸輝研究員はいろいろな参考文献を提供してくれ、それに研究の心得を分かち合ってくれた。感動させてくれたことに、2008年の夏休み、陳先生は上海に講義しにきた。忙しい中、論文の原稿を真面目に見てくれた。オーストラリア国立大学の杰华（Tamara Jacka）教授、華東師範大学の陳映芳教授、上海大学の劉玉照副教授は熱心な人で、見ず知らずの名無しの後輩の E-mail を受け取った後、いろいろ適切で役立つ批判・意見をしてくれた。杰华（Tamara Jacka）教授は忙しいところに、論文の間違いを指摘しただけでなく、本書の序言を書くことを喜んで受け入れていただき、深く感動した。新同僚の唐世平教授が原稿を見た後、私に国際的にも有名な著作や論文を推薦してくれ、自分の視野も広がるようになった。

　一つ説明したいことは、私の博士論文はテーマを変えたことがある。その前は一度計画生育政策を執行する過程で現代中国の国家と農民の関係を研究するつもりだった。この研究計画は上海師範大学蕭功秦教授から熱心な助けをもらって、中国社会科学院の于建嵘教授に推薦していただいた。その于先生のおかげで、順調にフィールド調査の現場に入った。その後は論文のテーマを変えたのに、二人の先輩の思いやりは「同郷」の私にとって忘れがたいのだ。

　ルームメートの李輝は論文構想の一番の聞き手で、彼と討論するうちに思考回路もはっきりし、概念や分析の枠組みも明確になった。調子が合って、才能に溢れる友達ができたことは、博士生涯の幸運だ。共同の研究趣味と異なる知識の枠組みは、切磋琢磨することを通して、いつも成果に富んで、学術の火花を散らした。ある程度、お互いの「助産師」役をつとめた。

　親友の楊肖光は豪快熱心、道義的風格を持っている。彼は相次いで社会学、社会政策を勉強した。アンケートの設計と定量研究が得意で、アンケートの設計からデータ入力や資料分析まで一貫して支援の手を差しのべてくれた。その間に、社会学の孫明もいろいろ助けてくれた。後輩の李中仁も取材者を担当するだけでなく、真面目に論文原稿を校正してくれた。

　楊浦区人民代表大会常務委員会の沈贻初副主任、上海市委員会組織部の王剛、楊浦区教育局の卢先生も斡旋してくれ、順調に研究現場に入った。

　私が浙江省で調査研究する時に、親友の夏一行、譚京麗夫婦が無私で助けてくれた。夏一行は忠実な友達で、仕事に熱心な先生でもある。彼の教学実践とその

心得は大いに私を啓発してくれた。上海海洋大学の段彦先輩は支援教育の学生を通していろいろな資料を提供してくれた。上海市曹楊第二中学校の王黎明先生はクラスで「牛飼い班帰郷の旅」についての討論会を開き、上海の中学生の農民工子女についての考えが分かるようになった。

久牽ボランティア・サービス機関の張軼超、宋海生、李敏、徐卉丹、李韓英、華東師範大学郷土建設学社の劉瑋瑋、耿以孝、徐超、浦東楽群社工サービス社の姚樹梅、「故郷を愛する」青年団地ボランティア協会の田蕾、復旦大学 TECC の陸婧雅、鄭環明、「南方週末」の沈亮、その他の名前を非公開の人たちは、自分なりの方法で助けてくれた。これらの優しく親しい人にこのあとがきを通して敬意を伝えたい。

復旦大学社会発展と公共政策学院の劉偉偉、万蓓蕾、周沐君は農民工子女支援教育活動に参加するボランティアであると同時に、学術の眼光をもって、観察に参与する研究者でもある。彼らはインタビューを受け取るだけでなく、インタビュー記録、調査研究の日誌と課程論文をも分かち合ってくれた。耶魯大学（Yale University）の凌旻華博士、台湾交通大学の劉嘉薇博士は私と同じ研究趣味を持ち、彼らとの交流はいい勉強になった。

華東政法大学の青年教師易承志は大学の同窓であり、同郷及びルームメートである。何年間も付き合っており、学術討論と日常生活の中でお互いの成長を見守った。復旦大学マスコミ学部の張潔、哲学系の訾徳華、北京大学の李春、孔祥利、華東理工大学の兪楠は、学術と生活での親友で、私に信念を固めて学術を追究させてくれる。

復旦大学の濃厚な学術雰囲気に恵まれ、唐皇鳳、劉偉、周建勇、陳水生、余凱、容志、廖小東、高恩新等の「学術青年」との付き合いは復旦での生涯にわたる貴重な宝だ。同門の田雪梅、李挽霞、冯静、陳金英、黄旭、謝鳴に感謝する。政治学2003級の修士と2006級の博士全体に感謝いたす。彼と共同勉強する経験は最も懐かしい思い出である。数年間ずっと関心をもってくれるクラスメートと先輩や後輩たち、顔剣、李楽、楊洪剛、陸海生、李紅利、李偉、張茂華、胡火明、謝文、陳玉聃、李剣、張琦栄、殷彦波等に感謝する。学術以外の友達に感謝する。彼らが関心を持ち激励や支持をしてくれて、学術や生活への情熱を盛り上げ、単調だった「学術外」の生活を充実させてくれた。

インタビューを受けた子ども達に感謝する。彼らの経験に耳を傾けるとともに

あとがき

自分の生命を体験する。嘗て自分の運命も彼らとよく似ていた。肉体労働者でもあり農民でもある家庭に生まれた。父は国営会社の職員で、母は家で農民として働き、幼い頃から祖母と一緒に町の辺縁に住んでいた。農村で小学校を卒業したあと、町の中学校に寄宿して勉強した。毎学期100元の寄宿料金を免除してもらうために、祖母は教育局で働いている親戚にお願いして、リーダーの便宜で校長の事務室をノックした。私の心は深く傷ついた。農村学校の優等生で班長だった私はそこで成績が急激に下降した。授業も夢遊状態だった。数年が経っても「何故自分が愚かになったか」依然として分からなかった。はっきり覚えているのは、農村の子どもとして、農民工子女の一員にならなかったことは偶然だということだ。高校の時、母は弟、妹を連れて都市に行った。五人家族は父の狭い単身マンションに「蝸居（カタツムリ）」した。母はアルバイトをして家計の足しにしたが、今思うと自分も農民工子女そのものだ。これは「何故何年も後に、春節連歓晩会の番組を見ただけで、博士論文のテーマを変えたか」ということを解釈してくれる。

　彼らを書くだけでなく、自分を探すのだ。中部の農村から上海に来た青年、貧乏な学生で、月ごとに僅かな手当てをもらって、衣食足りずにあっちこっちアルバイトをした。何故それらの子どもと全く違った体験があったのか。それは階層と身分政治の極意である。底層にいかに近くても、だんだん離脱し、中産階層の道を歩いていたのだ（低速走行車線なのに）。博士論文の研究を通して、運命を決めた分かれ道を戻って顧みる。もし、その他の道を選んだらどうなったのかを知りたいのだ。

　最後に、家族に感謝する。祖母の手で育てられ、祖母は私が一番大人しく、物事をわきまえる孫だと思っていたのに、大人しく見える私がいかに無知で愚かだったかと自分がよく分かる。学術を自分の事業とすることを目指した日から、願いをかけた。自分の第一冊目の学術著作を祖母に捧げたく、その夢がやっと叶った。親は苦労をかけて三人の子どもを育てた。朝早くから夜遅くまで仕事していて、家計を切り詰めて、貧乏ながら尊く生きているのは、私たちにより良い生活させたいからだ。弟に感謝する。貧乏人の子どもは早く、あまりにも早く社会に出て、この都市で私と一緒に苦楽を共にした。妹に感謝する。故郷で父母のそばにいて世話してくれている。叔父、叔母たちに感謝する。彼らから精神上、物質上の無私の支持がなければ、私の運命も変わってしまっただろう。

　愛する妻の唐娜に感謝する。彼女は純粋で優しく思いやりがあって、いつも驚

喜と感動をくれるうちに、慌ただしい足を止めて、道端の風景を楽しみ、星空を仰ぎ望むようになった。彼女がいなければ、生活もつまらなくなっただろう。義父義母に感謝する。至れり尽くせりの世話をしてもらい、上海にマイホームを持てるようになった。

      2008年10月18日　復旦大学北区学生マンションにて書く
      2009年12月29日　国定路のマンションにて改稿する

■ 著者紹介

熊 易寒 （ゆう えきかん）
　　1980 年に生まれ、復旦大学国際関係と公共事務学院助教授。主に政治社会学と比較政治学の研究に従事、近年主として都市化、中産階級、地方管理と民族集団衝突に注目している。China Quarterly、Security Studies、Citizenship Studies、≪社会学研究≫、≪正解経済と政治≫、≪開放時代≫、≪社会≫、≪読書≫などの国内外学術刊行物で三十数編の論文を発表。著書≪都市化の子供たち：農民工子女の身分生産と政治的社会化≫(2010)、≪中産階級になったのか≫(2015)、≪平均台の上の中国≫(2016)、≪移民政治≫(出版準備中)など。

■ 訳者紹介

許 慈恵 （きょ じけい）
　　1957 年生まれ。1981 年上海外国語大学日本語学部卒業、1987 年神戸大学大学院国文学研究科博士前期終了、1990 年甲南女子大学大学院国文学科博士後期課程単位取得退学。1981 年から上海外国語大学専任講師、助教授を経て、教授。
　　中国国家社会科学基金一般プロジェクト：「本質義理論に基づく日本語格助詞の研究」(2017 －)、中国国家社会科学基金後期支援プロジェクト：「日本語の語彙論的文法論に関する研究」(2011-2014)、上海市優秀作品翻訳プロジェクト：「都市化の子ども——出稼ぎ労働者子女の都市・農村に対する認識とアイデンティティ」(2014-2015)、(著書)『日本語語彙文法の研究』(人民出版社、2016)、主論文「日本語格助詞カラの本質への一考察」(外国語、2017)など。

張 建 （ちょう けん）
　　1977 年生まれ。1998 年長春大学外国語学院卒業。2007 年中京大学商学研究科博士後期課程修了。上海外国語大学専任講師、副教授を経て 2017 年教授に就任。著書『戦後日本の農業政策と構造問題』(文汇出版社、2011)、論文「日本の EPA 戦略の動向と TPP 問題」(2014)ほか多数。

石津 みなと （いしづ みなと）
　　1972 年生まれ。高校の国語教諭を経て、現在日本語教師。
　　1996 年から 97 年にかけ、語学留学で北京に 1 年滞在。大学院在籍中の 1999 年、中国映画史を学ぶため北京電影学院へ短期留学する。大学院修了後、高校の国語教諭をへて上海外国語大学日本文化経済学院へ日本語教師として赴任。現在、北陸大学で日本語非常勤講師をする傍ら、上海電影発行放映業協会・上海芸術電影聯盟主催「現代中国映画祭」(第 1 回～)の映画字幕翻訳・監修に関わる。
　　2001 年東北大学大学院国際文化研究科国際地域文化論博士課程前期終了、2002 年－県立高校国語教諭、2011 年－上海外国語大学日本文化経済学院講師（日本語）、2014 年－北陸大学非常勤講師(日本語)。

都市化の子ども達：農民工子女の身分生産と政治的社会化

2018年4月1日　第1刷発行

著　者　　熊　易寒
訳　者　　許 慈恵、張 建、石津 みなと
発行者　　池上　淳
発行所　　株式会社　現 代 図 書
　　　　〒252-0333　神奈川県相模原市南区東大沼 2-21-4
　　TEL　042-765-6462（代）　　　　　　FAX　042-701-8612
　　振替口座　00200-4-5262　　　　　ISBN　978-4-434-24402-5
　　URL　http://www.gendaitosho.co.jp　　E-mail　contactus_email@gendaitosho.co.jp
発売元　　株式会社　星 雲 社
　　　　〒112-0005　東京都文京区水道 1-3-30
　　　　TEL　03-3868-3275　　　　　　FAX　03-3868-6588
印刷・製本　モリモト印刷株式会社

落丁・乱丁本はお取り替えいたします。　　　　　　　　　　　　　　　Printed in Japan
本書の内容の一部あるいは全部を無断で複写複製（コピー）することは
法律で認められた場合を除き、著作者および出版社の権利の侵害となります。